ものと人間の文化史

106

網

田辺悟

法政大学出版局

山田貢・作　紬地友禅着物「夕凪」　1977年　159.0cm×128.0cm（金子賢治氏実測）
東京国立近代美術館所蔵（「伝統工芸名品展図録」1991年より）

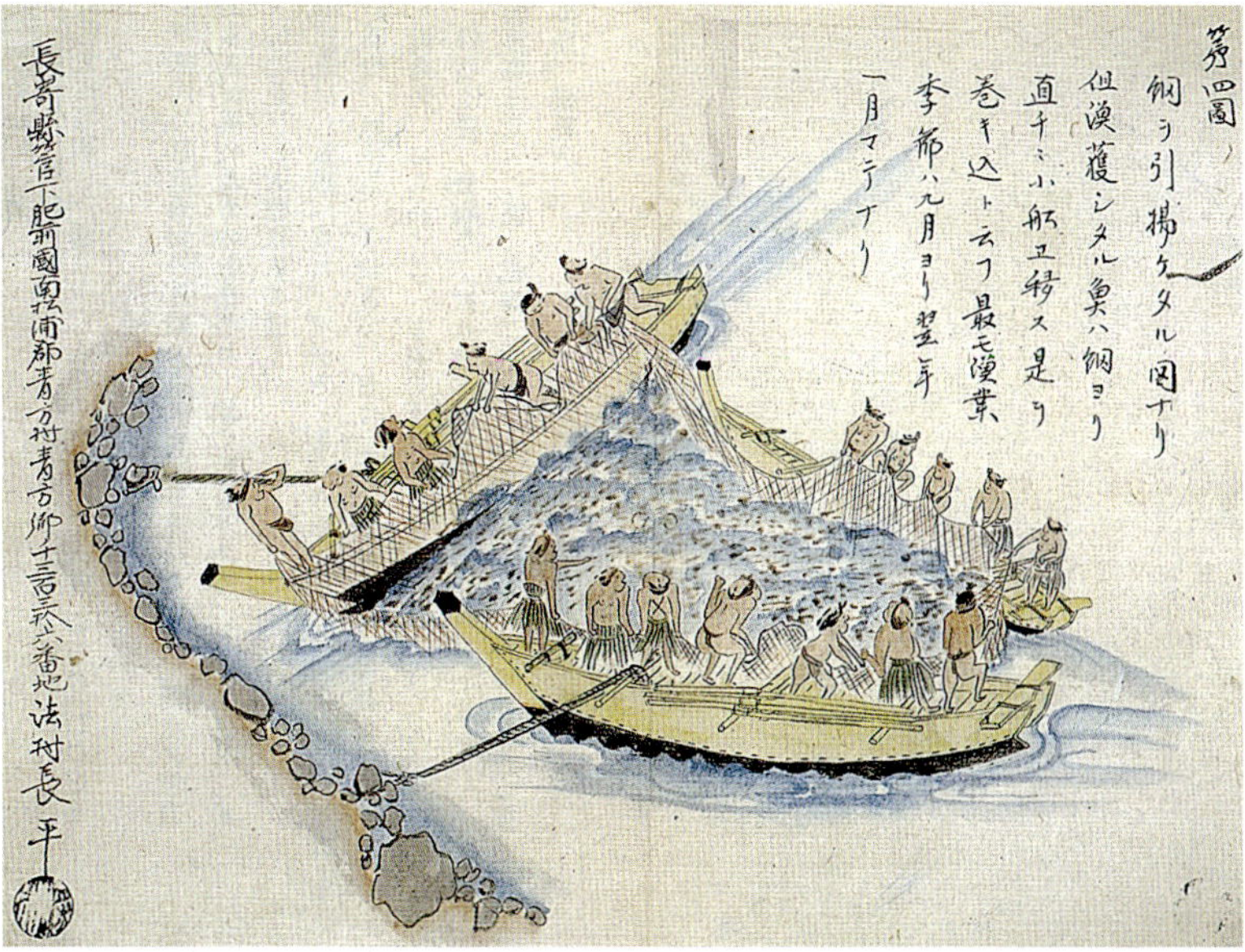

網を引揚げる図（長崎県南松浦郡・明治15年『漁業誌料図解』より）

四つ手網の図　舟人里右衛門＝関三十郎，海はし網五郎＝中村芝翫，いはらきやおやま＝岩井粂三郎（歌川国貞画）

網取り捕鯨図（部分）　春甫画（筆者所蔵）

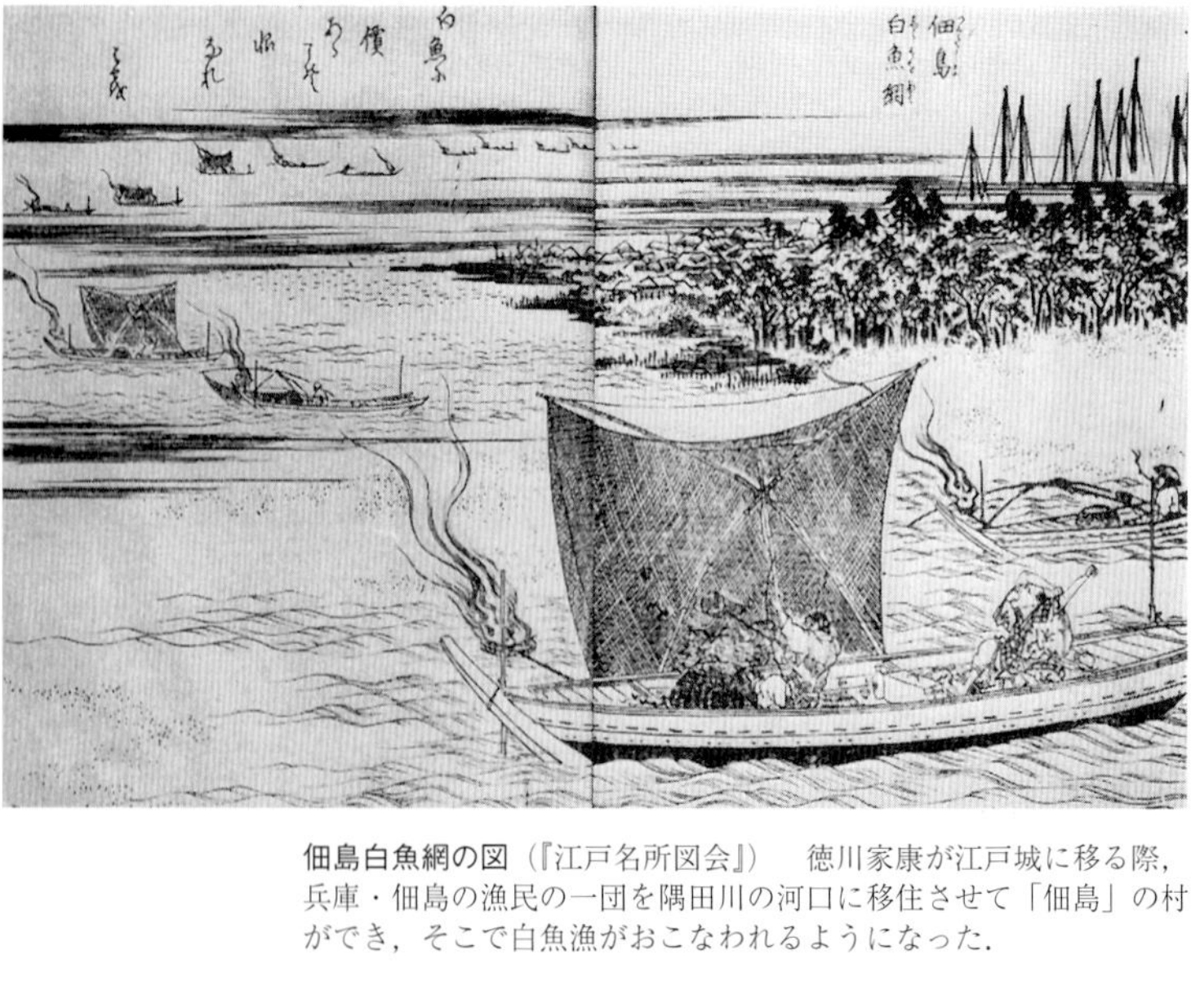

佃島白魚網の図（『江戸名所図会』）　徳川家康が江戸城に移る際，兵庫・佃島の漁民の一団を隅田川の河口に移住させて「佃島」の村ができ，そこで白魚漁がおこなわれるようになった．

目次

序章　網とはどういうモノか

1　網とはどういうモノか

「網」といえば、私たちはまず何を思い浮かべるだろうか。ある人は子供の頃にトンボや蝶を捕った網や、メダカをすくった網を、またある人は正月に餅を焼く網や、野球場やゴルフ練習場のネットを思い起こすかもしれない。

このように、私たちの生活の中には、よく注意して見れば、小は日用の台所用品から大はゴルフ場のネットにいたるまで、じつにさまざまな「網」が使用されていることに気がつく。

さらに、このような目に見える網のほかに、比喩的な意味で使われる、たくさんの「目に見えない」網がある。「捜査の網を張る」「法の網をくぐりぬける」「一網打尽」などという場合がこれで、それらは「網目状のもの」であることを表現している。

「道路交通網」とか「上下水道網」などという場合には、直接視覚では捉えられなくても、かなり具体的に「網目状のもの」がイメージできる。

しかし、「情報通信網」とか「インターネット」となると、もう私たちの視覚的認識をこえて、ほとんどバーチャル・リアリティーの世界に入ってしまう。

このようにアミをひろげていくと、いったい何が私たちにとって本来の網であるかがわからなくなってしまうので、出発点に立ち返って、網とはそもそも何であるかを考えてみよう。

まず、網に対する一般的な理解を手元の辞書で調べてみると、

①鳥獣や魚などをとるために、糸や針金を編んで造った道具。また一般に、糸や針金を編んで造ったもの。②比喩的に、人や物を捕らえるために綿密にはりめぐらしたもの（『広辞苑』）

とあり、本書ではこのうち①の「鳥獣や魚などを捕らえる」網を取り扱い、なかでも歴史的に古くから存在し、今日まで連綿として受け継がれてきた漁網を中心に述べていきたい。

網は、水産動植物や鳥獣、陸上の四つ足動物から昆虫にいたるまで、あらゆるものを捕採するために、植物の繊維などを素材として古くから人間の手によってつくられてきた、人類の基本的な道具のひとつである。

網は世界の各地で先史時代から使用されてきた長い歴史をもつ。その活用のされかたは広く、人々の暮らしの中でさまざまに応用・工夫されて、多種多様の網製品がつくり出されてきた。なかでも、世界に冠たる水産国であるわが国では、古くから漁網づくりの技術とその利用法が発達し、その種類も豊富である。そこで、本書では、数ある網のうちでも漁網を幹とし、その他の網に関しては枝葉、あるいは花か根にあたるような構成をとることにした。

ところで、「網目状のもの」は自然界にも見いだすことができる。クモが網を張ることはよく知られている。クモはみずからの食料獲得の手段として網を張るのだが、その精巧で美しいレース編みには、思わず感嘆してしまうほどである。ハチのつくる巣も、六角形の見事な網目状である。

私たちの身近なところでは、繊維製品も経（縦）糸と緯（横）糸を編んだもので、基本的には網目

清浄光寺（神奈川）の阿弥衣
『時衆の美術と文芸』（東京美術）
カタログより
元亀年間（1570～73）の年紀が墨書
（鈴木良明氏調査）されている

状をなしている。機《はた》で織るのではなく、筵《むしろ》のように植物繊維を編んで作られる編布（アンギン）とよばれるものもある。

遊行僧（上人）とよばれた一遍上人のように諸国を巡る僧が着ていた衣を「阿弥衣《あみぎぬ》」とよぶが、阿弥は網の意味で、網をもって魚介類をすくうように、衆生《しゅうせい》（一切の生物）を救済するための法衣だとされる。こうした「阿弥衣」は今日に伝えられていて、広島県の西郷寺に大永二年（一五二二）のものが、現存している。これらを調べてみると、いずれも編布の技法によるものである。

また、最近は見なくなったが、四〇年ほど前まではどこの家庭にも蚊帳《かや》があった。麻布や木綿の蚊帳、あるいは高級な絹の絽《ろ》（緯糸数本を平織に組織し、それに経糸の一部をからませて透目につくった織物）の蚊帳など、いずれも網目（編目）になっているが結節（結ばれた節）がない。したがって、蚊帳の経糸と緯糸を詰めていけば布になる。

古い時代に使用されていた網具は、蚊帳のような作り方であったことが考古学的な発掘資料からも実証されている。

近年、機械による工業製品の製造技術が発達したため、漁網をはじめとする網具や網材料のほとんどが結節のないものに変わった。

したがって、現代社会では、結節があってもなくても、網の機能をもつものはすべて網であるというのが一般的な認識である。

2　網と編みもの

網は人間の知恵の結晶であるといえる。すなわち、縦のものと横のものとを組み合わせることで網目ができあがり、それがモノ（道具）として使用するのに、じつに便利で都合のよいものであることに気づいたことにはじまったといえよう。

餅を焼く網や篩《ふるい》などは、縦と横に針金を編んだだけのものだが、網目を構成し、網としての機能をはたしている。

同じことは繊維製品にもあてはまる。布といえども、経糸と緯糸を織りなしたものであることはいうまでもない。

しかし、結節のないものは「織り」または「編み」として位置づけ、結節のあるものを網の基本型として、いちおうは区別しておきたい。

ただし、毛糸でセーターを編んだり、レースの装飾品を編む中にも、飾りとして結節をつけるものがあったり、竹細工や編物・組みものの中にも結節のあるものは見いだせるが、それらは例外的なものとして捉えたい。

このように、同じ「織る」・「編む」という行為によってつくられたものであっても、その構造や使用目的によって区別する必要が生じてくる。

網はたんに機能的な側面で有用であるばかりではない。デザインとしての網は開放感や清涼感など、精神的・心理的な面で人間生活に大きく役立ってきた。

とくに、アジアのモンスーン地帯では年中湿度が高いため、風通しをよくして、透かしによる涼しさを演出するために、さまざまな「網」が工夫されてきた。この気候風土のなかで生活する人々は、網目模様をさまざまに工夫することを通じて、「透かしの美」をつくりだし、独特の生活文化を創造してきたといえるだろう。

このように見てくると、網は、実用的なモノであるばかりでなく、人間の心の中に深く浸透して、目に見えない網をもかたちづくっていることに気づく。

3 「編み」から「網」へ

布目順郎氏の著した『倭人の絹』によると、わが国では縄文時代にすでに織物が存在したことが実証されている。

縄文土器の表面に圧痕をもつものが発掘されているほか、編物の実物も出土している。それゆえ、縄文時代はもっぱら編物の時代であったと思われている。ところが、出土資料をよく調べてみると、編目文の一種である蓆目文《むしろめ》（布目文ともいう）をもつ土器も少数ではあるが出土しているという。

その実例としては、澄田正一氏が報告した縄文中期後半の福井県大野郡和泉村小谷堂遺跡出土のものなどがある。そのほか、富山県朝日町境A遺跡出土の土器面の編・織目文は縄文後期のものだが、アンギン様編目文、平織文、網代文（編物の可能性もある）などがある。

このようなことから、アンギン編機様の器具を使っての「編み」から「織り」への転換が、縄文時代中期においてすでにおこなわれていたことはたしかであり、あわせて、それ以前の縄文時代前期の遺跡である福井県三方郡三方町鳥浜貝塚からアンギン様編物の実物が出土していることから、織物が編物から発達したことは定説とされている。

また、言語的な語源説の側面から見ても、「アミ」は動詞の「アム」（編む）の連用形の名詞化したもので、糸、縄、藤、竹、針金などで目をあらく編んだものを一般的に「アミ」という。さらに「アミ」の「ア」は大きなものの意味であり、「ミ」はメ（目）の転訛したものであるとされている（『日本国語大辞典』）。

4　道具を使う動物と人間

人間と他の動物とが異なる大きな点は「道具を作り、それを使用する」ということであった。そのほかにも、「火を用いる」「言葉を用いる」などのことも区別するための条件とされてきた。ところが今日では、この方面の研究が急速にすすみ、現在では、道具を使うのは人間ばかりでなく、カラスやチンパンジーをはじめ、多くの動物が道具を使って暮らしていることがわかってきた。

いったい、道具を作り、それを使用するということは、人間以外の動物にとって、どのような目的や意味があるのだろうか。そして、そのような行為や行動は、本能とか学習ということとは別に、人間だけがもっていると思われてきた知恵の結晶なのだろうか。

道具を使う動物といえば、チンパンジーが一般によく知られているが、彼らは文化として道具の使い方を親から子へと引き継いでいく。タンザニアのゴンベの森で四〇年間チンパンジーを調査・研究してきたジェーングドール女史によると、チンパンジーは釣竿をつくり、それをアリ塚に入れてアリを釣るなど、道具を目的に合わせて加工する。またカレドニアガラスやフィンチの場合は、それが本能によるものか、学習の効果によるものか、まだはっきりわかっていないとされる。さらに、アフリカの乾燥地帯に棲むダチョウの卵をハゲワシが見つけると、ハゲワシは卵を石で割って食べるというエジプトの報告もある。

クモは本能で網の巣を張るといわれる。人間はクモの巣を見て網をつくることを考案したとしても、クモは人間のつくった網をまねて巣をつくることはできない。

こうして、道具を使う動物のいくつかの事例をみると、動物のおこなう行動のなかの本能、学習、知恵などの内容は、私たち人間にかぎりなく接近しているように思われる。ただちがっているのは、人間は「もの」についてのイメージをもつことができるということであり、そのことによって感情や情念の世界を豊かにふくらませることができるということではないだろうか。

たとえば、「網」といえばさまざまな網のイメージがすでに人の心の中につくりだされている。そしてそのイメージは無限に想像力を喚起して、自在に応用・変形する能力を人間はもつことができるのである。このようにして、網は、文化を創造し、発展させるために欠くことのできない道具となったのである。

5　狩猟の網

網といえば、とかく水中で使う漁網や鳥類を捕らえる網を思いがちであるが、狩猟に使用される網も多く、世界の各地に分布している。わが国でも、ウサギ・イタチ・シカ等を追いたてて生け捕るために網を用いたり、動物の通り道に網を張ったり、動物の上から網を落として捕獲するなど、網はさまざまに利用されてきた。

ここでは、数ある網による狩猟の中でも、古くから変わることなく今日まで伝えられてきた網による狩猟のひとつを紹介しよう。

ザイール河上流のコンゴ共和国など、熱帯雨林で暮らすピグミー族は、身長の低いことで知られている。ザイールの「モプルの森」とか「イッウリの森」に住むピグミー族は平均身長が一四〇センチといわれ、「ウムティー」とよばれている。「ネット・ハンティング」とよばれる狩猟法を伝えているのは彼らである。

その方法は、男たちが四〇人ほどで森の中に半円形に網を張り、他方から数人の男たちが槍などを持って獲物を網の中へ追い込む。いわゆる「追い込み網猟」である。狩猟対象は主にブルータイガーとよばれる森のカモシカや、キリンの仲間にはいるが背の低いオカピ、ヤマアラシなどである。

このピグミー族がヌドキの森（ヌドキ国立公園）で使用している網は森の繊維で自製するが、その原料となる植物は「クサ」とよばれる。網は二〇メートルほどのものを継ぎ合わせて全長二〇〇メートルほどにも達する。高さは約一メートル。四つ足動物の捕獲なので丈は低い。

彼らは個人個人で二〇メートルから三〇メートルほどの自製の網を持って森に入り、半円形の大きな網をつくるだけで、とくにリーダーとなる者はだれもいない。それぞれが自分の領域を分担するわけで、狩りをする道具としては網以外には何も使わない。反対側から獲物を追い立てる「勢子《せこ》」役は槍を持ったりしているが、獲物を追い立てても直接槍を使うことはない。

網には狩りの成功を祈ってホロホロ鳥の羽や木の実をとりつけたりする。これはまじないなのだが、なぜホロホロ鳥の羽や木の実なのか、その理由は不明である（以上は、ＮＨＫテレビ「網を持っての狩り」一九九四年一月七日放映と、テレビ朝日「アフリカの魂――ヌドキの森」一九九九年三月二七日放映による）。

6　網具・網猟・網漁百態

網を使用して鳥類を捕獲したり、陸上の動物を生け捕ることを一般に「網猟」という。これに対して、水産生物などを捕採することを一般に「網漁」と表記して区別している。

網を用いた歴史は古く、わが国では福井県の鳥浜遺跡出土の網類の遺物からして、すでに縄文文化の時代から使用されていたことが確認されており、およそ七〇〇〇年から八〇〇〇年も以前にさかのぼるとされている。

世界的にみても、古代エジプトのナイル川（河）で使用されていた網漁のレリーフが多数残されている。

網による鳥類の捕獲は、朝夕に鳥が移動する際の通り道に網をしかける。鳥といえども広々とした空を勝手気ままに飛んでいるのではなく、鳥には鳥の通り道があり、縄張りもある。その通り道をうまく「読む」ことが鳥猟のコツであるといわれている。

鳥猟に使う網の種類には、張網（かすみ網）・むそう網・突網・投網・刺網などがある。「張網」は「張切網」などとも呼ばれ、網猟のうちでも最も一般的なものである。この網は長さが一〇メートルから四〇メートルのものまである。高さ（幅）は二メートルから三メートルで、網目は四センチから八センチどまり。その代表的なものが「かすみ網」でツグミなどを捕らえる。狩猟方法は、日没後に湖沼や池、水田の周辺などに竹竿などを用いて張り立てる。カモなどの水鳥を捕らえることもあるが近年、鳥類保護のため「かすみ網」は禁止されている。「一網打尽」という言葉があるが、自然保護の立場から、最近はこのような網猟の方法は、使用される範囲がきわめて限定されている。

「むそう網」も種類が多い。捕猟対象によって網目の大きさが異なる。スズメのように小さな鳥は網目が一センチから三センチどまりだが、カモ用の網目は四センチから六センチ、ガン用の網は六センチほどの網目である。このように、捕獲対象によって網目の大きさがさまざまに工夫されている。

「むそう網」は、網の片方の部分を地面に張りつけ、もう一方の側を自由に動くようにしておく。すなわち、「天」の部分が自由に動き、「地」の部分を固定した網で、その一端から引き綱がでている。この網を池や沼のほとりや田畑に仕掛け、餌をまいて鳥を集めたり、おとりの鳥をおいて仲間をさそい、綱を引いて鳥をかぶせ捕らえる。後述する「網漁具」の中にも、同じような方法で用いる「かぶせ網」の例は多い。

「突網」は主にシギを捕獲するのに用いられる。網の形態は三角形で、上の部分が広く、手もとの部分が三角形の角になっており、柄がついている。この三角形の網を持ってシギに近づき、かぶせて生け捕る。

「投網」は「坂網」とか「坂手網」ともよばれる。この網も三角形をしており、カモが群をなして地上近くを低く飛んでくるところをめがけて網を投げ上げて生け捕る。以前は宮内庁のお狩場（鴨猟場、東京都中央区の浜離宮や埼玉県越谷市・千葉県市川市の新浜鴨場）で、カモの狩猟のために、皇室の一族や外国からの国賓が、この網を持って猟をしている姿がテレビの映像や新聞の写真などで紹介されていたが、現在では国民の自然保護に対する関心が強まったためか、そのような姿を見ることはできなくなった。

「刺網」は特殊な網で、「カモ刺網」ともよばれる。秋田県男鹿半島の八郎潟で以前おこなわれていた。茨城県の霞ケ浦から伝えられたといわれ、八郎潟では明治末期からはじめられたとされている。湖水中に刺網を張ると、カモが餌となる魚を探して泳ぎまわる際に網にかかるというものである。

わが国では四面環海で海の幸に恵まれているとはいえ、山深い場所での暮らしや、平野での暮らしもあり、農耕生活だけでは動物性の蛋白質が不足することから、河川や湖、池沼などで魚などを捕採したり、田んぼのわきを流れる小川でウナギ・ドジョウ・フナ・タニシなどを捕採したり、沢でサワガニを捕らえたりして、その補給につとめてきた。同じように、鳥類を生け捕ることも、遊猟以上に大切な仕事であった。

「網漁具」についてみると、その種類はさらに多い。網漁具は、網地・綱・浮子・沈子・錨・目印の浮樽などで構成されている。また、時代によって、網地をはじめとするその構成材料（材質・素材）も移り変わってきた。

網地の素材は麻糸・木綿（綿糸）・絹糸・シナ糸・カザワ糸・稲藁・シュロなどから、しだいに化学繊維の素材へと変わっていった。

種類や利用範囲の広い網漁具をまとめてみると、それらの形態と機能をおよそ八種類に分けることができる。

①抄網・掬網類——たも網・手網・白魚網
②かぶせ網類——投網・打網・ボラ打網
③刺網類——磯立網・底刺網・鮪流網・鰹流網
④敷網類——棒受網・八手網・四手網・四艘張網・八艘張網
⑤曳網類——地曳網・船曳網・打瀬網・桁網
⑥繰網類——手繰網
⑦旋網類・まわし網類——巾着網・揚繰網・鮪巻網・しばり網・六人網
⑧建網類——枡網・角網・大敷網・大謀網・鮪建網

さらに、網漁具の規模により、「船曳網」でも、「機船底曳網」といって、一〇トンないし一五トンの漁船一隻ないし二隻で、七尋から二〇尋の幅をもつ片袖網を曳き、海底のヒラメ・タイ・ホウボウ・カレイ・コチ・イカ・エビなどを漁獲するものから、大型のトロール漁をおこなうものまで各種におよぶ。

しかし、もとより分類は便宜的な仕分けにすぎない。この他にも分類方法はいくつかあるが、それらについては別の章で扱うことにし、各種の網漁具と漁法、漁獲対象物などに関しては、わが国各地の具体的な事例を網羅しつつ、順を追って紹介しよう。

第I章　網と網漁の歴史

1　古代エジプトの網漁

古代エジプトでは、紀元前五〇〇〇年頃から農耕生活がはじまったとされている。だが、国が統一されたのは、それから二〇〇〇年もたった紀元前三〇〇〇年頃のことであった。

紀元前三〇〇〇年頃、上《かみ》エジプトのナルメル王が下《しも》エジプトの勢力を破り、ナイル川流域の全土を統一し、第一王朝をおこし、首都をメンフィスにおいて以降、文明が華やかに開花し、あらゆる生産活動も活発におこなわれるようになった。

ナイル川の流域では魚網を使用しての漁撈活動がさかんにおこなわれるようになった。水鳥をはじめとする動物の狩猟もさかんであった。

ナイル川に多くの種類の魚が生息していたことは、今日に残る壁画（浮彫・レリーフ）に、ナマズをはじめ数多くの魚が描かれていることからもわかる。

筆者が調査したナイル川の下流（下エジプト）のギザから一五キロのサッカラは階段ピラミッドの多いところだが、そのサッカラで一番大きなマスタバ（マスタバとはマスタバ墳のことで、第三王朝〈紀元前二六五〇年頃から紀元前二六一〇年頃〉以降は、王だけでなく、王族や大臣をはじめとする高官も、台形状に石灰岩を積みあげたシルダーブ〈アラビア語で地下室という意味〉の中に墳墓をつくった。この墳墓をマスタバあるいはマスタバ墳とよんでいるが、このマスタバの墓の壁画が浮彫りされて残り、当時の暮

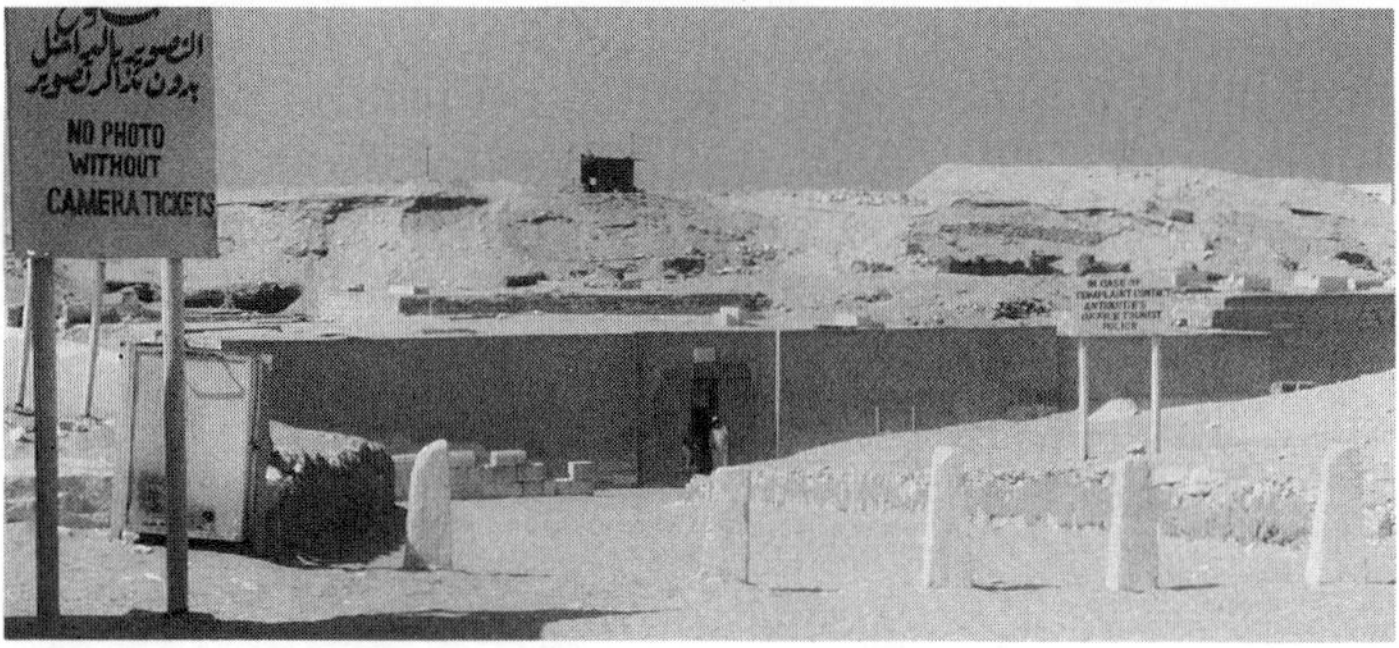

メレルカ大臣（司祭）の墳墓の入口（サッカラ）

らしぶりなどを今日に伝えている）とされるメレルカ大臣（司祭）の墳墓（紀元前二三四〇年頃）は、三二の部屋に分かれている。

　こうした大きな墳墓をつくることができたのは、メレルカが第六王朝テティ（Teti）王の時代（紀元前二三〇〇年頃）の司祭であったためで、彼のマスタバ墳も王のピラミッドのすぐ隣りにつくられている。

　三二もある部屋のどの壁にも、たくさんの壁画（レリーフ）があり、ナイル川を航行する大型帆船などにまじって、一九人の男たちが船上から「網」を曳いて魚をひきあげている様子を描いたものがある。

　そして、この「網」をよく見ると、網には三角形の浮子《あば》がとりつけられており、魚の種類もナマズをはじめ六種類ほどみえる。

　また、古王国時代の第六王朝（紀元前二三〇〇年頃）の大臣であったカゲムニ（Kagemuni）という人のマスタバ墳には、ナイル川で「攩網《たもあみ》」を使って魚を抄《すく》（掬）いとるレリーフがあり、釣りをしている様子も描かれている。

　その他、サッカラの、第五王朝（紀元前二四〇〇年頃）ネフェ

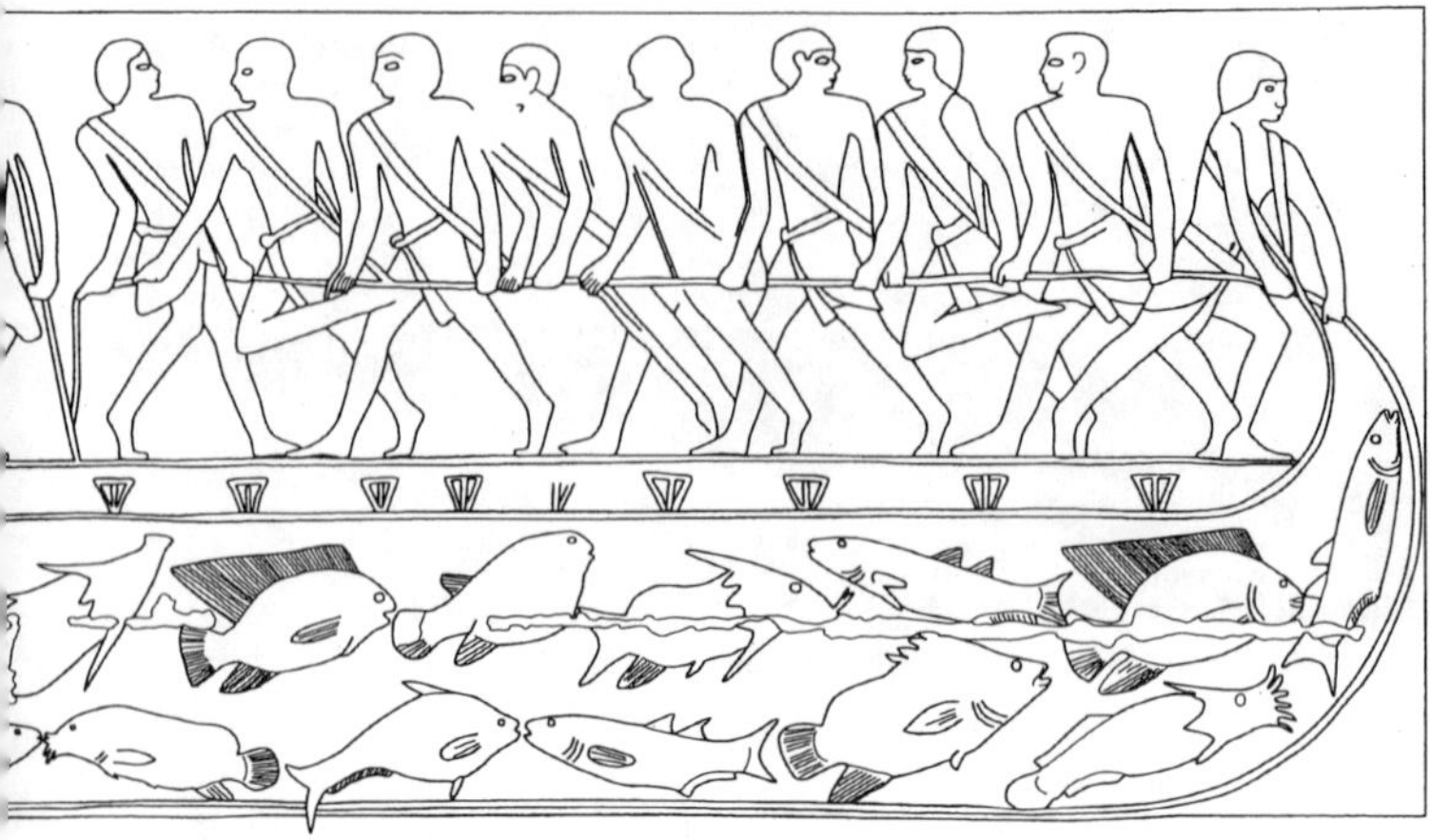

ル・イル・ヌフの墓の壁画には魚をヤスで刺している様子も描かれている。

このように網漁は今から四〇〇〇年以前からおこなわれていたことがわかり、「網」のもつ文化的な意味を知ることができる。

2 『新約聖書』の中の網漁

イタリア、ベネチアのサンマルコ大寺院（礼拝堂）は、世界的な観光地としても有名である。この礼拝堂は、中世以来ベネチア共和国の大守（ドーシエ Doge）の礼拝堂で、九世紀に創建されたが、焼失し、その後、十一世紀にかけて改築、再建された。

建築様式はロマネスクとビザンチンが調和している。内部は完全なビザンチン様式で、モザイク画と大理石で華麗に飾りたてられ、サンマルコ大寺院創建の由来を描いたモザイク画もある。

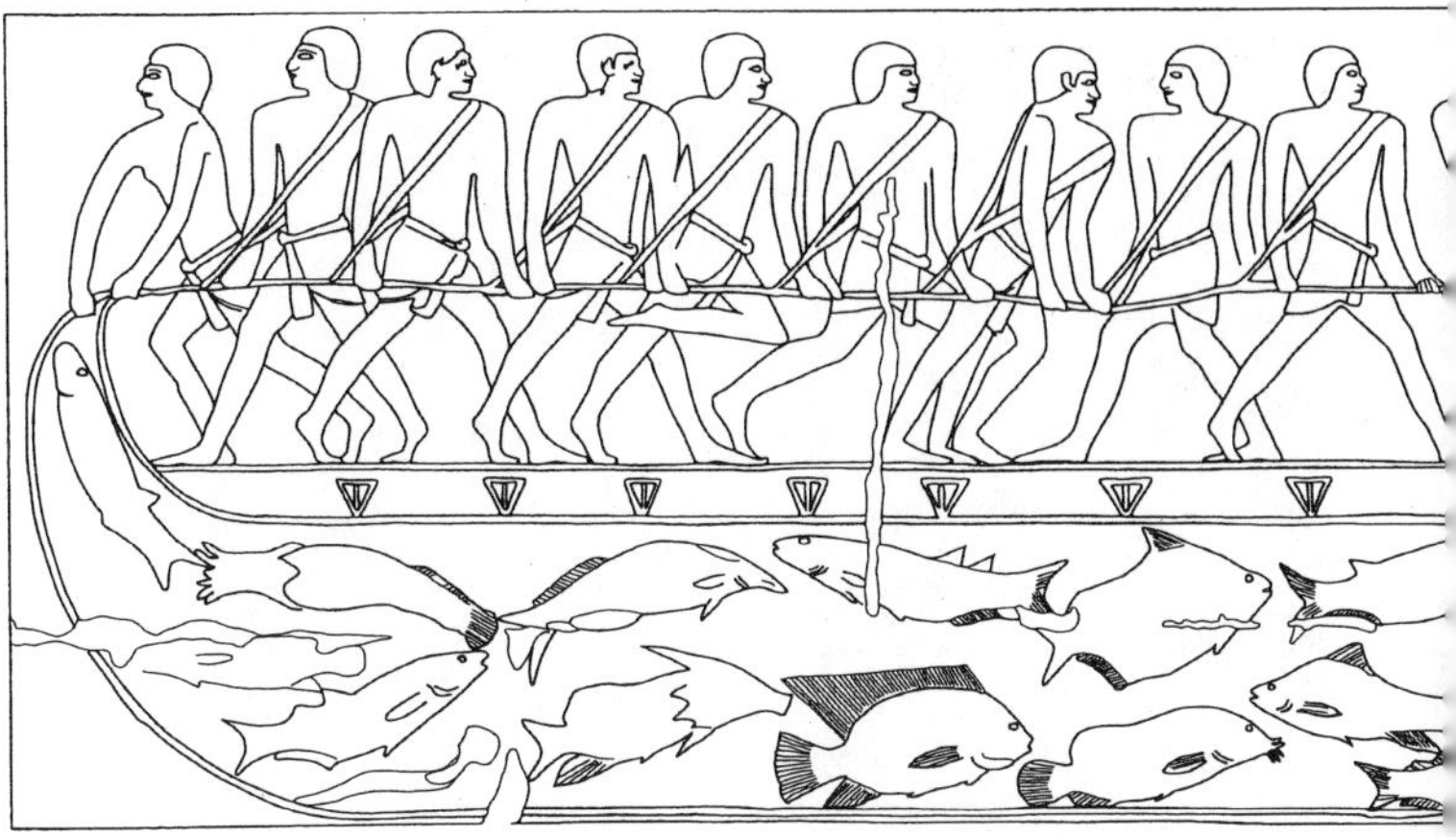

マスタバ墳の網漁レリーフ（写真をもとにトレース・中三川昇氏作成）（エジプト・サッカラ）

正面入口よりナルテックス（Narthex）とよばれる拝廊を通り、右の側廊を進んだわきの洗礼堂（Battis-tero）に、キリストの幼年時代や聖ヨハネの生涯をテーマにしたモザイク画がある。当時は文字を読める人が少なかったので、絵を描いて説明する、いわゆる「絵解き」の方法によって、キリスト教を布教していたのである。

こうしたことは、わが国でも同じで、寺社には、その由緒や高僧のおいたちを描いた絵がならんでいるのをみかけることがある。「絵巻物」や「絵馬」などにも同じものが多い。

サンマルコ大寺院のモザイク画の多くは、『聖書』が題材になっており、「網漁」が描かれている場面があるので、そのことについてみていこう。

『新約聖書』の「マタイ伝」や「ヨハネ伝」にも「網」にかかわる記述がある。その中でも「ヨハネによる福音書」の第二一章は、シモン・ペテロにしめし

「舟の右の方に網をおろして見なさい」とイエスは弟子たちにいった（ベネチア・サンマルコ大寺院内）

た「網の奇跡」として、よく知られている。

「マタイ伝」にある「ガラリヤの漁師の兄弟の話」を引用すると、

⒆イエスは彼らにいった。〈わたしについてきなさい。あなたがたを人間《マヽ》をとる漁師にしてあげよう〉。
⒇すると、彼らはすぐに網を捨てて、イエスに従った。
(21)それから進んでいかれると、ほかの二人の兄弟、すなわちゼベタイの子ヤコブとその兄弟ヨハネとが、父ゼベタイと一緒に、舟の中で網を繕っているのをごらんになった。……

次に、「ヨハネ伝」をみると、「網の奇跡」に関する次のような話がある。

(1)……そののち、イエスはテベリヤの海べで、ご自身をまた弟子たちにあらわされた。そのあらわされた次第は、こうである。
(2)シモン・ペテロが、デドモと呼ばれているトマス、ガリラヤのカナのナタナエル、ゼベダイの子らや、ほかのふたりの弟子たちと一緒にいたときのことである。
(3)シモン・ペテロは、彼らに〈わしは漁に行くのだ〉と言うと、彼らは〈わたしたちも一緒に行こう〉と言った。彼らは出て行って舟に乗った。しかし、その夜はなんの獲物もなかった。
(4)夜が明けたころ、イエスが岸に立っておられた。しかし弟子たちはそれがイエスだとは知らなかった。
(5)イエスは彼らに言われた。〈子たちよ、何か食べるものがあるか〉。彼らは〈ありません〉と答えた。
(6)すると、イエスは彼らに言われた。〈舟の右の方に網をおろして見なさい。そうすれば、何かとれるだろう〉。彼らは網をおろすと、魚が多くとれたので、それを引きあげることができなかった。
(7)イエスの愛しておられた弟子がペテロに〈あれは主だ〉と言った。シモン・ペテロは主であると聞いて、裸になっていたため、上着をまとって、海にとびこんだ。
(8)しかし、ほかの弟子たちは舟に乗ったまま、魚のはいっている網を引きながら帰って行った。陸からはあまり遠くない五十間ほどの所にいたからである。
(9)彼らが陸に上って見ると、炭火がおこしてあって、その上に魚がのせてあり、またそこにパンがあった。
(10)イエスは彼らに言われた。〈今とった、魚を少し持っていきなさい〉。

(11)シモン・ペテロが行って、網を陸へ引き上げると、百五十三びきの大きな魚でいっぱいになっていた。そんなに多かったが、網はさけないでいた。

少々長くなったが、「網の奇跡」の流れを知るために、途中を略すことなく引用した。

前述したように、古代におけるキリスト教の世界や中世のキリスト教中心のヨーロッパ社会においても、『聖書』を読める人々はごくわずかであったし、その普及もわずかであったために、こうした「網の奇跡」に関する話を絵にして描き、教会の壁などにかかげて、信者に、絵を見せながら説明することによるキリスト教の布教がおこなわれてきたのである。

ここに掲載した写真は、『新約聖書』(ヨハネ伝)にも「夜があけたころ、イエスが岸に立っておられた」とあるように、「夜明け」の状況を絵画的にあつかったために薄暗いのであって、筆者による撮影の腕の悪さの結果ではないので、ご理解いただきたい。また、引用させていただいた『新約聖書』は、日本聖書協会発行(国際ギデオン協会)によるものである。

3　わが国の考古資料と網漁

国分直一氏は弥生時代の暮らしの例を、山口県下関綾羅木郷遺跡の調査結果にもとめている。すなわち、「同遺跡は台地地区に多数の貯蔵用竪穴を営み、台地下の水田からゆたかな水稲の収穫をあげていたが、台地ではムギ・キビ・アズキを作り、さらにシイの実が採集されていた。……綾羅木社会

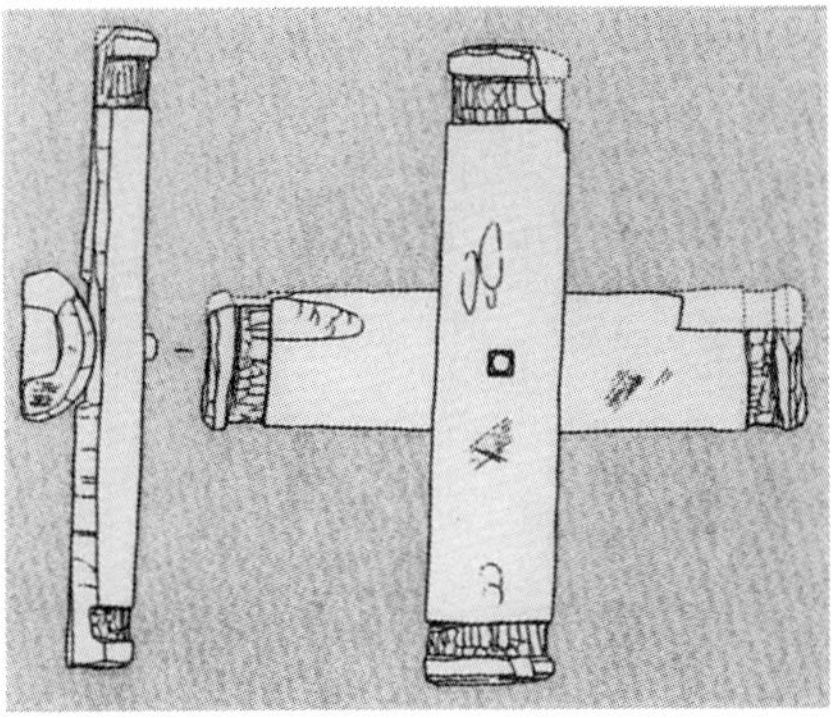

伊場遺跡出土の有樋十字形木製品　左右約25cm（浜松市教育委員会『伊場遺跡編』Ⅰより）

は、その居住地に近い西方に網漁撈に適した砂浜海岸をもっている。竪穴中から発見された土製の網錘は、その大きさ、形態からいって、現行の砂浜地曳網に使用されている網錘と酷似することから、かなりの規模の網漁撈がおこなわれていたことがわかる」と記している。（『日本文化の古層』）

考古遺物の中に、四つ手網に用いられたとみられるものがいくつか出土している。

神野善治氏によると、静岡県の伊場遺跡出土の遺物の中に「有樋十字形木製品」があり、これはその形態的な特徴からあきらかに、四つ手網の部分であると推定されるとしている。十字形の木の部分は、四つ手網を組み立てる際に四本の竹材などをあつめる中心の要《かなめ》の役目をはたす場所に用いられる。このことから、奈良時代にはすでに四つ手網が使用されていたことが実証されるのである。

ところが、伊場遺跡の資料の発見以後、同じ静岡県内から、さらに古い時代の古墳時代に使用されていた四つ手網の一部分が発掘された。

神野氏によると、静岡県中西部の磐田市御殿・二之宮遺跡から古墳時代後期から奈良時代にかけてのものが、浜名郡可美村城山遺跡からは古墳時代のものが、さらに静岡市神明遺跡からは古墳時代の出土品があり、これらの発掘された考古資料により、四つ手網はその使用が、古墳時代から奈良時代のはじめまでさかのぼることができるとみられている。

ちなみに、四つ手網に関する記録のうちで、最も古いものは平安時代末期（十二世紀末）のものと推定される「中尊寺経巻見返絵」（経文を記した巻物の見返しの部分に描かれている絵）とされている。しかし、筆者は残念ながら確認していない。

また、くだって鎌倉時代末期の様子を描いたとされる『石山寺縁起絵巻』には、一人で四つ手網をあつかっている場面がある（四五ページ写真参照）。

4　『日本書紀』などにみる網漁

『日本書紀』の巻第二十二、豊御《とよみ》食炊屋姫天皇《けかしきやひめのすめらみこと》（推古天皇）の二十七年（六一九）の項に

秋七月《あきふみづき》に、摂津国《つのくに》に漁父《あま》有りて、罟《あみ》を堀江《ほりえ》に沈《お》けり。物有りて罟に入《い》る。其の形児《わかご》の如し。魚《いを》にも非《あら》ず、人にも非ず、名《なづ》けむ所《ところ》を知《し》らず。

という興味深い記述がある。このことにより、当時、漁夫が「罟《あみ》」を使っていたということの他に「其形如レ児。非レ魚非レ人、不レ知レ所レ名」という記載である。

ようするに、「秋七月、摂津国（現大阪府）で漁夫が罟（網）を堀江に打ったところ、何かが罟（網）にかかったので引き上げてみると、魚でも人でもないものがとれた。名前も知らないものだが、その形は人の児のようであった」というのである。

「魚でもなく、人でもない……」といえば、「半人半魚」の動物、それは「人魚」ということなのだろう。しかし、当時は、まだ「人魚」という言葉などなかったので「名前も知らない」という記載になったのだと思われる。

同書の注に「伝暦に〈太子謂二左右一曰、禍始二于此一。夫人魚者瑞物也。今無二飛菟一出二人魚一者是為二国禍一。汝等識レ之〉とあるのは書紀の記事から造作したものであろう」とみえる（傍点筆者）。

この、『日本書紀』にみえる「罟」という文字の表記は、のちに『日本水産捕採誌』においても用いられ、同書の第一編は「網罟《もうこ》」としている。

ところで、「人魚」といえば、沖縄県の新城島《あらぐすく》には「人魚伝説」があり、「ザン」とよばれるデュゴン（ジュゴン）を捕獲する網のことが「ザントリユンタ」（ザン獲《と》り歌）の歌詞にうたいこめられている。

「ユンタ」というのは古謡の形式名で、男子集団と女子集団が歌いあうものをいうのだが、その内容の一部分に、

アダンの山を廻り歩き
アダンの気根を切り

オーハマボーの表皮を剝ぎ
三日干し晒しなさり
四日干し晒しなさり
裂きに裂いてみたら
薙ぎに薙いでみたら
大目の網を作りなさり
八日網を作りなさり
（中略）
儒艮の夫婦を見ようと
亀の夫婦を見ようと
（後略）

と歌われている。

筆者がこの「ユンタ」を新城島の安里真吉氏（大正十二年生まれ）から伺ったのは昭和六十一年の頃で、当時、沖縄芸術大学教授（現在、国立歴史民俗博物館教授・民俗研究部長）朝岡康二氏に調査結果を話したところ、その歌は聴いたことがあるので、「明日、沖縄県立図書館で一緒に調べてみよう……」ということになった。

その結果、この古謡は「ざんとぅりぃゆんた」といい、十九番まで収録されていた。「アダンの気

天然記念物ジュゴン（人魚）の記念切手（1966年）

根を切り、それを干して編んだ網を満潮の時にしかけておくと、潮が引き、ザン（ジュゴン）の夫婦がとれた。……あまりの嬉しさにかけて行くと、自分の腰巻がパラリとおちた……」という内容で、『南島歌謡大成』（八重山篇、外間守善・宮良安彦編・角川書店・昭和五十四年）にその詳細が収録されていた。

ジュゴンを網で捕えることは、わが国ばかりでなく、南太平洋のメラネシアにあるマンドック島などでも伝統的におなわれてきた。この島は周囲がわずか二五〇メートルほどしかない。この島の住民は、夜になるとジュゴンを捕獲するための網を張り、捕らえて食用にしてきた。現在でもその伝統は引き継がれている。

5　わが国における網と網漁の歴史

昭和二十一年に直良信夫氏が著した『古代日本の漁猟生活』には、その副題に「考古学及び化石動物植物学上より見たる日本原始漁猟生活の研究」とあるように、古代の人々が渚や川辺や沼の畔、あるいは島や深山で、なにを食べて暮らしていたかが語られているが、それらの食料をどのようにして捕採したのか、どのような道具を用いたのかなどについては語られていない。

その後、昭和二十四年に羽原又吉氏が、『日本古代漁業経済史』の中で、岸上鎌吉氏の研究「Prehistoric Fishing in Japan」の要点を紹介しながら石錘《せきすい》や網漁について、あわせて漁網と撚糸《よりいと》に若干ふれている。

しかし、なんといっても、この方面の研究が本格的に、しかも一段と発展したのは昭和四十八年に渡辺誠氏が『縄文時代の漁業』を著して以降のことである。

この高著が刊行される以前、渡辺氏は『古代文化』(一九六八年)誌上に「東北地方における縄文時代の網漁法について」の論文を発表しており、その労作を拝読した頃は、論文中の「都道府県別漁網出土遺跡分布図」をみて、あの広大な北海道で土器片錘が一(個)しか発見されておらず、こうした状況下ではどうなることかと思っていたことも事実であった。

だが、そうした中でも宮城県里浜貝塚より出土した鹿角製の網針《あばり》は、縄文晩期前葉の大洞BC式土器をともなって出土したものだと紹介され、注目された。

その網針の形態が、今日一般に使用されている網針と同じ形であることも驚きであった。全長一〇・七センチで、最大幅一・六センチ、最大厚〇・三センチで、中央やや先端寄りに漢字の「大」の字様の線刻がある。

この網針の出土により、縄文文化の時代に網がつくられ、網漁がおこなわれていたことが実証されたのである(二〇二ページ写真参照)。

またその後、漁網の実物も縄文時代晩期の遺跡より出土した。出土したのは愛媛県の松山市安城寺町の船ケ谷遺跡で、一九七五年に愛媛県教育委員会が実施した発掘調査の際、網は一個体分がほぼ完存していたといわれている。出土した網は「砂や植物遺体がこびり付き観察が困難だが、編み方は本

網代編み（縄文前期）　福井県鳥浜貝塚出土（福井県立若狭歴史民俗資料館蔵．「真脇遺跡と縄文文化」図録，石川県立歴史博物館より）

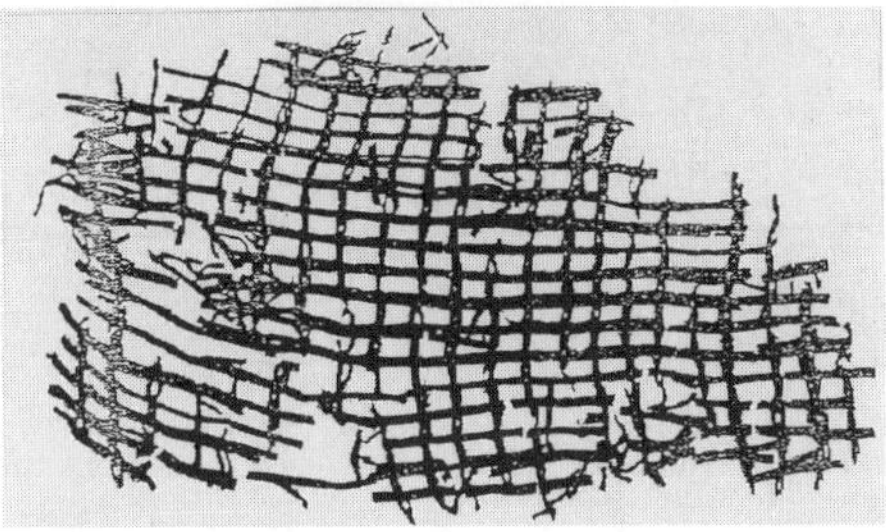
モジリ編み（縄文前期）　福井県鳥浜貝塚出土（同上）

目あるいはま結びと呼ぶ、現在でもごく一般的な結び方の可能性が高い。結び目の間隔は〇・九センチと小さく、いわゆるたも網の類であろう」としている。

縄文時代における網状のもの「モジリ編み」のものや「網代編み」のものは福井県の鳥浜貝塚から前期のものが出土しているが、結節をもつ「網」類としては船ケ谷遺跡の出土例が縄文時代（晩期）としては唯一のものとされる。

また、同遺跡からは三本の繊維を撚った縄も出土している（金子裕之『月刊文化財』二一八号・一九八一年による）。

6　日本の網漁業と網具

金田禎之氏が日本における各種の漁業を機能的に定義して体系的に分類し、全国の漁業の中から代表的な約四六〇種類について、漁具の構造・漁法・漁期・漁獲物・漁場に関して図説したものに『日本漁具・漁法図説』がある。四六〇種類の漁業のうち約三〇〇種類は網漁業がしめている。このことをみても、わが国における漁業活動において「網」がいかに重要な位置をしめ、役割をはたしているかがわかる。すなわち、日本の漁具の全体のうち約六五％は網漁具の種類がしめているのである。ただしこの中には河川・湖沼等で使用の網具は含まれていない。

以下、「網漁業」を分類して、その種類と主に使用されてきた都道府県についてみることにしよう。なお、構造・漁法などについては紙幅の関係で省略し、網漁業の種類だけにとどめたい（表参照）。

表にみるように、わが国における主な網漁具は約三〇〇種類である。これらの網漁具の中には、「アワビすくい網」（北海道）のように、「漁法」の説明（解説）がないと不明瞭な網具も多い。たとえば「アワビすくい網」は「朝早く磯船でのぞきめがねを使って海底を探り、アワビを発見次第タモの先端のはなし金具の刃の部分で岩から離し、タモ網にすくい入れる。アワビが十個位タモにたまると船上に引きあげる。このタモ採りは、かぎ採りと違い、アワビの個体をどの方向からはがしても傷を付けないで採れるのがこの漁法の長所と言える。こつとしては多数のアワビを発見することである。

わが国における網漁業の種類

底曳網	小型機船底曳網	手繰第一種	機船手繰網（15トン型・山口県） 機船手繰網（５トン型・熊本県） 機船手繰網（２〜３トン型・愛媛県） ドウシュ手繰網（熊本県） 小手繰網（熊本県） イカ巣曳網（福岡県） コウナゴ船曳網（福井県）
		手繰第二種	エビこぎ網（広島県・大分県・宮崎県・徳島県） 備前網（愛知県） 餌料曳網（愛知県） 鉄管こぎ網（香川県）・エビ・シャコ 泥こぎ網（兵庫県）・エビ イカナゴパッチ網（兵庫県） ナマコこぎ網（香川県） 落カキこぎ網（広島県）
		手繰第三種	石けた網（大阪府・兵庫県・和歌山県） 箱型けた網（香川県） カイまんが（愛知県） イタヤガイけた網（鳥取県） カキけた網（香川県） アカガイけた網（青森県） ハマグリけた網（三重県） ホッキまんがん（北海道） ホッキ曳網（福島県） ホタテガイけた網（青森県） ホタテチェーン曳網（北海道） シャコけた網（青森県） ナマコけた網（熊本県・愛知県） ナマコローラこぎ網（岡山県） ウニけた網（北海道） イサダけた網（北海道）・イサダ アサリじょれん曳（新潟県） 長柄じょれん船曳網（福岡県） モエビけた網（新潟県） カイまき（茨城県） チェーンこぎ網（広島県） そろばんこぎ網（広島県）・エビ・カニ 戦車まんが（徳島県）・ウシノシタ 戦車こぎ網（広島県） そり付そろばんこぎ網（広島県）・エビ 円板こぎ網（広島県）・エビ・シャコ ポンプこぎ網（大分県）・バカガイ

底曳網	小型機船底曳網	打瀬網	打瀬網（熊本県・高知県） 潮打瀬網（熊本県）・エビ・カレイ 潮流しタコ網（三重県）
		板曳網	板曳網（新潟県・和歌山県・大阪府・三重県・茨城県・福島県） 省力式小型機船底曳網(エビこぎ網など)
	沖合底曳網		駆廻し式沖合底曳網（北海道） 板曳網（宮城県） 二そう曳機船底曳網（島根県） 瀬曳網（山口県）・タイ・イサキ・ブリ
	遠洋底曳網		遠洋トロール エビトロール オキアミトロール
船曳網	（注１） 岡曳網は沖合から岸に向かって曳網するので，その名がある．		パッチ網（愛知県） 岡曳網（三重県）（注１） 瀬戸内海機船船曳網（愛媛県） イワシ機船船曳網（熊本県） イワシ船曳網（山口県） 二そうイワシ船曳網（長崎県） シラス機船船曳網（茨城県） 改良シラス曳網（茨城県） 二そうシラス機船船曳網（愛知県） イカナゴ機船船曳網（愛知県） サヨリ機船船曳網（大分県） シラウオ船曳網（千葉県） 雑魚船曳網（愛媛県） 二そう雑魚船曳網（愛媛県） タイ船曳網（京都府） 二そうタイ船曳網（静岡県） アジ船曳網（広島県） シラフゲ船曳網（富山県）・アキアミ 雑魚磯繰網（愛媛県） 船曳三角網（熊本県）・アミ とんがらし網（和歌山県）・シラス イカ船曳網（広島県） 二そうイカ船曳網（兵庫県） 房丈網（福岡県）・イカナゴ・コノシロ
	（注２） サンゴ網は「珊瑚探採《さぐりどり》網」ともいわれ，海底100～130尋にて曳綱をひく．最も深い場所で使用する網である．		ちょうちょうこぎ網（福岡県）・シバエビ トビウオ浮曳網（鹿児島県） アゴこぎ網（長崎県） かつら網（熊本県）・タイ・イサキ サンゴ網（高知県）（注２）

地曳網			地曳網（茨城県）・イワシ・アジ 片手廻し地曳網（徳島県） 重ね曳網（新潟県） サヨリ地曳網（京都府） ワカサギ地曳網（北海道） かつら網（鳥取県）・タイ 地こぎ網（和歌山県）・マダイ・サワラ
ごち網			手曳ごち網（福岡県）・キス・チダイ ごち網（山口県・愛知県） 有のうごち網（長崎県） 雑一そうごち網（山口県） エビごち網（富山県） 二そうごち網（福岡県）・タイ・イサキ
まき網	小型まき網	無袋 まき網	イワシ・アジまき網(一そうまき・愛知県) イワシ・アジまき網（火光利用一そうまき・山口県） イワシ・アジまき網(二そうまき・千葉県) イワシ・アジまき網（火光利用二そうまき・和歌山県） モジャコまき網（長崎県） カンパチまき網（高知県） コノシロまき網（熊本県） ボラ巻網（熊本県） サヨリまき網（熊本県） サヨリ二そうまき網（神奈川県） タカベまき網（東京都下） ぐり網（広島県）・コノシロ・ボラ 中高網（香川県）・コノシロ・ボラ ねり網（山口県）・メバル・スズメダイ シイバまき網（熊本県）・ヒイラギ アオムロまき網（東京都下） ホッケまき網（北海道・秋田県）
		有袋 まき網	シイラまき網（福岡県） サクラエビまき網（静岡県） トビウオまき網（鳥取県） トビウオおどしまき網（高知県） タイまき網（神奈川県） 大掛網（神奈川県）・アジ チカ小舌網（北海道） ボラまき網（神奈川県） スズキまき網（宮城県） マグロまき網（青森県） はなつぎ網（兵庫県）・サワラ・タイ サワラ瀬曳網（香川県）

まき網	中型まき網	無袋まき網	アジ・サバまき網（兵庫県） ランプ網（愛知県）・アジ・サバ あぐり網（三重県）・アジ・サバ イワシ巾着網（香川県） カツオ・マグロまき網（三重県） タイ巾着網（三重県） サゴシ巾着網（広島県）・サワラ幼魚 スズキまき網（宮城県）
		有袋まき網	シイラまき網（熊本県） タイ・サワラしばり網（香川県） 縫切網（長崎県）・イワシ
	大中型まき網		大中型まき網・サバ・アジ 海外まき網・カツオ・マグロ
敷網	四つ手網		四つ手網（滋賀県）・フナ・オイカワ ヤリイカ四つ手網（秋田県）
	棒受網		サンマ棒受網（福島県） アジ・サバ棒受網（静岡県） イカナゴ棒受網（岩手県） イワシ棒受網（福島県） イワシすくい網（山口県）
	多そう張浮敷網		二そう張網（高知県）・キビナゴ・サバ ボラ敷網（兵庫県）
	多そう張底敷網		タカベ巾着網（東京都下） アジ・イワシ四そう張網（三重県） アジ・サバ八そう張網（新潟県）
	袋待網		イカナゴ込瀬網（岡山県） アンコウ網（長崎県） カワハギ網（鳥取県）
	追込網		ナットビ網（東京都下）・トビウオ 寄網・カッチャクリ（東京都下）・タカベ カマス追込網（長崎県） タイ追込網（青森県） アジ追込網（静岡県） 沖縄式追込網（沖縄県）・磯魚
刺網	固定式刺網		タイ沖建網（山口県） カレイ刺網（新潟県） カレイテグス刺網（山形県） ヒラメ刺網（和歌山県） サメ刺網（青森県）・アブラツノザメ メバル刺網（新潟県）

刺網	固定式刺網	メジナ刺網（福岡県）
		タラ刺網（山形県）
		ブリ刺網（秋田県）
		ハタハタ刺網（秋田県）
		シラウオ刺網（福島県）
		クチゾコ刺網(熊本県)・クロウシノシタ
		カマス刺網（三重県）
		メダイ沖刺網（新潟県）
		カスベ刺網（北海道）・ガンギエイ
		ホッケ刺網（北海道）
		ニシン刺網（北海道）
		スケトウダラ刺網（北海道）
		ハマダイ底刺網（東京都下）
		キビナゴ刺網（熊本県）
		イセエビ刺網（和歌山県）
		クルマエビ刺網（三重県）
		ガザミ刺網（新潟県）
		タラバガニ刺網（北海道）
		サザエ刺網（秋田県）
		シャコ刺網（北海道）
		ウシノシタ刺網（福岡県）
		オチノリ刺網（福岡県)・アサクサノリ
		サケ・マスいかり止め刺網（岩手県）
		サヨリ刺網（富山県）
		コウイカ刺網（鹿児島県）
	流し網	ブリ流し刺網（千葉県）
		トビウオ流し網（和歌山県）
		トビウオ夜間流し網（長崎県）
		サンマ流し網（山形県）
		コノシロ流し網（熊本県）
		サワラ流し網（愛知県）
		ソオダガツオ流し網（富山県）
		カマス刺網（愛媛県）
		イナダ刺網（福島県）
		小ざらし網（千葉県）・イワシ・アジ
		サゴシ・メジカ流し網（愛媛県）
		サッパ流し網（岡山県）
		サヨリ流し刺網（香川県）
		アジ流し刺網（広島県）
		クルマエビ流し網（三重県）
		キビナゴ流し網（鹿児島県）
		カジキ流し網（鹿児島県）
		小型サケ・マス流し網（青森県）
		サバ流し網（青森県）

刺網	流し網	イワシ流し網（青森県） シイバ流し網（熊本県）・ヒイラギ スズキ流し網（熊本県） チヌ流し網（熊本県） マナガツオ流し網（香川県） エソ流し網（広島県） キス流し刺網（山口県） 源式網（愛知県）・クルマエビ・キス 大目流し網（岩手県）・カジキ
	まき刺網	改良囲目網（愛知県）・イナ・ボラ・コノシロ 大囲目網（静岡県）・ボラ・スズキ・タイ ボラ囲刺網（広島県） ボラまき刺網（山口県） 建廻し網（鳥取県）・ボラ タカベ刺網（東京都下） ヤズまき刺網（山口県）・ブリ ブリまき刺網（福井県） キスまき刺網（兵庫県） イサキ追掛網（愛媛県） サワラまき刺網（香川県） クロダイ囲刺網（広島県）
	狩刺網	磯打網（和歌山県）・磯魚・アオリイカ 追込式建網（山口県）・ボラ・ヤズ キス狩刺網（千葉県） コノシロ狩刺網（熊本県） カマス狩刺網（神奈川県） イナダ狩刺網（神奈川県）
	こぎ刺網	アマダイこぎ刺網（新潟県） キスこぎ刺網（福井県） 雑魚こぎ刺網（鳥取県）・キス・コチ ホヤ片側留刺網（青森県） キスひき刺網（高知県） イカナゴこぎ刺網（兵庫県）
定置網	台網	大敷網・ブリ・マグロ 大謀網 角網(北海道)・ニシン・ホッケ・サケ・マス
	落網	タイ定置網（秋田県） サケ定置網（北海道） リング式落網（三重県）・イワシ・アジ 底建網（秋田県）・タイ・ヒラメ 中底層定置網(神奈川県)・アジ・スズキ ビジョン定置網（静岡県）

定置網	落網	サケ改良中層網（北海道） 小型落網（千葉県）・アジ・サバ 小型二重落網（新潟県） 水晶型定置網（宮城県）・イワシ・サバ てっぽう網（新潟県）・マス・スズキ 眼鏡型底建網（北海道）・タラ・ホッケ ハタハタ建網（秋田県） 猪口（ちょこ）網（神奈川県）・イワシ・アジ イカ落網（福井県） 氷下待網（北海道）・コマイ
	ます網	ます網（山口県・兵庫県）・タイ・サワラ つぼ網（愛知県）・セイゴ・コノシロ ねずみ網（和歌山県）・カンパチ・イサギ 角建網（愛知県）・カレイ・セイゴ クルマエビつぼ網（岡山県） スズキ三角網（福岡県） ボラ・コノシロます網（香川県）
	張網	うすめ網（静岡県）・サヨリ・コノシロ 樫木（かしき）網（岡山県）・白魚 行きなり網（北海道）・タラ・ホッケ 底小建網（秋田県）・メバル・ヒラメ シラウオ張網（北海道）
	建干網	建干網（岡山県）・ボラ・チヌ 建切網（福岡県）・ボラ・コノシロ 建網（熊本県）・スズキ・セイゴ
	えり	簀だて（千葉県） 両簀だて（宮城県）・スズキ・ハゼ 羽瀬（福岡県）・コノシロ・スズキ
すくい網		火光利用タモ網（愛媛県）・カタクチイワシ さで網（高知県）・エビ オチノリ（愛知県） エビすくい網（愛知県） イカナゴ餌床すくい網（徳島県） カニすくい網（香川県）・ガザミ わっか網（秋田県）・ハタハタ ナマコすくい網（北海道） ウニすくい網（北海道） アワビすくい網（北海道）

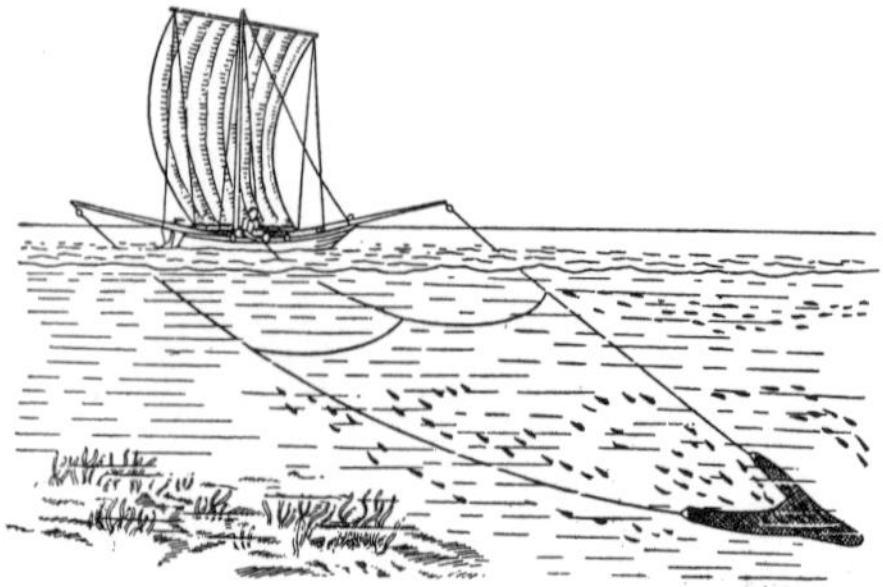

打瀬網（宮本秀明『漁具漁法学』より）

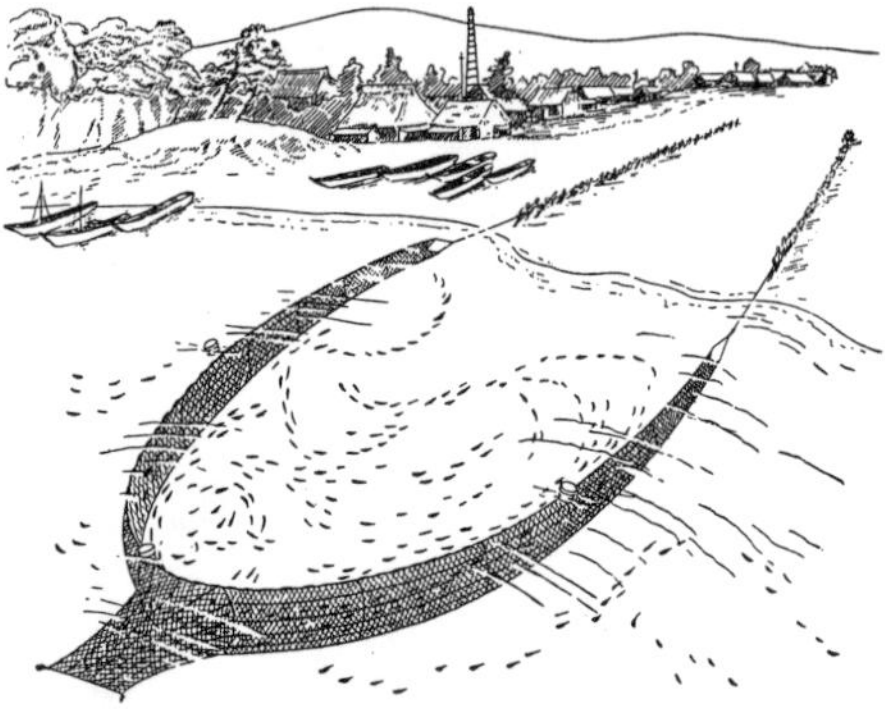

地曳網（宮本秀明『漁具漁法学』より）

スケトウダラ刺網(網走にて)

底刺網（宮本秀明『漁具漁法学』より）

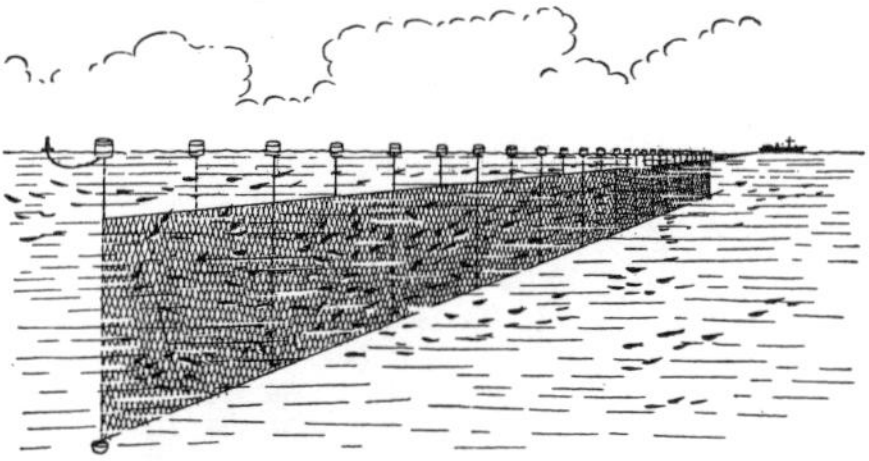

浮刺網（宮本秀明『漁具漁法学』より）

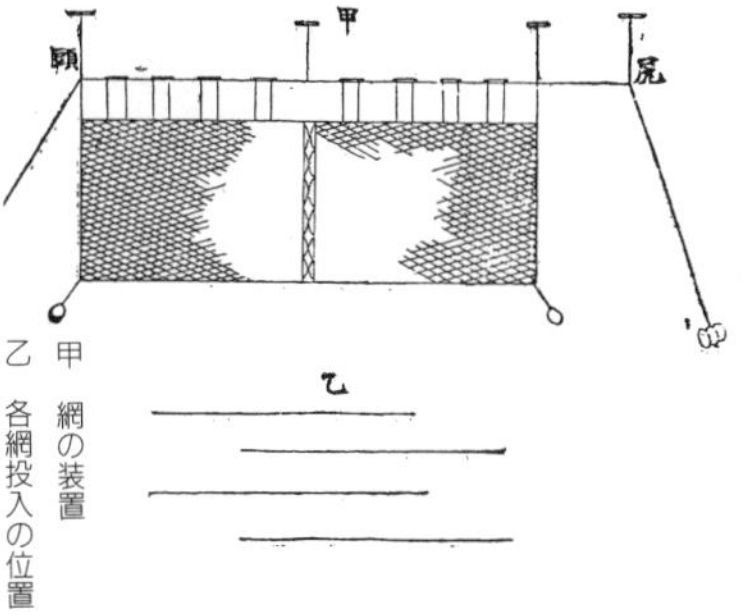

鰤刺網（『日本水産捕採誌』より）『静岡県水産誌』では「鰤刺網」は「五寸目」,「大鰤刺網」は「七寸目」と区別している

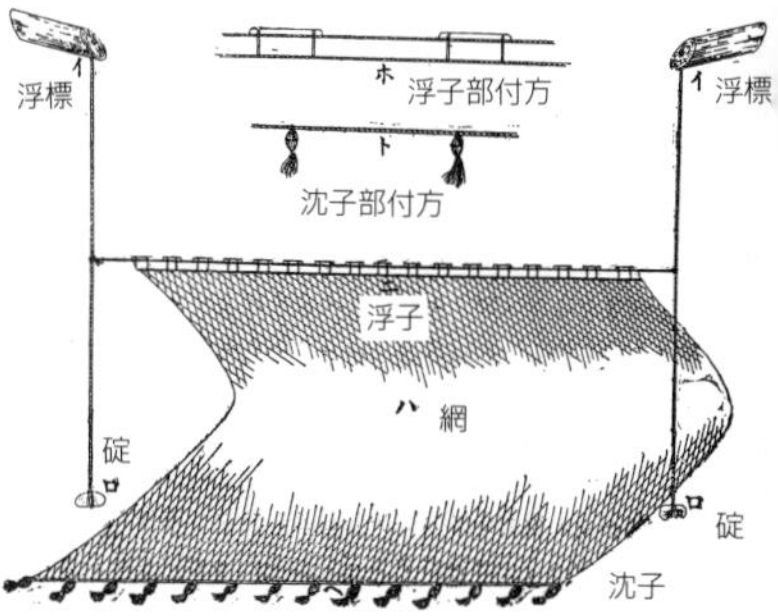

鮑刺網（『静岡県水産誌』より）

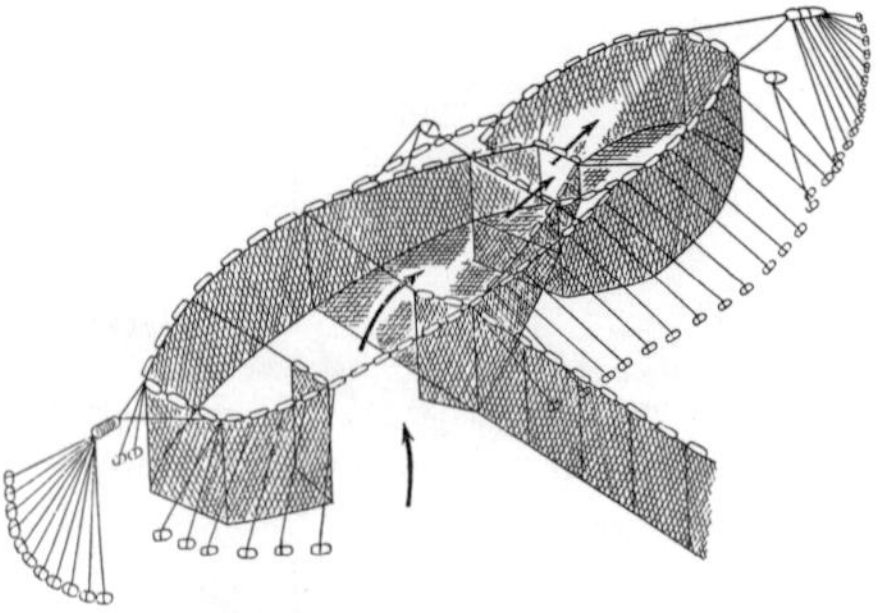

大謀網（建網類）（宮本秀明『漁具漁法学』より）

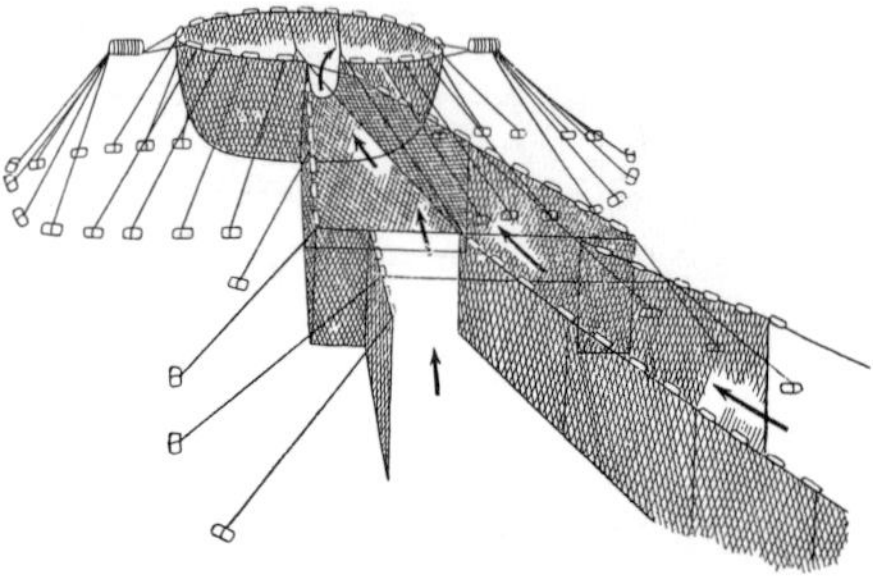

落網（建網類）（宮本秀明『漁具漁法学』より）

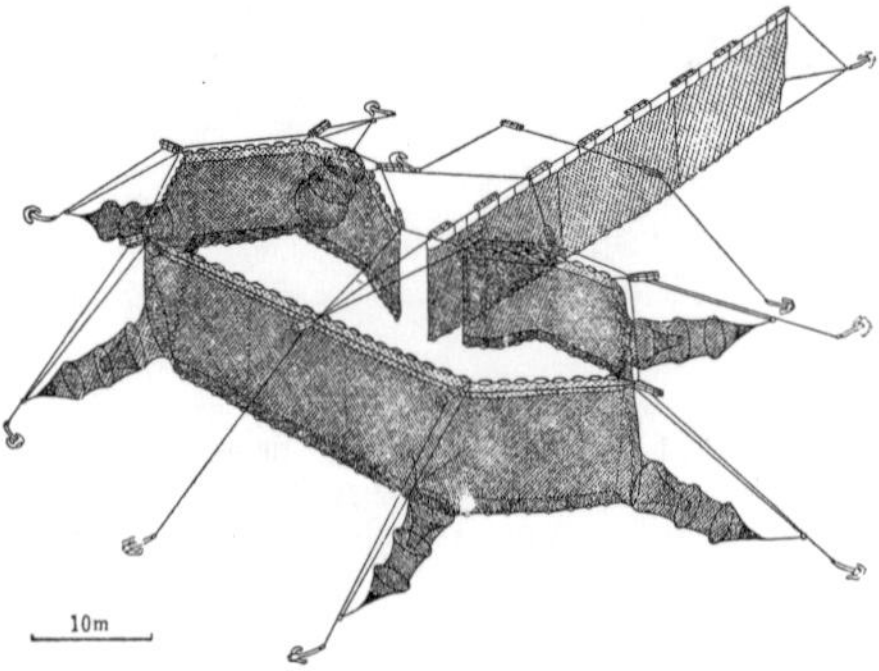

桝網（建網類）（宮本秀明『漁具漁法学』より）

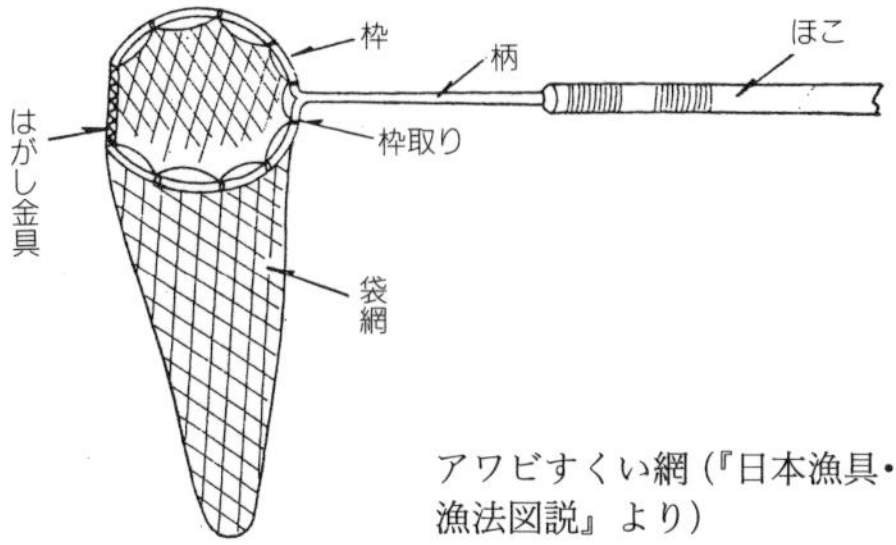

アワビすくい網（『日本漁具・漁法図説』より）

又、岩の上に多数のものを発見した場合は岩の縁の方にいるものから採らないと逃げられてしまう。アワビの殻の表面に一度タモが触れると岩に吸着して採りにくくなるので、できるだけ殻の表面に触れないように操業する。エゾアワビを一月から七月にかけて捕採する」のに用いる。

アワビは、岩礁や玉石地帯に生息する。表面が粗雑で固い火成岩の海底よりは、表面がやや平坦で比較的軟らかい水成岩の海底が生息に適している。これはアワビが餌として好む海藻は、ワカメ・コンブ・アラメなどで、これらの底質と一致しているところがアワビの好漁場となっているのである。

紙幅の関係で網具のひとつひとつについて解説をつけることができないので、詳細は『日本漁具・漁法図説』を参照していただきたい。

なお、わが国における網漁業や網具の名称に関しては、歴史的に、あるいは地域的に過去において名の知られたものであっても、旧廃漁業（網具）となってしまい、今日ではその漁網の実態を知ることすらできないものもある。それ故、近世古文書や古文献に記載されている網漁具や名称だけが残ってしまった網具も多い。

第II章　網漁具の種類

1 網漁具の種類

分類は多種多様な資料（素材）を、あらかじめ定めておいた一定の基準にしたがって仕分けをし、その結果を把握したうえで、それを活用したり、活用することを前提としておこなわれるものである。それゆえ、基準にあわせて、資料などの操作をおこなうことが分類作業であるから、その基準となるものを、まず明確にしておかなければならない。

分類方法は、目的に応じたいろいろな基準の設定にもとづいた作法があり、その基準にあわせて仕分けをおこなうので、結果は多種類におよぶ。

「網」にかぎらず、民具の分類は、用途（機能）別、材質別、形態別というように、いろいろな側面から分類することが可能であり、そうした仕分けが必要になってくるので、分類の目的も一様にまとめることはできない。ようするに、「分類」というのは、「こうでなければならない」というものではなく、目的に応じて、いかようにでも仕分けしてかまわないのである。

したがって、ここでは「網漁具」全体を俯瞰することを目的とした仕分けはいかにあるべきかを考えてみると、やはり形態別に類別してみるのが最もよさそうであるといえよう。そして、それは使用方法による仕分けとも結びついてくる。

まず、『日本水産捕採誌』による「漁網」の分類をみると、曳網《ひきあみ》類・繰網《くりあみ》類・旋網《まきあみ》類・敷網《しきあみ》類・刺《さし》

鎌倉時代末期の四つ手網漁
(『石山寺縁起絵巻』より)

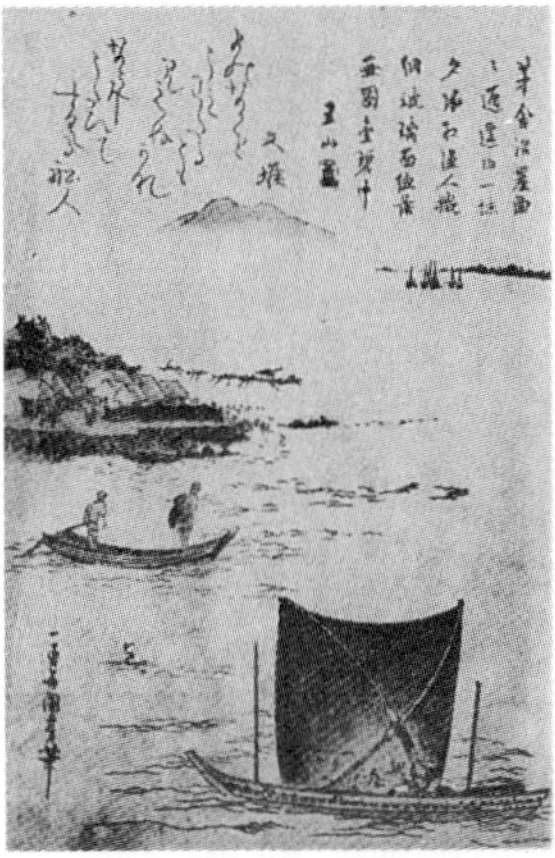

武井周作『魚鑑』(1831年)
にみえる四つ手網

深川万念橋の四つ手網(広景
「江戸名所道戯尽」1860年)

国貞「佃島白魚網図」

漁網の分類（『日本水産捕採誌』による）

- 曳網類《ひきあみ》
  - 鰮《いわし》 曳網
    - 大地引網
      - 九十九里地引網
      - 天草大地引網
    - 小地引網
      - 房州地曳網
      - 筑前宗像郡小地引網
    - 鰮沖曳網
      - 筑前地方における鰮沖曳網
      - 瀬戸内海地方における鰮沖曳網
  - 大黒網
  - 鯛曳網
    - 葛網《かつらあみ》
  - 鰰《はたはた》 曳網
  - 鯵鯖《あじさば》網
  - 鰤《ぶり》網
  - 海豚《いるか》網
    - 能登国珠州郡および鳳至郡の海豚網
    - 肥前国有川および魚目の海豚網
    - 伊豆国那賀郡の海豚網
    - 相模国大住郡の海豚網
  - 玉筋魚《いかなご》曳網
  - 鰶《このしろ》 曳倒網
  - 鱶《ふか》曳網
  - 鯔《ぼら》曳網
  - 鯥《むつ》曳網
  - 海底窪曳網
  - 夜地曳網
  - 引揚ゲンヂキ網
  - 鱸《すずき》 地曳網
  - 銀魚《しらうお》曳網
  - 鮎《あゆ》曳網
- 繰網類《くりあみ》
  - 手繰網
    - 沖手繰網
    - 作手繰網
    - 藻引《もびき》手繰網
    - 筑前地方における手繰網
  - 沖曳網
  - 打瀬網
    - 紀伊地方における打瀬網
    - 豊前地方における打瀬網
  - 吾智網
  - 胡椒鯛《こしょうだい》磯曳網
  - 甲烏賊《こういか》網
  - 合採《がつさい》網

- 鮟鱇《あんこう》網
- 海鼠《なまこ》網
  - 筑前地方における海鼠網
  - 安芸国安芸郡の海鼠網
  - 安芸国佐伯郡の海鼠網

旋網《まきあみ》類

- 鯛網
- 中高網
  - 豊後国南海部地方の中高網（鱅《このしろ》漁）
  - 紀伊地方における中高網
- 揚繰網
- 改良揚繰網
- 六人網
- 八作網
- ワラ網
- 鮪《まぐろ》巻網
- 縛《しばり》網
- 鰹大網
- 秋刀魚網
- 鯖網
- 鰮網
- 仔鰮繰大網

敷網《しきあみ》類

- 八手《はちだ》網
  - 房総地方における八手網
  - 肥後地方における八手網
- 持網
- 打網
- 桂《かつら》網
- 魣《かます》網
- 玉筋魚《いかなご》網
- 鰺網
- 三艘張網
- 四艘張網
- 八艘張網
- 大網（ヤーヤー網）
  - 筑後川などでヤスミ・エフナを捕る
- 白魚《しろうお》網
- 棒受網
  - 房総地方における棒受網
  - 土佐地方における棒計《ぼうけ》網
  - 豊後地方における鰮張揚網
- 四手《よつで》網
- 棚網

- 刺網類《さしあみ》
  - 鱈《たら》底刺網
  - 鰤《ぶり》網
  - 鰆《さわら》網
    - 肥前地方における鰆網
    - 安房地方における鰆網
  - 鮪流網
  - 鰛流網
  - 飛魚流網
  - 鮭《さけ》刺網
  - 鱒《ます》刺網
  - 鯔《ぼら》楯網
  - 鯉網
  - 鰰《はたはた》刺網
  - 蝦《えび》網
  - 鱅《このしろ》網
  - 鰈《かれい》刺網
  - 鱵《さより》刺網
  - 叩《たたき》網
  - 鱸《すずき》網
  - 反撥《はねかえし》網
  - 鮑《あわび》刺網
  - 珊瑚探採網
- 建網類《たてあみ》
  - 鮪大網
  - 鰊《にしん》建網
  - 根拵《ねこそぎ》網
  - 鱈《たら》建網
  - 坪網
  - 袋坪網
  - 桝《ます》網
  - 瓢《ひさご》網（タナゴ）
  - 烏賊曲網
  - 鰹張揚網
  - 落し網
  - 建干網
    - 上総国君津郡地方における建干網
    - 豊後国東国東郡岐部村における建干網
  - 江張網
  - 袋網
  - 網筌
    - サカドウ（淡水漁業）

- 網代漁

- 掩　網《かぶせあみ》類
  - 打網
    - 鰡打網
    - 鯉打網
    - 鮎打網
    - ハダラ打網
  - 卸網
  - 流し網
  - 提灯網

- 抄　網《すくいあみ》類
  - 攩網《たもあみ》
    - 鰡抄網 ── 豊後国南海部郡における鰡抄網
    - 仔鱅《こはだ》抄網
    - 玉筋魚《いかなご》抄網
    - 鰘鰺《むろあじ》網
    - 鮎《あゆ》抄網 ── 紀伊国有田郡における鮎抄網
    - 紅蟲捕《あかこどり》
  - 纚《さで》網
    - 白魚網
      - 備前地方における白魚網
      - 豊後地方における白魚網
    - 公魚《わかさぎ》網
    - 蝦《えび》抄網
      - 下総国利根川沿岸の鰕網
      - 陸前地方における鰕抄網
      - 北海道渡島地方における鰕抄網
    - 手押網
    - 方流網
    - 羽根川網 ── 因幡国智頭川　八車川　千代川（アユ）
    - 鰺網（出雲石見〔ゲバチブクロと同じ〕）　カワハギ抄網

大謀網（定置網）漁
新潟県両津市（佐渡）椎泊

網類《あみ》・建網類《たてあみ》・掩網類《かぶせあみ》・抄網類《すくいあみ》の八種類に仕分けされている。

これらの漁網について、各地域の具体的な事例をあげながらまとめると四六～四九ページの表のようになる。なお、本稿においては、網の名称を記載するにとどめたので、漁網の構造や漁法の具体的内容に関しては『日本水産捕採誌』を参照されたい。

また、山口和雄氏は『日本漁業史』の中で、「近世に於ては網及び釣、殊に網漁法の発達は著しく、最も重要な漁法となった。当時は漁網類についての全国調査は勿論行われなかったが、従来私が研究した結果によると、近世末までには次の如き漁網類が出現したことが明らかである」として、以下の分類による漁網類を掲げている。

一　抄網類――タモ網・サデ網

二　掩網類

㈠投網類――投網・卸網

㈡提灯網類――押網・タツバ

三　曳網類

㈠地曳網類――イワシ地曳網・アジ、サバ地曳網・地漕網・サケ地曳網・ハマチ、イナダ地曳網・ハタハタ地曳網・ニシン地曳網・カツオ地曳網・シビカツオ建切曳網・イルカ地曳網・イカナゴ地曳網・コノシロ地曳網・ボラ地曳網・シラウオ地曳網・アユ地曳網

㈡船曳網類

(1)浮曳網類――イワシ船曳網・タイ船曳網・イワシ餌曳網
(2)底曳網類――雑魚手繰網・カレイ手繰網・エビ手繰網・タイ手繰網・ゴチ網
(3)底曳廻網類――漕網・打瀬網・帆桁網・珊瑚網

四　敷網類
(一)浮敷網類――棒受網・張揚網・八手網・タイ敷網
(二)底敷網類――四つ手網・四つ張網・南北網・四艘張網・持網・焚入網・栄灯網・ボラ敷網・イカナゴ網

五　刺網類
(一)底刺網類――ブリ刺網・ニシン刺網・タラ刺網・カレイ刺網・七目網（ヒラメ刺網）・サメ刺網・タイ刺網・エビ刺網（磯立網・イソタテアミ）・カニ刺網
(二)浮刺網類――イワシ刺網・小晒網（コザラシアミ・イワシ網）・ボラ刺網
(三)流網類――イワシ流網・シビ流網（マグロ流網）・サワラ流網・トビウオ流網・サケ流網・（カツオ流網）
(四)囲刺網類――ハマチ、イナダ、イナ、ボラ、コノシロ等の囲刺網

六　旋網類――任せ網（マカセアミ）・揚繰網（アグリアミ）・小舌網・六人網・八作網・中高網・カツオ揚繰網・シビ巻網・サンマ網・タイ旋網・縛網（シバリアミ）・サワラ網・シイラ網・ニシン笊網

七　建網類

㈠台網類――大敷網・台網・根拵網（ネコソギアミ）・越中網・大謀型大網・行成網・金折網・角網

㈡落網類――瓢網・銚口網・タラ落網

㈢桝網類――壺網・桝網

㈣出網類――張切網・建干網

㈤網魞類――網魞・網代漁

（その他の網類――追込網・サンジョウアミ・トウゴ網）

＊（　）内は筆者の加筆による。

山口和雄氏は同書の中で、「わが国の代表的な沿岸漁網類は近世末までに一応出揃ったとみてよいようである。もちろん、この中の或者は近世以前から、或者は江戸末期に至り漸く出現したのであり、地域的にみてもその発達は著しく不均衡であったが、全体としてみるならば、江戸中期以降が特にその発達顕著だったと言えよう。地曳網は依然最も重要な漁網で、魚種ごとに各種の地曳網ができたが重要なのはイワシ地曳網漁業であった。小は漁船一艘漁夫数名の所謂片手廻し法によるものから、漁船二艘漁夫百名位に及ぶ大規模なものまであり、網の曳揚げには轆轤を使用する場合もあった」と述べている。

このように、わが国における網漁業の発達はめざましく、その種類、規模において、世界で類例を

漁網の分類（『網漁具』による）

- (1) 刺網類 (Gill-nets)
  - 底刺網類 (Bottom gill-nets)
  - 浮刺網類 (Floating gill-nets)
  - 流刺網類 (Drift gill-nets)
  - 旋《まき》刺網類 (Surrounding gill-nets)
- (2) 掩《かぶせ》網類 (Covering-nets)
  - 投網類 (Cast-nets)
  - 提灯網類 (Lantern-nets)
- (3) 抄《すくい》網類 (Scoop-nets)
- (4) 敷網類 (Lift-nets)
  - 浮敷網類 (Floating lift-nets)
    - 叉《さ》手《で》網類 (Dip-nets)
    - 棒受網類 (Stick-held lift-nets)
    - 八田網類 (Eight-angle nets or Two boat lift-nets)
  - 底敷網類 (Bottom lift-nets)
    - 四手網類 (Four-angle dip-nets)
    - 袋網類 (Bag-nets)
    - 四艘張《そうばり》網類 (Four-boat lift-nets)
  - 筧《かけい》網類 (“kakei” lift-nets)

- (5) 引網類 (Drag-nets)
  - 地引網類 (Beach seine)
  - 船引網類 (Boat seine)
    - 引寄網類 ("Hikiyose-ami" type)
      - 浮引寄網類 (Upper layer drag-nets)
      - 底引寄網類 (Bottom layer drag-nets)
    - 引廻網類 ("Hikimawashi-ami" type)
      - 打瀬網類 (Small trawl-nets)
      - トロール網類* (Trawl-nets)
      - 手繰網類* (Danish seine or Bull trawl-nets)
      - 桁網類 (Dredge-nets)
      - 珊瑚網類 (Coraling-nets)
- (6) 旋網類 (Surrounding-nets)
  - 無嚢《むのう》旋網類 (Surrounding-net without bag-nets)
  - 有嚢旋網類 (Surrounding-net with bag-nets)
- (7) 建網類 (Set-nets)
  - 台網類 ("Dai-ami" group)
    - 大敷網類 (Large set-net of triangular shape)
    - 大謀《だいぼう》網類 (Large set-net oblong or octagonal shape)
  - 落網類 (Trap-net group)
  - 桝《ます》網類 (Pound-net group)
  - 出網類 ("Dashi-ami" group)
  - 張網類 ("Hari-ami" group or Small set-nets)
  - 網魞《えり》類 ("Amieri" group or Screen labyrinth-nets)

*印は近年特に発達し大型かつ機動力を用いる漁船の網で，打瀬網類中から分離したものの試案.

みない国であり、世界一の「網王国」といっても過言ではないのである。

またさらに、近年の網漁具の分類としては高瀬増男氏によるものがある。氏は『網漁具』という著書の中で「網漁具の分類方法は明治以来多くの人々によって試みられているが、現在最も普通に用いられている分類方法は次のものである」として七分類したものを掲げている（表参照。なお、英訳は欧米に該当する漁具がなく、かつ混称されているので適訳を得られないものがあるとしている）。

以上のように、「網」は人類の「欲」が考え、生みだした知恵の結晶の一つであり、最も有用な民具の一つであるといえる。

したがって、世界中のどこの国、どこの地域にいっても作られ、使われており、歴史的にみても古い民具の一つに数えられる。種類も多く、名称もさまざまであり、その形態も数えきれないといっても過言ではない。

それゆえ、以下においては、わが国における「網」に関する内容にしぼり、そこに焦点をあててみていくことにしたい。

2　網の素材

網を作る原料は麻糸《あさいと》・苧糸《おいと》・藁《わら》・葛糸《くずいと》・蚕糸《さんし》などが伝統的に用いられてきたが、近世以降は圧倒的に麻糸が使用されてきた。

蚕糸は網の原料としては上質だが高価であるため、大型の網材としては実用にむかない。遊漁もしくは淡水魚を捕る掩網類には蚕糸材のものもあるが、数例をみるにすぎない。

また、海で使用する網類のうち、キス網（鱠残魚網）など、蚕糸を素材とした例もあるが、ごく限られている。

その他、植物繊維質として網類に利用できるものには「シナノキ」（科木）などもあるが、小型の網類（たとえば岩手県九戸郡種市町川尻では「シナノキ」を「マタ」と呼び、カツギとよばれる男の裸潜水漁撈者が採取したアワビやウニを入れるために前腰に付けた「ヤツカリ」とよばれる網袋）はあるが、大型の網袋を作るには原料が限られるために実用化できないものが多い（拙著『日本蜑人伝統の研究』）。

そうした実情下にあって、最も実用化されてきたのが麻糸であった。

以下、『日本水産捕採誌』に記載されている網の素材（原料）についてみていこう。

麻糸

網に多く用ふる麻は植物学上蕁麻《じんま》（イラクサ）科に属する大麻にして古名「ヲアサ」又「サクラアサ」今俗単に「アサ」と称する所のものなり。各国産せざるの地は殆んど無きが如くなれども其最も多く産出するは上野・下野・備後・安芸・越後等とす。

麻は其産地に於て直ちに網地を製し、或は原料たる麻を他地方より購入して之を製す故に麻の産地と網地の産地とは自から異なる所あり。今試みに麻の産地と網地製出地の主なる所を挙《あ》ぐれは左の如し。

〈麻産地〉
備後《びんご》・石見《いわみ》・出雲《いずも》・安芸《あき》（広島県東部地方・島根県西部地方・同東部地方・広島県西部地方）
肥後《ひご》（熊本県）
但馬《たじま》（兵庫県北部地方）
上野《こうずけ》・下野《しもつけ》（群馬県・栃木県）
加賀《かが》（石川県南西部地方）
陸中《りくちゅう》（岩手県と秋田県の一部地方）
越後《えちご》（新潟県）
〈製網地〉
広島県
熊本県
大阪府・和歌山県・愛媛県
三重県・愛知県・東京府・千葉県
石川県
岩手県
新潟県

＊（ ）内は筆者による。

此他、漁業者が各自随意に麻を購入して自用の網地を製することは、本邦至る所之あるも、単一なる産地を定め難きを以て之を概論するに由なしとす。東京及北海道諸国に於て需用するは、主として両野産の麻とす。上野麻は品位下野産に勝り凡三割の高価なり。色黄白にして微《すこ》しく赤色を帯び、外見却て悪しく且稍々《やや》柔軟《じゅうなん》なるを覚う。然れども製網には頗《すこぶ》る適当の良品とす。下野麻は主として都賀郡辺の産に優るの感あれども、其質弱く使用年限の如きも上野麻の十年は適《まさ》さに下野産の六、七年に当るべし。而して製網の外観は二者相異ならず却て価格廉《れん》なれば、普通の売品は多く下野産を用う。加うるに上野麻に比して製網の手工稍《や》や容易なるが故に愈々《いよいよ》此麻を用ゆるに至れり。

北海道には、従来麻を産せざりしが、年年開拓使にて種を仏国に採り栽培し屯田兵をして網を作らしめたりしが其麻は稍や異なる所ありと雖《いえども》品位の優劣に至りては敢《あえ》て本島産を差《たが》う所なきものの如し。然《しか》れども其産額未だ全道需用の十分の一をも充たすに足らず。故に本島より網地の供給を仰ぐ。就中《なかんずく》、越後国三島郡与板町近傍《きんぼう》及び古志郡南蒲原郡辺に産する麻を以《もっ》て刈羽郡荒浜村にて網に製し、同郡宮川村より輸送するもの多し。明治十六年、水産博覧会の出品解説に拠《よ》れば荒浜村に於ける網製造者は二千二百八十七人にして、明治十年より十五年に至る毎一ヶ年平均製網額は拾万五千八百三十二貫目、価金三十五万五千円なりと云う。此地の麻は質剛硬《ごうこう》にして繊維細密ならず、通俗金引《カナビキ》と称す。此金引麻（黄麻にあらず）は越後、羽前、羽後、陸奥の諸国にても製網に用うれども、北海道に用うるものの如く剛硬ならず、北海道人は該地は寒気烈しくややともすれば網地冱朽《ごきゅう》し且大群の魚を捕獲するには斯《か》かる剛硬の麻にて作れる網にあらざれば用うるに堪《た》へずとなし却て之を好むと云う。

青麻《あおそ》は主に越後及び信濃にて製す。又之を山中麻とも云う。其色青し、別に鹿子麻と称するあり。専ら信濃に産す品位最も佳良なり光沢ありて青白色を帯び青麻に比すれば稍《や》や柔軟にして麻中の首となす故に間々蚕糸に代へて釣緡《ちょうびん》（つりいと）となす。投網の如き体積の少きを主とする網に適し且能く久しきに堪《た》う。伊勢、尾張地方にては往々之を用うれども煮晒《にざらし》に手数を要するのみならず、網の編製甚だ難く且つ価貴きが故に他方に在ては之を用うるもの自ら少し。又或る説に青森を以て製したる網を泥土ある海底に使用する時は腐朽《ふきゅう》し易しと云う。是或は然らん。蓋《けだ》し晒し方十分ならず製苧の細微ならざるが為め海中の汚物附着し易く終に其腐朽を速くものの如し、若し晒し方を十分にし且網に製して後之を渋液に染むるの前煮方に能く心を用いば蓋し前述の患を免《まぬか》るべし。

苧麻《からむし》

苧麻は価格貴きが故、網の原料となすことは広く行はるる所にあらずと雖《いえど》も、羽後国の如きは其産饒《おお》きを以て其近傍両羽後等に於ては、糸の細くして強靫《きょうじん》なるを要する刺網類には間々之を用うるものあり。但《た》だ耐久力に至ては強て麻糸に優る所あるを見ず。

藁《わら》

藁網は通常の藁縄を用うるものと、藁心の縄を用うるものとの二様あり、海豚網又は荒手網、垣網等の如き粗大なる網目のものには通常の藁縄にて編むも目稍《や》や細かにして縄の細きを要するものには皆藁心縄を用う。

北海道には藁も亦産せざるを以て、藁網も本島より供給を仰ぐ。製出地は概《おおむ》ね日本海に臨める地方にして就中《なかんずく》、羽後国南秋田、河辺二郡の如きは藁の産出多きを以て従来之を網地に編製して輸送販売せり。皆藁心製にして之を「ミゴ縄網」と云う。その製網の概略左の如し。

網目五十立長二十五間を以て一把《いちわ》とし、目は三寸より七、八寸まで之あり。春期鰊《にしん》漁には三寸、四寸或は五寸目のもの、夏期鱒《ます》漁には五寸目若くは六寸目のものを、秋期鮭《さけ》漁には六寸、七寸又は八寸目のものを使用するが故に、北海道に於ける漁業の季節を計りて製出す。此網一把を製造するには熟達の職工なれば二日間、尋常の職工なれば三日乃至四日を要すると云う。

葛糸

葛糸は諸国山野に自生する葛蔓《くずつる》の繊維にして、質強靭なるを以て布を織るに宜《よろ》しく、従来、遠江国掛川にて製する所の葛布《くずふ》は袴《はかま》地等に用いて多く世上に行はれたるも糸質柔軟ならざるが故に網糸に用いることは広く行はれず、唯肥前国唐津地方に於ては之を以て網に用いる綟子《れいし》（もえぎ色の糸）網地を製す。其法、五月より七月迄の間山野自生の葛蔓を採取し（凡刈採より百日内外にして再生の葛蔓二丈余に及ぶ故に一周年二回採収す）凡五尺許に切り之を折半《せっぱん》して其中を括り、釜に盛り桶を蔽《おお》うて之を蒸すこと凡一時間にして取出し皮を剝き曝乾す。而して復た灰汁《アク》を以て煮ること暫時にして取出し直ちに水に浸し外皮を扱《こ》き去り（又藁薦を覆い一昼夜許罨《あんじょう》蒸

（おおいむす）して後河水に浸し足にて踏み足《（ママ）》外皮を去るの方法あり）精皮を取り曝乾し紡績して械《（ママ）》に上せ綟子に織り或は此葛糸を以て網を編む。葛糸は永く水中に在るも水分を吸収すると少く且乾燥の速なるを以て能く久しきに堪うると云う。筑前国夜須郡下秋月村井上新助、長谷山村篠原七造等明治十五年以来唐津の製法に倣い之を製し、水産博覧会に出品せり。……

綿糸

綿糸は麻糸に比すれば、其性質剛硬ならざるが故に、曳網、繰網等の如き重量多く、附属具を備え強靭を要する網には適当せずと雖《いえど》も能く久しきに耐うるの質あるを以て、保存法に注意すれば、数年を経るも容易に腐朽《ふきゅう》するに至らず、且価も廉にして其量も軽く使用上人員を省《はぶ》くの便あり故に、欧米諸国に於ては鮭曳網及び鮭・鱒刺網に亜麻網を用ゆるの外は皆綿糸網を用う。現に英国の漁業に専ら行はるる流網は彼の桁網《トロール》の盛なると斉《ひと》しく特別無比の盛事なり。而して、重に鰊、鯖の捕獲を以て著名とせる蘇格蘭《スコットランド》に於ては此漁業に従事するもの無慮七万人、漁船一万五千艘にして、一千八百八十一年に於ける鰊のみの収獲高は二十万噸《トン》、其価格一千零四十七万弗《ドル》なりしと云う。是機械製綿糸網の流行せし以来に此業の著しく進歩せしに由る。蓋し綿糸網は大麻、亜麻を以て製したる網に比すれば軽便にして且久しきに耐るを以てなり。其比例は従前の漁船は流網一千零四十「ヤール」の長さにして網丈け六「ヤール」乃至七「ヤール」のものを以て一艘分と為せしが、方今は三千六百「ヤール」の長さにて、丈け三十二尺四分の一の網を一艘に使用し其重量は却て従前のものより多からず荷嵩《にがさ》も従前のものと大差なしと云う。

然るに本邦に於ては近江国琵琶湖にて、従来小糸網と称し綿糸網を使用せるの外、海漁に綿糸網を用うるのは実に僅々なりしが、明治十一年頃より和泉国堺浦にて鰮漁に用うる大網及「コノシロ」楯網と称するもの、従来麻糸製なりしを綿糸に代へたるに、之を麻糸製に比すれば二倍の年月を保ちしを以て堺浦及近村は皆綿糸製の網を用うるに至れり（和泉国云々以下《ママ》水産博審報）。

又、北海道渡島国松前郡大沢村外三ケ村戸長役場の報道に依れば、該郡内荒谷村漁業組合頭取大野清助は明治二十四年に於て試験の為め綿糸を以て鰊網一枚を仕立、鰊《にしん》の群来に際し従来使用せる麻糸網に取り交へて用いしに魚の罹《かか》ること麻糸網に比すれば、綿糸網は一倍余多く猶重力に耐うるの強弱を試みん為め鰊《にしん》の罹《かか》りたる儘漁夫六人にて之を振り落せしに更に破損の跡なく且取扱上手軽にして、漁船に搭載するに其積量少く実に麻糸網に比すれば其便益の大に優るを見たりと（北水報告）、又紀伊国北牟婁郡九鬼浦に於ても、明治二十年以来、綿糸網を製し鯖刺網に使用せし者あり、其報ずる所に拠れば原料は伊勢国四日市紡績会社製のものにして其成績は第一、綿糸の弾力は麻糸に比し潮水中に引きて二倍半強し、第二、綿糸網の保存年限は麻糸網に比し凡二倍半の久しきに保つ可し、第三、価格は麻糸よりも二割方低廉なり、第四、重量は麻の半たりと（伊藤鉄太郎氏報）。而して曩《さ》きに此報を大日本水産会報告に掲載せしに北海道日高国静内村静内西田玄次郎と云う人之を一読し、直ちに綿糸網を以て該地の鮭漁に試み其結果を世に公にせり（明治二十五年一月二十七日刊行郵便報知新聞）。

其要主左の如し、「今、綿糸が漁網として麻苧に勝れる点を挙ぐれば、第一、海潮に投じて潮受けの強からざる為め、潮流の緩急《かんきゅう》を厭《いと》はざること。

第二、麻苧と同量目にて結網延長を得ること。

第三、縦四十五間、横四十間余の方言「ボッチ」網一統の価格は殆んど麻苧の半額なること。

第四、取扱上軽便なる為め、漁夫を省くこと。

此四点は実に綿糸が麻苧に勝れる所にして、太平洋沿岸の漁家が綿糸を使用せる重《おも》なる原因として見るべきなり云々とみえる。


わが国近世における経済政策の神様のようにいわれる上杉氏十代の上杉鷹山《ようざん》は、現在の山形県米沢市一帯を主に支配していた。

今年（平成十三年）は、上杉氏の米沢入部四百年、鷹山生誕二百五十年にあたる。米沢地方は雪が多い土地柄、米の単作地帯。耕地農業だけにたよっての生活維持は厳しかったので、鷹山が養蚕を奨励したため、養蚕の発展はいちじるしかった。養蚕によって、年に一回の現金収入にとどまらず、二回あるいはそれ以上の現金を得ることができるようになったのである。その結果、桑畑の面積も増加した。

あわせて、青苧《あおそ》は江戸時代のはじめから上杉藩で生産され、藩の重要な産物であったため、鷹山の時代にも特産物として最重要品であった。

青苧は「カラムシ」（苧）ともよばれるイラクサ科の多年草で、茎から皮をはがし、蒸したあと晒《さら》して繊維の原料にする。これらの青苧繊維は秋に収穫して麻糸にして束ね、藩の「青苧御蔵」にあつめて一時期収められる。上質のものは奈良晒《さらし》や小千谷縮《ちぢみ》の原料として移出され、質の悪いものは漁網の原料などに用いられてきた。

青苧問屋の許可をうけ、移出業を営んだものに布施浅右ヱ門、小林七郎兵衛ヱ《(ママ)》なるものがいて、村別の「御役青苧」の数量が史料として残っている。

『伊佐沢の郷土史』(山形県長井市内)によると、伊佐沢村(上伊佐沢六四五貫一四〇匁、中伊佐沢八一四貫八七〇匁、下伊佐沢三三六貫三三〇匁)、長井町(小出二五貫四六〇匁、宮八五貫五二〇匁)、平野村(九《(久)》野本八貫一七〇匁、平山一貫九三〇匁)などとみえる。しかし、実際の総生産量はその約二倍はあったであろうとみられており、青苧は長くこの地域の主要生産物であった。

また、村別の生産量ではなく、農家一軒ごとの個々の生産高についてみると、寛文十一年(一六七一)の「中伊佐沢村青苧御定納面付帳」(小林兵内家蔵)によると、「彌惣右衛門　六貫九八〇匁、万右衛門　四貫六二〇匁」などとみえ、記載の一七名中で最も多くて一七貫八五〇匁、最も少なくて一貫五三〇匁であることがわかる。

いずれにしろ藩としても重要な特産品であり、各家々にとっても貴重な現金収入源であったので、増産にはげんだ結果とみられよう。

上述のように生産された青苧は藩直営の青苧御蔵に納められ、一時期保管されたが、現在でも長井市内には寛文三年(一六六三)に建てられた「青苧御蔵」の「青苧御門」が文化財として残り、保

上杉藩の青苧蔵御門
(手前の植物は青苧)
山形県長井市内

麻苧屋　大坂高麗橋の麻糸や麻布類を売る店で漁に用いる網や棕櫚の皮・縄なども売っていた(右は菓子屋.『摂津名所図会』より)

『守貞謾稿』にみえる麻苧屋の看板　ザルに麻をかぶせ，頭の部分を麻布または麻糸でくくり，その残りの部分を下にたらしたもの(巻之五「生業」より)

存・管理されている（写真参照）。

3　網材の変遷

漁網の材質は前掲のごとく、種類が多く、地域ごとによる伝統的な材質をいかした製網（綱）方法もある。

しかし、一般的に、漁網の材質は国内産の麻の使用にはじまり、木綿糸（綿糸）に移ってきた。この過程には綿の多量の輸入があってのことだが、綿糸にあわせて外国産の輸入麻（マニラ麻など）の使用も増加する。

マニラ麻は漁網よりも船具用のロープなどに利用された。したがって、国内産の麻から輸入麻の使用に変わっていった漁綱（ロープ）もあった。

こうした時代の潮流の中で、外国産の輸入綿からつくりだされる多量の綿糸は、漁網の大型化にも大いに役立った。

明治・大正・昭和の中で、「漁網」の製造を家内の内職の段階から家内制手工業、工場制手工業、工場（家内）制工業と、わが国の資本主義社会の発達段階にあわせたようにピッタリの具体的な事例を次に紹介したい。

この実例は、「麻」の網から「木綿」（綿糸）の網に材質が変わっていく過程としても実証的だが、その後の、綿糸からクレモナ、ナイロン等の化学繊維の漁網による材質の変化をみるうえでも参考になるといえよう。

昭和の初期、三重県四日市の「富田《とんだ》」にあった「網勘製網株式会社」は、昭和十四年(一九三九)当時に社長を勤めていた伊藤勘作より三代前の勘蔵という祖父の頃から漁網の製造を家業として、しだいに大きくなった会社である。

祖父の勘蔵は、この家業を寛政六年(一七九四)にはじめたので、昭和初期に、すでに一五〇年の沿革をもっており、今日(平成十四年)から数えると二〇八年もの歴史をもっていることになる。

伊藤家は勘蔵のあと勘作が継ぎ、その名を世襲して勘作が二代つづいた。

当時、重要な物産に数えられていた「漁網」が、いかなる理由で、この伊勢地方を中心にして発展したのかを具体的に示す「講演会の内容」が残っている。

この講演会は、昭和十四年八月十九日に三重県安濃津地方裁判所でおこなわれたもので、出席者は当地区の所長をはじめ、四日市や山田地区の判事や検事など二九名だが、演者が社長で、内容は書記が正確に記述しており、信憑性が高く、後に、昭和十八年になって社長の伊藤勘作が『日本の漁網』(非売品)と題して一書にまとめているので、少々長くなるが引用し、紹介しておきたい。

なお、本稿の講演会内容の引用に関しては、「旧仮名づかい」を「平仮名・片仮名」に改めた。また、あわせて難読とおもわれる漢字も新字体に改めさせていただいた。しかし、内容はできるだけ原文に忠実であることを心がけ、読みやすくしただけであることを付記しておく。( )内は筆者による加筆であることをお断りしておく。

ちょうど明治三十二年頃（翌年が一九〇〇年）、今から約四十年の昔、私がまだ幼少の時代、それまではこの製網の原料は麻でありまして、上州（上野国《こうずけ》・現在の群馬県地方）野州もしくは芸州《げいしゅう》（安芸国・現在の広島県地方）に産するものを、原料として買い上げ、四日市港へ汽船で積み込んで陸揚げいたします。それを車を曳いて、富田《とんだ》の店へ運んだものであります。

それが子供心に、私は十歳くらいのときでありましたが、この原料の麻は、五貫匁くらいのものが二つ、しっかりと合わせて一梱（一包《ひとくるみ》と同じだが、梱包《こんぽう》とは、むしろや縄などをかけて荷造りすることや、その荷造りしたもののことをいう）となっており、これを建値《たてね》（建値段の略で、受け渡し値段のこと）とするのでありますが、これをまた一駄《いちだ》（もとは、馬一頭に負わせた荷物や、その量をいった。駄賃は駄荷の運賃または品物をおくり届けた賃銭で、のちに子供へのほうびをいうようになった）と申しまして、一駄何十何円と言って、上州野州、芸州の麻問屋から仕入れて、四日市港へ回漕させると、車を曳いて受け取りに行き、店に運び、板の間で荷を解いて、さらに家内工業の関係上、小束《こたば》に割り、一束《ひとたば》を三〇〇匁として、一梱を約三二束に分け、これを一口として、三二口にするのであります。

私どもの店は富田（江戸時代には、「しぐれ蛤《はまぐり》」や焼蛤を売る店があった）にありまして、その大体が漁民であり、付近に漁民の家がたくさんあります。

これは揖斐《いび》川、長良川、木曾川の三大河によって、伊勢海に流出せられる餌と申しますか垢と申しますか、魚の食物が、その沿岸一帯に多くありますので、その沖には、季節を定めて鰛《いわし》などは旧七月には驚くほど、群集してくるのであります。

素人考えかも知れませんが、餌となるものがたくさんあって、魚が住み心地の良い海として、漁場を賑すのでありましょう。この伊勢の海一帯、知多半島、伊良湖岬方面も、同じことであります。

しぜん私どもの富田と致しまして、漁師が殖《ふ》えるばかりで、祖父勘蔵は、何とかして、この漁網を製造したいと考えました。しかしその当時はもちろんこれを造る機械などありませんから、家内工業として、各自に分業的に、工程を分けて、製品をまとめて、賃金を払うのであります。

……

自他共に利せんがために、家内工業の建前で、近所の漁師（漁家）に仕事を植え付けたいと考えて、富田全般に、まず、先の束、三〇〇匁ずつの麻を分配し、漸次、四日市、桑名方面にまでその配囲（範囲）を広げていきました。

ご存知の通り、桑名は、白河楽翁公《しらかわらくおう》（松平定信）の御城下で、士族の奥さんというような人々が、物質的利益如何と言うことは第二としても、上品な手仕事は無いかというようなわけで、一般に針仕事などはありますが、来客でもあれば、針は危いし、広げた仕事は、直ちにこれを仕舞うのでは不便であり、手数もかかる、何かふさわしい、こざっぱりとした仕事は、との意向のあることを耳にしておりましたので、四日市より桑名へ、この家内工業を発展させていったのであります。

我々は、毎朝三時頃に起きて、車に付けられるだけ三〇〇匁束の麻を載せ、父は一人、人力車に乗って、私は店の者を連れ、車を曳いて家を出たもので、御飯は女中の用意してくれたものを携え、旧東海道を桑名の入口である福江町に着く時は、朝の五時になるのを原則として、雨が降っても雪が降っても、鳥が啼かぬ日はあっても、この車の音のせぬ日はなく、草鞋《わらじ》を履き脚絆《きゃはん》を着け、小田原提灯《ちょうちん》に、一本五厘の蠟燭《ろうそく》を入れて、車を曳いて行くのでありました。

桑名へは五時に着いて、心やすい所の家で一服をし、家を出る時に、胴巻に入れて、大切に持って行った十円紙幣五枚を、その家で両替をしてもらい、そのうち二〇円は、予備にしておいて一厘銭、文久銭、五厘銭、一銭という小銭を三〇円、木綿で作った長さ二尺もある財布の中に収め、真中から折って、肩に振り分けて掛けるというような有様でありました。

とにかくするうちに、六時になります。富山あたりからくるあの薬の行商と同じように、桑名字新地から始めて、一軒一軒、お早う、お早うございます、というような調子で参りますと、こんにちは、今日は早いなあとか、遅いなあとかいうふうに、挨拶を交して廻るのであります。

この麻は、最初水に浸して、植物性の脂肪を洗い去るのですが、一昼夜水に浸しておけば、しぜんとその脂肪はぬけるわけであります。この結果、麻の繊維は、その形が崩れて、パーマネント・ウエーブのように房々として、ボシャボシャした頭髪を見るようになり、これを適当な量に割くことが自由になります。

これらの行程(エ)は、今日では全部機械によってなされるのですが、その当時では目八分でやるのであります。それでも一定の量にする必要があるのでありまして、この一束三〇〇匁のものが普通網に結《す》いて二丈の長さになるのが適当品であり、これを「二丈出来」とよんでおり、網の尺は五〇〇尺を一反とよんでおりまして、昔から三河や伊勢で使われている揚繰網《あぐりあみ》は、鯨尺一尺について、網の目と目の間が、三五ないし三三通り、すなわちその間隔が三五通りないし三三通りというのが、この網のサイズでありました。これは鰮《いわし》をとる網であります。

この三五通りないし三三通りというのは、鯨尺一尺について、結節と結節との間が、三五通りあるという意味であります。この網に揚繰網という字を使っておりますが、この網は沖獲漁業では幅を利かしておるのであります。

だいたい、網の横、幅、すなわちその深さは、デープ・メッセスといって、三三より三五、縦目は、昔は妙なもので九八目掛より無かったのであります。どういうわけで、これを九八目掛として、一〇〇目にしなかったかはわかりませんが、とにかく、縦九八目掛で、横目は三三ないし三五通りということに決まっておりました。

話は脇道へそれましたが、それでこの家内工業としての第一の工程は、麻の水に浸したものを縦に裂くことでありまして、今申しましたように三五通りに九八目の網とすれば、それに用うるものとしてはちょうど二丈すなわち四間、ただしこの一間は、五尺として計算するのが、習慣となっておりました。これがちょうど、四間の長さに出来上がってくれればよいのでありますが、なかなかそう簡単にはいかないので、目八分で裂くのでありますから、同じ三〇〇匁を預りましても、細くできあがって、五間になったり、また太くできあがって、三間あまりになるものもあり、落第品ができるのであります。

四間のものをもって、合格品とするのでありますが、何分手でやるのでありますから、いわゆるコツと申しましょうか、なかなかむずかしいので、最初裂いたままのものは、その長さが三尺か四尺になっておりまして、これを継ぐのですが、この場合結ぶことはできないので、結ぶとボツができて、網にはなりません。

その三尺か四尺くらいの糸の一端と、他の三尺か四尺くらいの一端とを継ぎ合わさねばなりません。これはなかなか容易ではありません。そのようにしてできあがった糸を、我々はツヅネと呼んでおります。

こうして、麻からツヅネとなったわけでありまして、これをヤーンにするので、これは現在の紡績に該当することを、全部手でやっていたのであります。

このツヅネは、ツヅネだけ専門の一人にやらせるのでありまして、三〇〇匁のツヅネを作る賃金は、細い太いによって多少違いがありますが、だいたいにおいて二二〜二三銭くらいの加工賃であったと記憶しております。

ただし、できそこないは、この二二〜二三銭から幾分引く場合がありましたが、できそこないでも、細いものは労力がよけいにかかっておりますので、賃金をふやさねばならぬわけでありました。

こうして、ツヅネを受け取って、車に積み、さらにそこの家には新しい原料を渡して置いて、次の家に行き、今度はツヅネを渡して、撚《より》を掛けさせるので、この撚はまた撚で専門の人がありまして、三〇〇匁の麻がツヅネにして二八〇匁から二八五匁になっており、まれには意外に目減りしていることもありますが、だいたい二八〇匁から二八五匁あれば、正当なものとして受け取ってよいのであります。

今日では、山間の農家などへ行くと、竹で造った手で回転する糸車が使用されておりますが、これで撚を掛けるので、これでもまた一〇匁くらいは減るのですが、糸を受け取る時には、二七五匁または二七〇匁の上がりとなるので、この賃金は、一八銭五厘から二一銭何厘、だいたい二〇銭内外でありました。

第三の工程は、目的の網でありまして、今申しました糸が、最後に網に結《す》かれるのであります。麻よりツヅネ、ツヅネより撚糸《よりいと》、次に手結《てすき》網になるのがその順序です。

撚られた糸（縒糸《よりいと》には片縒糸《かたよりいと》と諸縒糸《もろよりいと》があり、諸縒糸は二本の片縒（撚）糸を、その撚りと反対の方向に撚り合わせて作った糸のこと）が結手《すきて》に運ばれると、この結手は結一点で、左手に「目板《めいた》」というものを持ち、右手に糸の巻かれた「針」（網針《あばり》などともよばれる）を持って、結《す》くのであります。揚繰網の目板は、竹で造った二寸くらいの長さに、鯨一尺と三二に等分したくらいの幅のあるもので、もっとも竹のふくらみもありますので、少々の違いはありますが、大体そのくらいの大きさであり、この目板は俗に桁《けた》とよんでおります（八二ページ図参照）。

針もまた竹で造ってありまして、これに糸を適当の量巻いて、左手にこの目板を持ち、右手に針を持って、これを手結《す》きに結き、そのようにして手結網ができるのであります。糸から網にするこの賃金は二〇銭から三〇銭の範囲でした。

以上、申しましたように、最初に麻を渡してツヅネを取り、賃金を払い、そのツヅネを渡して撚糸を受け取り、賃金を払って、さらに撚糸を渡して、網を受け取って賃金を払うということを繰り返していたのであります。

桑名だけでも、一日に二〇〇軒くらい廻っておりました。そのほかに、揖斐・長良の両河を渡し舟に車のまま乗せて対岸へ渡って、その先の村である長島とか大島《おじま》とかいう所まで行きました。特にこの大島には、大島糸《おじまいと》といって、麻糸の細いものができまして、今日でも優秀品ができております。

そのような次第で、一日の行程は相当なものでありまして、午前中に一〇〇軒くらい廻り、昼食にするのでありますが、この昼食は、桑名新町の橋本屋という家に決まっておりました。今でいう飯屋で、飯だけ持って行き、この飯屋の蠅張《はいちょう》戸棚の中を眺めると、冬ならば大根に蒟蒻《こんにゃく》の煮たものなどがあって、銘々で好きなものを取って食べるのでありました。

夏の頃であると、昼食後一時間くらいは、そこで午睡《ごすい》（ひるね）をしてから出掛るというふうでありました。成績の良い時には、父から慰労の饂飩《うどん》がでて、喜んで食べましたが、それが一杯大盛五厘か七厘くらいでした。

そんなふうで、昼仕度の費用が、三銭か四銭でよかったのであります。

休憩した後、午後六時か七時頃まで、この行程を続けました。富田と桑名との間は二里、車を曳いて行くと相当くたびれて、家に帰るのは、日暮れて九時頃になるのが普通であり、帰ってもすぐ寝させてもらえず、今日受け取った製品と、金を一々引き合わして、出納をキチンと合わせねばなりません。父はこの点は非常に厳格でありまして、銀行の会計ほどうるさくいわれました。

それが容易に合わないので、どうにか合っても、まだ寝かせてもらえず、明日の準備として、商品の入れ替えなどをせねばならず、それから風呂に入り、床に入るのは、十時半から十一時頃になるという有様でありました。朝は三時、目覚時計で起き出して、出発する。これが三六五日一日も変わりなく繰り返されました。

以上が講演会の内容の一部分である。この内容から家内制手工業に従事していた当時の人々の苦労や努力をうかがい知ることができる。

その後、話者の父「勘作」が手で結《す》くかわりに、機械で網づくりをする方法を備前岡山の出身者である川端半一郎という人と開発し、「機械編網」が完成する。

話者が十歳前後、講演会の日より四〇年ほど前というから明治三十三年（一九〇〇）頃のことであった。

この研究には五年ほどを要し、完成しても雛型式のもので、すぐに実用化はされなかったが、ここにはじめて、日本で最初の編網機械ができあがり、当時の新聞がこれを大々的に賞揚したと伝えられている。

しかし、麻の撚糸を機械にたよっても、太い細いがあって、蛇が蛙を呑みこんだようになったりするなどの状態で均一の商品ができにくく、材質を麻から綿糸に変えることも考えられた。

同じ頃、四日市の西町に在住の西口治三郎という人（後の三重製網合資会社の設立者）が、川端半一郎を雇い入れ、三重製網会社の前身であった四日市製網所が製網機械の特許をとるまでに改良された。それは、発明されてから、さらに七年か八年たった明治三十九年か、四〇年頃のことであった。

したがって、製網機械に関しては、わが国で最初に特許をとったのは四日市製網所であったが、それより七年から八年前に「網勘製網株式会社」の先代が実際は第一の発明者ということになる。ただし、特許をうけてはいなかった。

当時は、わが国において、工場制手工業から工場制工業に移行していた頃であったため、東洋紡績会社では海外視察などをおこなっていた。

その頃すでに諸外国では、漁網は綿糸を使用しており、麻はきわめて幼稚であり、僅少であることを知り、イギリスより綿糸を撚るリング機械を数台購入して帰り、それによって東洋紡績四日市工場では、綿糸の撚糸がはじめて製造されるようになった結果、綿糸が全国的に、急激に普及するようになった。

あわせて、川端半一郎の考案した機械によって、綿糸をもって網をつくるようになり、三重製網合資会社では、その綿糸の供給をえて、さかんに網を製造し、綿糸漁網を販売するかたわら、この製網機械そのものの販売もはじめたので、北海道、青森、秋田、四国、九州と、全国から続々と機械の注文があり、「三重式本目網機」という名称で普及し、「漁網製造」の世界に革命的な飛躍と発展をもたらす結果となった。

4 網漁具の構造

網の種類にはいろいろあり、その使用方法もさまざまだが、やはり「網」といえば、「一網打尽」の言葉に代表される「漁網」が中心になる。

その「漁網」の構造について、『日本水産捕採誌』が説明しているので引用してみよう。

網の構造

凡《およそ》網は大抵、網地・綱・浮子《アバ》・沈子《イワ》の四者に依て初めて其全体を成すものにして、或は浮子若くは沈子の一を闕《か》くものありと雖《いえども》此の如きは其種類甚《はなは》だ少し。而して其網地は総て糸を用うるものあり、又其多くの部分は麻糸より成り僅に一部分を藁縄等にて造るものあり。或は多くの部分は藁縄より成り僅かに一部分を糸にて造るものあり、凡て其網の種類に依て異なる所以《ゆえん》は趣向に於て三様の別あればなり。則《すなわち》其一は、魚体をして網目に罹《かか》らしめ進まんとすれば、鰭《ひれ》に絡まり退かんとすれば、鰓蓋《えらぶた》に支えられ前後に通過することを得ざらしむに在り。其二は、魚類を採取し又は留《とどめ》、中網に在せしむるに在り、故に水は能く網目を通過し唯魚の脱出せざるを以て主眼とす。其三は、魚をして其網なることを覚知せしめ、之を恐嚇《きょうかく》して其捕らんと欲する方向に誘致するに在り、夫《そ》れ此の如きの差あるを以て第一者には繊細にして且柔軟なる糸を用うるを利とし、第二者には、強靭にして水の通過し易きを主とし、第三者は、殊に網目を粗大になすも藁網の如き水中にて光りを放つを以て魚眼に触れ易からしむるものを宜《よろ》しとす。而して網目の広狭網糸の細太硬軟等は其捕獲すべき魚類の性質に従い、前三者の趣向を応用して以て編製すべきものとす。

網地《あみじ》

網地は北海道の如きは専ら既に編製せる網地を購求して、以て網を構造すると雖《いえど》も、内地に在ては或は網商より網地を購求するものあり、或は麻を購求し漁人自から糸に紡き網地に編成するものあり、其紡績の方法は固より各地方小差ありと雖大抵麻糸網を作らんには先づ米の泔汁《とぎじる》を桶或は盥《たらい》に盛り、之に麻を浸すこと凡一時間許して取出し、十分に水を絞り一括《くく》り又は二括りを竹の先きに附け而して莚《むしろ》を地に敷き、之に籾殻《ぬか》を撒布したる上にて強く打つこと凡十回許、下品の麻は十三回~十四回も打ちて竿に懸け干すこと第一図の如くし、然る後麻を揉み和らけ程能く之を裂き、第二図(一)に示せる苧桶に績《う》み入れ畢《おわ》りて其一端を引出し初めは少しく指を以て第二図(二)に示せる紡針《つむ》の軸に巻き付け、夫より第二図(三)に示せる「ヒザギ」を膝下に敷き、其刻み目を入れたる部分の上に紡針の後軸を横たへ、第二図(四)に示せる「テシロ」を以て擦

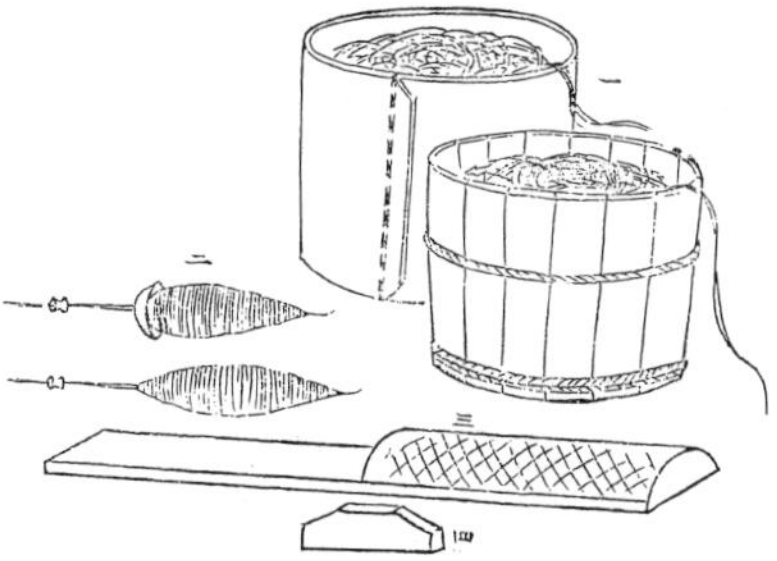

苧桶(一)　紡針(二)　ヒザギ(三)　テシロ(四)（『日本水産捕採誌』より）

「麻は13～14回も打ちて竿に懸け干す…」（『日本水産捕採誌』より）

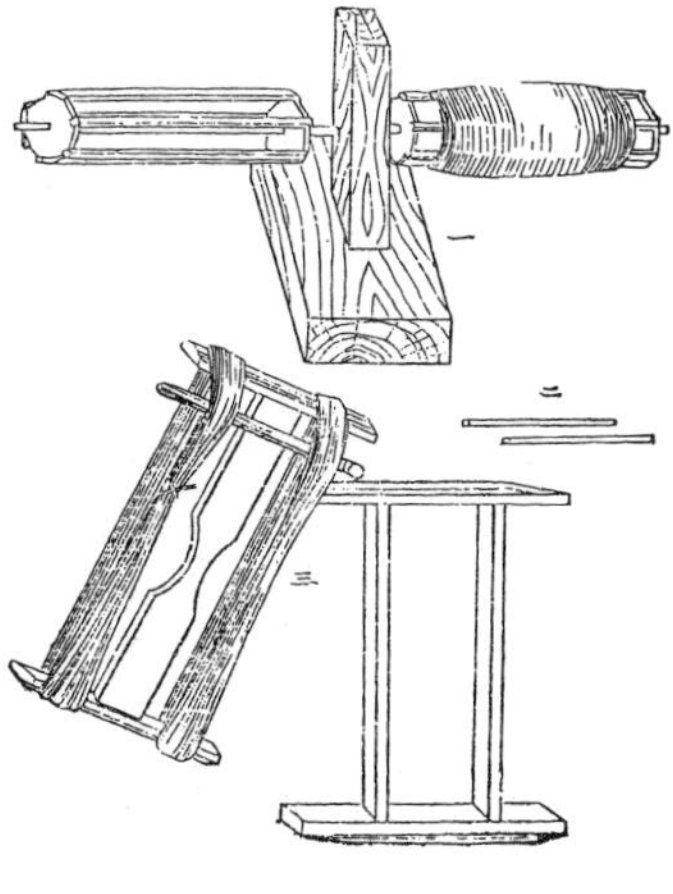

「紡車にて撚りを掛くる…」（『日本水産捕採誌』より）

ガラ(一)　コキ棒(二)　ワク(三)（『日本水産捕採誌』より）

りて撚《よ》りを掛け片糸と為しつつ軸に巻き取り、或は多く製せんには第三図紡車にて撚りを掛くるあり、而して之れを第四図（一）に示せるが如く「ガラ」と称する二滑車に等分に巻き取り双方より一縷《ひとこ》つつ引出し之を別の紡針第四図（二）に示せるものにて合せ複糸と為しつつ又前の如く其軸に巻き取り水に浸し後、手巾等の如き布片を以て糸を扱《こ》きながら第四図（三）に示せる籰《わく》に巻き移し、日光に曝乾し、之を網針《あばり》に懸け纏ひ目板《めいた》を以て網目の大小を定め編み結び次第に横に編み出し長きに至らしむるものなり。

凡《すべ》て網糸は初め単糸即ち片糸をなす之を縷《いと》とす。更に之を合せて復糸となす之を綫《いと》とす。其撚り方は彼是相互に其左右の方向を異にす。例へば単糸のとき左撚りなれば復糸と為すときは之に反して右撚りとするが如し。本邦の網糸は従来二縷《ふたこ》撚りを通例とし、嚢網《ふくろあみ》等の如き特に堅固を要する網には三縷《みこ》撚りのものを用う。元来、網を佳良ならしめんには単糸の細くして複糸（ママ）に為すには成るべく数縷を集合したるを貴ふと雖も労多きが為め之を為すもの少し、又糸を製するに当り最初の単糸たるとき尤撚りを強くし、二縷或は三縷撚り合すに至りて却て撚りの弱きを良しとす。何んとなれば素と糸を合すに下撚と上撚と左右撚方の方向を異にするが故に全綫を成したる後自然に下撚戻りて為めに使用するに当り水其綫の糾合《きゆうごう》の微細なる罅隙《かげき》中に浸入し水中の汚物を含ましめ随《したがつ》て網の腐朽《ふきゆう》を来たすこと速なるを以てなり。若し又単に上撚を強くすれば稍や強靭なるが如くなれども結節甚だ困難なるのみならず使用するに際し水に入れば網目忽ち収蹙《しゆうしゆく》して全面積を縮め殊に一旦侵入したる水は容易に乾かざるの不便あり、夫《それ》此の如くなるを以て網地を製せんには麻の原質を撰択するに次て糸の製法に注意せざる可《べ》からず。

網目とは糸線又は縄索を以て縦横無数に交叉結節したる間に一定の空間を具へたる部分を指称す。通常四個の結節を以て一の網目を為せども、辺側の網に接着すべき部分は三個の結節を以て一の網目を為す。凡網目は之を横になせば平方形の目を為し、縦になせば斜方形の目を為すを以て或は縦となし或は横となして用うべし。然れども緊張する方向に随て或は収縮し或は開展し一定不変の形を得難きが故に之を網罟《もうこ》となすには網地若くは其辺側に附着する綱に長短広狭の尺度を定め、網地を結び附くるに緊張して直線を為さしめ緩張《かんちょう》して腹形若くは嚢《のう》形を為さしめ各般の形状及び大小種々に結構するを以て仮令寛濶《たとえかんかつ》の部分に於けるも自から其尺度を失はずして全形を容《かたち》つくるものなり。

従来、本邦にて網地を製するは皆手編にして未だ器械編の方法行はれず。其手編に係る結節には二様ありて、一を俗に「本目《ほんめ》」と云い（結び方第五図甲図の如し）、一を「蛙股《かえるまた》」（結び方第五図乙図の如し）という。

此二様中「本目」は曳網等の如き横面に張るべきもの（魚捕りの部分を除く）に用い、「蛙股」は刺網の如き其目を成せる糸の方向に反して拡張すべき網に用う。既に其使用の目的に二様ありて結節を異にすれば原料たる糸も亦自から区別なかる可からず。乃ち蛙股に用うる糸は少しく其撚《よ》りを弱くするを常とす。是撚りの強きものは糸較《しこう》柔軟にして魚の罹《かか》り易きか為めなり。然れども細く且強靱にして使用久しきに堪うべきものを選定するに至ては敢て異なることなし。

一 網糸
二 網針
三 目板
四 本目編き方
五 本目結び方
六 本目結び裏

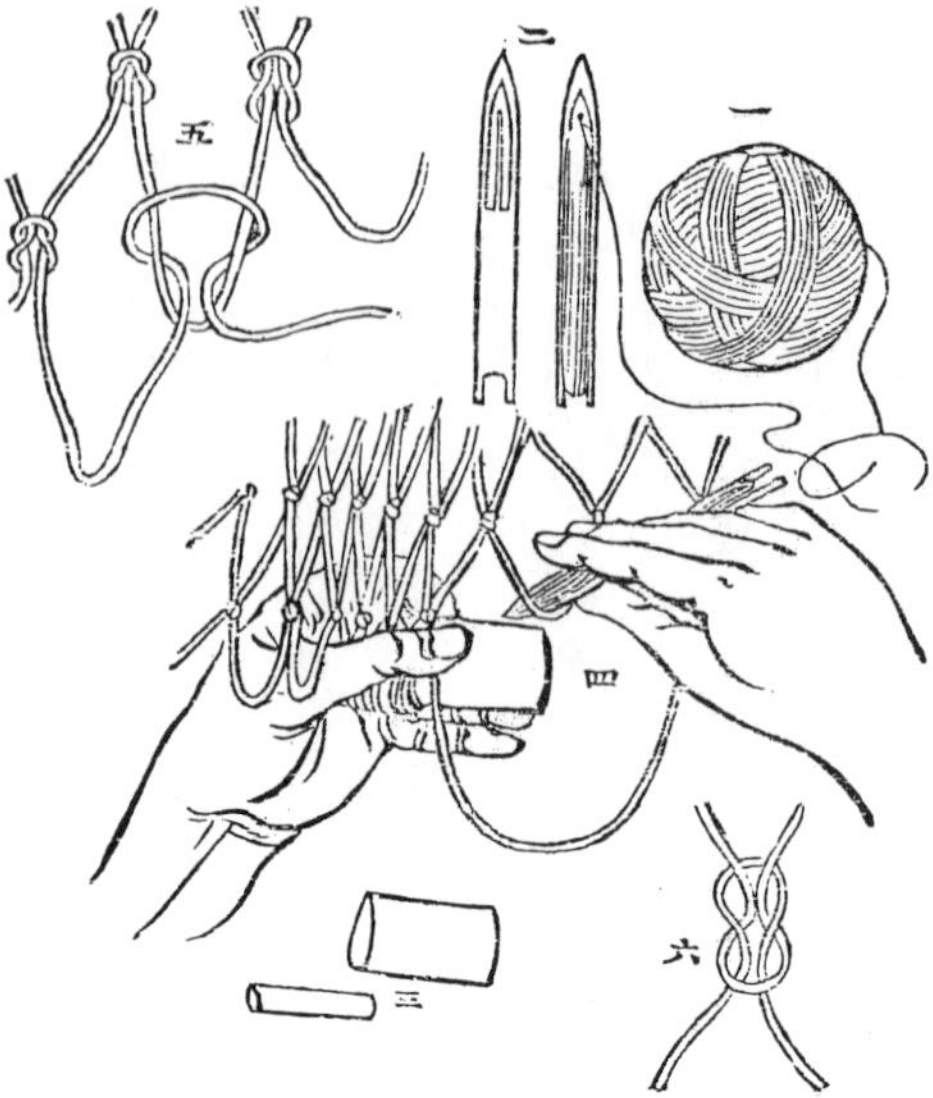

本目編み（本目結び）（『日本水産捕採誌』より）

一 蛙股編き方
二 蛙股結び方
イ 針付
三 蛙股結び裏

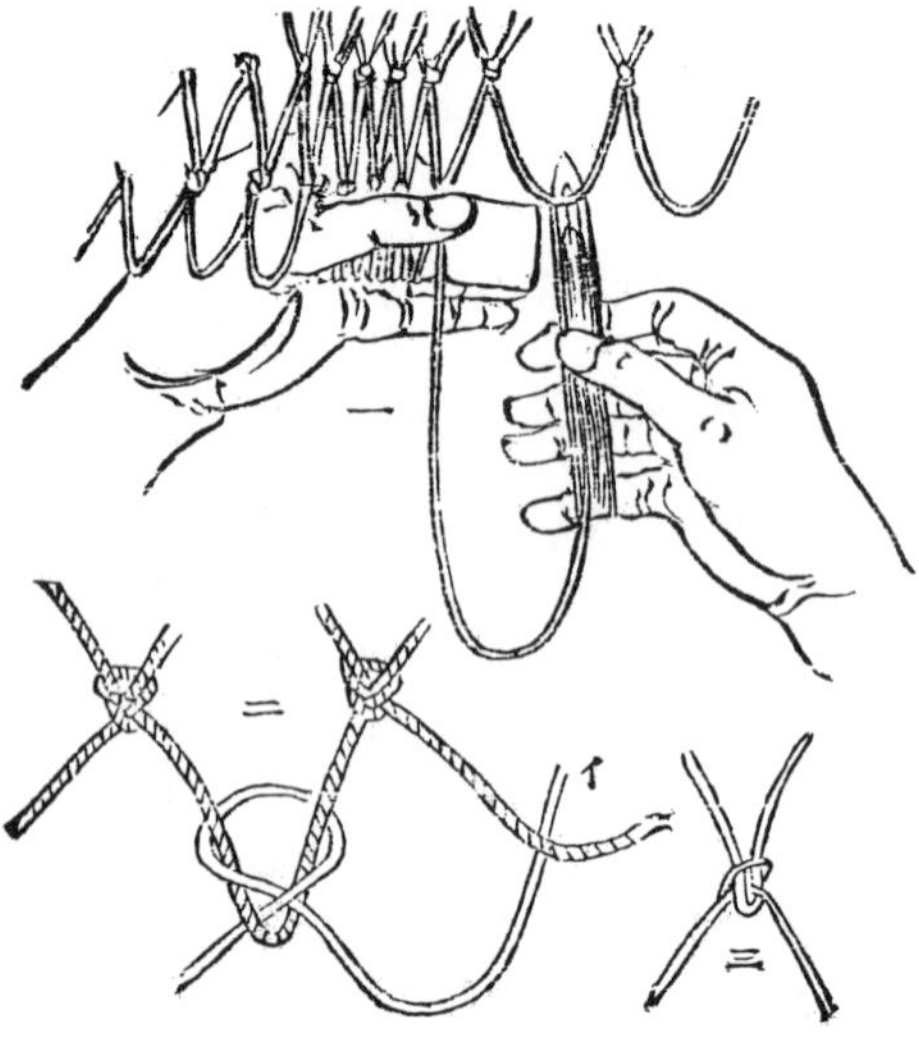

蛙股編み（蛙股結び）（『日本水産捕採誌』より）

綱《つな》

綱は網の辺縁或は其他の部分に着け以て其網の原形を成さしむるものにして其原料は麻苧若くは棕櫚《シユロ》毛又は藁を用うるを一般普通とす。此他地方に依て用うることあるものは「シナ」（俗に枳の字を用う。漢名菩提樹《ぼだいじゅ》、東北地方及び北海道に多く用ゆ）。「イチビ」（ヌキリアサと云う。漢名苘麻）、「ツナソ」（又「カナビキヲ」と云う。然れども前に云える越後の「カナビキ麻」とは全く別物なり。漢名黄麻《おうま》）等なり。

通常、細きを「縄《ナワ》」と云い、太きを「綱《ツナ》」と称す。唯其撚り集めたる原料の多少に依て名称を異にするのみ。例へば糸を合して縄と為し、縄を合して綱と為すが如し。二条若くは三条を集合して製する綱を普通とし、四条を集合して製するを最も強靱《きょうじん》とす。

而して其綱の上辺に着くるものを肩綱又は肩縄とし、俗に「アバヅナ」又は「アバナワ」と云い、北海道にては「アバ棚《ダナ》」と云う。下辺に着くるものを足綱又は足縄とし、俗に「イワヅナ」又は「イワナワ」或は「ヤナワ」と云い、北海道にては「イワ棚」と云う。又敷網の如き四周に綱を着くる網に於ては腕縄《ウデナワ》と称する地方あり。

此綱は網地の長さよりも若干短きを用うることあり。短き綱に長き網地を配り附くるが故に自然に膨らみ水中に在て半嚢状を為し以て魚を捕るの便に供す。俗に之を「イセ」又は「エセ」或は「イサリ」或は「カキコミ」若くは「寄せ」を入れると云う。是網の構造上最も緊要の事とす。又専ら網の運用の為めに具《そな》うるを曳綱又は繰綱等と称す。凡《すべ》て綱の強弱は主として原料の良否

豚の血で染めた追込網の浮子
（沖縄県）

及び撚方《よりかた》の如何に由ると雖《いえども》適度の太さを得ると円滑に製するとを以て最も緊要とす。

浮子《あば》　浮子は又泛子と書し、或は浮頭木に作れるものあり、通俗概《おおむ》ね「アバ」と称す。網の上辺に着け、以て浮泛力《ふはんりょく》を添へ其水底に沈降するを防くの具にして原料は従来多くは桐《きり》、漆《うるし》、檜《ひのき》、花柏《さわら》、土厚朴《ほお》、杉、又は槲《かしわ》、楢《なら》等の樹皮を用い、北海道土人《（ママ）》は「トドマツ」、「キハダ」の皮を用う。

各地概ね桐を用うるもの最も多しとすれども其水底に下し置くこと久しき時間を要する網には漆樹を宜しとす。是漆樹は桐に比すれば水の木心に滲透すること遅きが故なり。又対馬国の西岸下県郡小茂田にては近年「トチ」と唱うる木皮を以て浮子を作る、「キルク」に類し質柔く量軽し朝鮮より伝うる所なりと云う（対馬国云々以下予察告）。凡て浮子の形状は長方形楕円形櫛形等網の種類に依て一様ならず。大小も等しからず。要するに軽く浮んで容易に水の滲透することなく且乾燥し易きものを以て最良とす。

又、構造大なる網には浮樽或は長き竹を附け、以て浮子とするものあり。又、普通の浮子を附けたる網に於ても其一局部に別に浮樽を附くるあり、曳網の如きは網の嚢《ふくろ》の上部俗に「ミト」と称する処に樽を附くるを「ミト樽」と唱う。凡て浮樽を附くるの効用は網の浮泛力《ふはんりょく》を強からしむるに在りと雖《いえども》、或は網の沈下せる所在を示し或は魚の罹《かか》りたるを知る為めの目標に供するものあり。

後述の「小晒網《こざらしあみ》」の項で詳細をのべるが、神奈川県三浦市城ケ島では、イワシが多く漁獲されると網がオッテ（沈んで）しまうので浮子の他に浮樽を付けておいた。イワシ流網《ながしあみ》（小晒網）に使用する樽は円柱型をしており、網二五尋の間に桐でつくったウケ二個がついていて、その網のつなぎに樽をつけて使った。イワシ流網に使用する網は二五尋の網を、普通は六枚か七枚つないで使ったので、網を流すためには樽が七個は必要であった。

この樽が、城ケ島ではのちに裸潜水漁撈（モグリ、古くはカツギと呼んだ）に転用され、「モグリダル」とよばれるようになった。

また、『日本水産捕採誌』は「浮子」について、西洋の例として、「西洋にては浮子に多ク〈キルク〉を用い、又、牛の膀胱に或る塗料を施したるを用い、又、玻璃《はり》（ガラス）製の空球を古網若くは帆布の切片に包みて用うるものあり、就中《なかんずく》玻璃球は久しく用うるも木製の如く水分の滲透することなくして重量を増すの患なきが故に甚だ便益なりと云う」と紹介している。

沈子《いわ》

沈子は又墜子と書し、或は鎮子、網錘等に作れるもあり。通俗「イワ」と称し、地方に依ては「ユワ」或は「ヤ」と云う。網の下辺に着け網足をして水底に接着せしめ又は網を水の中央に垂

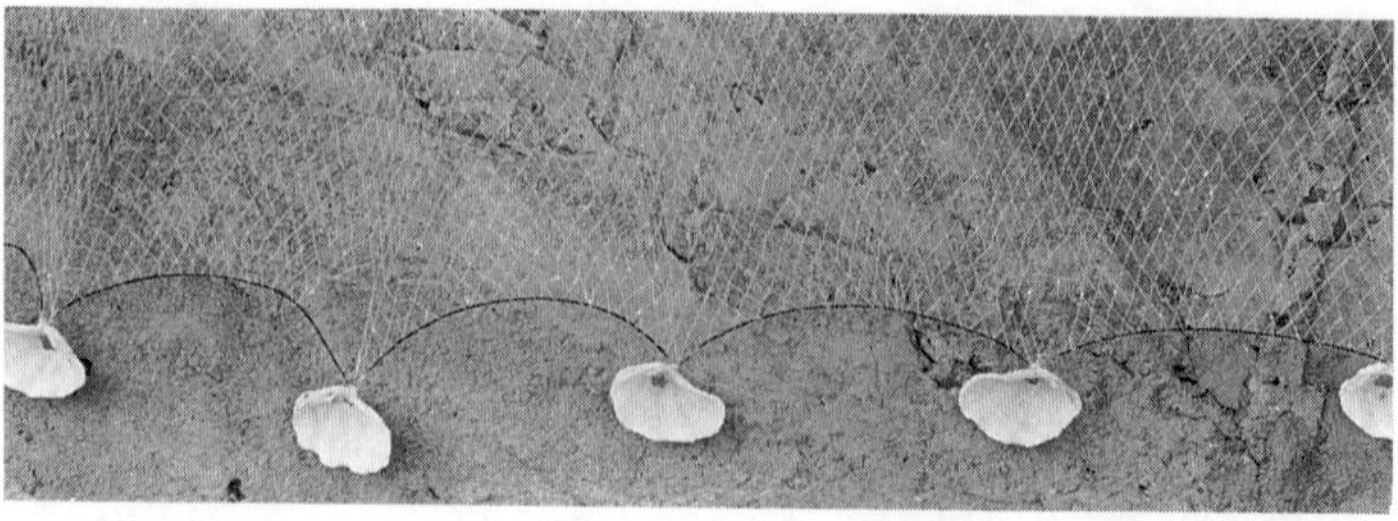

二枚貝（ヒメジャコ・シラナミガイ）の錘（沈子）（沖縄県）　上江洲均氏提供

下せしむる為めに具うるものにして、其軽重及び形状は網の大小種類に依て異れりと雖、要するに其効用の主とする所は例へば網足を水底に接着せしめて魚の脱逃を防ぎ、又は網を水の中央に壁立せしめ以て魚道を遮断するが如き是なり。其原料は鉛、陶、鉄、石等総て重量ある物質を用う。大抵網の急速に水底に沈降するを要するものには鉛を用い、其水底岩石稜用多く鉛にては毀傷し易き場所に使用するには鉄を用う。陶は即ち土焼にして東海道筋にては尾張国知多郡常滑《とこなめ》産のものを用うれども自製するもの亦多し。強《しい》て網足の重力を要せずして且水底藻類多き処なれば之を用い、泥土の処に使用する網には石を用うるを良しとす。

沈子は其網の大さに従て略《ほ》ぼ一定の数量を附着するを常とすれども、打瀬網と称する曳網の如きに至ては水底の土質の如何と風力の強弱とに依り時々加減を要するものにして、例へば水底の土質堅硬且風力強き時は沈子の量重きを要し、之に反し土質柔軟且風力弱き時は沈子の量軽きを可とす。然らざれば網深泥に沈入して曳き易からざるの患あると以てなり。

又、或る種類の網に於ては、通常の沈子を附くるの外別に重量多き石を若干距離に附け、或は沈子を用いずして大なる石数個を以て網を沈下せしむるものあり、此の如きは「イワ」等と称せずして錘《いかり》石又は沈石等と唱う。又、錨を用いて網を沈定せしむるものあり。其錨は或は木にして船に用うるものに同じ。其定設漁具の大なるものに至ては縄製の網嚢を作り、中に数多の石を盛り以て之を沈定《ちんてい》せしむるものあり。

5　網具の保存法

漁民にとって網は一大財産である。したがって、流出したり、腐敗したりすることに対しては常に注意をおこたらない。

しかし、現在のように網の材質が化学繊維でない麻材や木綿（綿糸）材のときは、附着する有機物や温湿度の変化、夏季には附着する腐蝕虫（植物プランクトンや動物プランクトン）などにより繊維の腐敗する速度がはやく、保存には苦労した。

このような害を防ぐためには、まず、使用後に淡水（真水）でよく洗い、日光で乾燥させたのち、風とおしのよい場所に保管しておく。

しかし、わが国のように梅雨の季節のある地域では天日乾燥ができないこともありうる。『日本水産捕採誌』には、「西洋にては、或る場合に於て、是非とも湿りたる儘《まま》貯へざるを得ざる時は、能く塩を撒布し若くは塩水を注ぎて後貯うと云う」と紹介している。ようするに、淡水で洗うより、逆に塩づけして保存するというのである。

また、「タンニーン」を染料として使用することなどを同書は掲げているが、本書は網保存に関する実用書とは目的、内容を異にするので、以下、筆者の在住する神奈川県横須賀市鴨居（旧相模国三浦郡鴨居村）に伝えられてきた伝統的な網保存の方法について、地元の網元である斉藤新蔵氏からの聞書きを紹介するにとどめたい。

話者は大正一〇年生まれ。親の家業を継いで一四、五歳の頃から漁業をおこなってきた。昭和五年から六年頃にあたる。網元（東丸《ひがし》）の家に生まれたので、網漁を主に今日に至っているが、最近は漁獲量が減少したため、沖に出ることはほとんどない。

麻材や綿糸材の漁網を使用していた昭和二〇年以前は、一週間も網を海で使っているといたみがはやく、乾燥させないと腐ってしまった。また、一週間も雨が降ると、網がいたんでしまうため、使用しなくても干さなければならないので、漁網の管理には苦労したという。

その他に恐いのはネズミによる害であった。魚が多く網にかかったときなど、漁獲物の処理におわれ、網をよく洗わなかったりすると、魚臭がするのでネズミが集まり、網の中まで喰いちぎられることがあったという。そのため、漁のあった後の網の管理は、普段以上に気をつかった。よく洗った後天候をみはからって、いく日も乾燥させてから保管した。

網小屋に入れ、風通しを良くしておくことが網の保存条件としては適しているが、ネズミは、すこしの隙間でもあると歯で喰いやぶって中に入ってしまう。ネズミが網小屋に入るとヘビがネズミを追

網の修善（葛飾北斎「漁村図」部分）

って入るので、網を運び出す時は注意が必要であった。

一旦、網小屋に納めた漁網であっても、天候の良い日は網を外に出して風を入れて干しながら網の点検をおこなったり修繕をしたりした。

また、漁期中はいつ漁網を使用するようになるかわからないので、網小屋に入れずに、浜の漁船上に積んだままにしておくことがある。こうした時に雨が降ったりすると網が腐ってしまうので、網の上に「トバ」をかけておいた。

「トバ」とは「苫《とま》・篷《とま》」のことで、一般には菅《すげ》や茅《かや》を菰《こも》のように編んで漁船や小屋の上部に屋根がわりに覆い、風雨を防ぐものの名称である。漁村では全国的に「トバ」とよぶところが多い。

この「トバ」はチガヤを自分で刈り取り、自製した。話者によれば、現在、防衛大学校のある小原台一帯にはチガヤが多く自生していたので、毎年、夏の終わり頃になると刈りに出かけ、日影で乾燥させたものを、シュロ縄を用いて茎《くき》の方だけ編み、葉の方（上部）は二つ折りして、長さ二尺五寸か

網干場での網のつくろい（茨城県）

ら三尺ほどに仕上げた。こうして自製した「トバ」を漁網の上に何枚もかけておいた。またトバは、船で旅漁に出た時など、夜になると船上に屋根がわりに「トバガケ」をして寝るのにも用いた。

こうした「トバ」や「稲藁」は、地曳網漁業のように、いつ魚群が来るかわからない浜辺で待機している網船の網の覆《おおい》にも用いられた。（二一二ページ写真参照）

小型の地曳網でも網を含めれば三〇〇メートルの長さはあるので、魚群が来てから漁船に網を積みこむのでは出漁にさしつかえるので、漁網は常に船上に準備した状態にしておかなければならないのである。

この他にも、小型の漁網を保存する場合には、網小屋も使用せず、杉材を用いて自製した大型の木箱（縦横三×二メートル、高さ二メートルほど）にトタン板を張り、上蓋をつけて保存した。箱を塩害から守るために、トタン板にはコールタールを塗っておいた。

なお、話者が父親の後を継いで網漁をはじめていた戦前

（昭和十年代）の頃は、網づくりは、すべて自製で、麻は栃木まで汽車に乗って買いに出かけ、麻荷は貨物として送ってもらっていた。購入するには一貫目いくらで現金で買った。それを自分たちで太さを決めてつむいだ。

同じように「浮子《あば》」の桐材も栃木、茨城方面に買いに出かけ、下駄《げた》材の大きさほどに加工してもらったものを送ってもらった。

「沈子《いわ》」に鉛が用いられるようになったのは、話者が漁業をはじめるようになった昭和五年頃からのこと。型をつくり自分たちで鉛をとかして型に流し込んで自製するようになったので、楽になった。それ以前は土製の「沈子」を使っていたが、これは自製したり、購入したりした。

大切な網を保存、管理するために、各種の染料を用いてきたが、漁網などの貯蔵法の第一の秘訣はなんといっても、まだ一回も使用していない網を、十分に染料を用いて染めることだとされる。もし、一度でも使用してしまってからでは、いくら丁寧に、何回となく網を染めても、網の保存には無益だとさえいわれる。

したがって、網糸を用いて新しい網を編むときには、手垢はもとより、他の脂肪もしくは油分をすべて除去しなければならない。

そのために、大釜の中に湯を沸騰させ、その中に新しく製作した網を一時間ほど浸してから取り出し、乾燥させたのち、すくなくとも四回程度は染料を用いて染めの作業を繰り返す。

漁網を染めるための「渋液」（染料）には各種あるが、わが国では化学染料が普及する以前には、カシワ・ナラ・クリ・シイ・クヌギ等の樹皮を煮出したものや、渋柿の実を搗きくだいて採った柿渋その他にカンバ・ブナ・ハリノキ（赤楊）・ヤマモモ・ノグルミ樹の皮およびハマナシ（玫瑰）の根を用いることもあった。

私の住む三浦半島一帯ではカシワが最も一般的に用いられていたため、カシワギで染めるための小型の専用の槽（フネ）があり、この漁網を染めるフネ（海に浮かべて使用するものではなく陸上で水や湯を入れて使用する箱形のもの）を「カシャギデンマ・カシワギテンマ」と呼んできた。

上述の話者、斉藤新蔵さんによれば、昭和五年から六年頃、まだ一四～一五歳の頃、網元であった話者の家では、漁網を染めるために、観音崎周辺の山に出かけてカシワの樹皮を持ち帰り、餅搗き用のウスとキネを用いてカシワの皮を搗いてこまかくしたものを布袋に入れ、それをオケ（四角い箱形のフネ）に加えた湯の中につけて色を出す。こうするとタンニン成分が出るので、網をその中につけて染めたという。

また、日本民具学会の研究者仲間である大阪府立農芸高等学校の今井敬潤氏によると、

漁網には、戦後、ナイロンの網が登場するまでは、麻や綿糸が使われた。漁家にとって、高価な網の腐食を防止し、長持ちさせることが切実な問題であり、様々な工夫がなされ、化学染料が登場するまではタンニン成分を多く含む樹皮や果実から得たエキスによる網染め法が用いられた。

明治末期になり、熱帯に繁茂するマングローブの樹皮から採取したタンニンであるカッチが導入されるまで、カキ渋が主要な網染め剤として使われてきた。

わが国の漁業技術の変遷を知る上での基本文献である『日本水産捕採誌』の〈網の保存法〉では、加賀・能登方面のカキ渋による網染めについて、カキ渋の採取法、貯蔵法も含めて詳しく述べられている。筆者が行った網染め用の染料植物の全国的な調査によれば、一般漁網ではカキ渋は主に日本海沿岸で用いられ、太平洋沿岸ではカシワやシイが使われた。大型の漁網以外の投網、刺し網や釣り糸は全国各地のほとんどでカキ渋が使わていた。カキ渋を中心とした網染め用の染料植物の地域的な差異は、これらの染料植物の入手の難易《なんい》や網の種類の違いとも大きく関わっていると考えられる。

と記されている。

カシワギブネ（柏木舟）
『三浦市城ケ島漁撈用具コレクション図録』より（横160cm・縦75cm・高さ32cm）

第Ⅲ章　日本の網と網漁

世界広しといえども、わが国ほど網漁具の種類が多く、発達している国は、他に類例をみない。それは捕採対象物が豊富であることにあわせ、「魚食の民」として、水産資源をあますところなく利用（食用）してきたことの結果であるといえよう。

そうした数多い網や網漁具について、そのいくつかを、山口和雄氏が分類した前章での分類にしたがって仕分けし、具体的にみていくことにしよう。

1　抄網類

攩（たも）

「攩網」を略していう。竹材や木の枝、または針金などで枠（骨組）をつくり、これに網をはった小さな抄《すくい》（掬）網の総称。小魚類をすくったり、多量に水揚げされた魚を処理する際、船の「いけす」や網船の大網（定置網など）から魚をすくうために用いる。形態の原点は、夜店の「金魚すくい」の和紙の部分を網目にしたと思っていただければよいと思う（攩網の項を参照）。

攩枠（たもわく）

「攩網」の枠の部分の名称。すくい網は枠・柄・網の三つの部分よりなっている。竹材や自然木の枝（細い幹も枝と共に利用することがある）・針金などの材質でつくられるが、大型のものは鉄製（近年

コーナゴをすくいとるための「掬網」を三重県神島では「タモ網」という．カテ（タマの枠）は松材(柄は杉材)で直径1.8m，柄の長さは2 m．袋網をはずしてある(海の博物館所蔵)

サデ網(横須賀市人文博物館所蔵)

サデ網の図（国芳「源氏雲浮世画合葵」弘化頃）

はステンレス・スチール製も）の丸棒を加工して製作したりもする。自然木は松・榧《かや》・杉などが主に用いられてきた（攩網の項を参照）。

攩網（たもあみ）

竹材や樹木の小枝を利用したり、針金などで枠（骨組）をつくり、枠に網をはって作った抄網をいう。自然の樹木の枝や細い幹をあわせて利用する場合は、左右に同じ太さ（左右対称）の松材・榧《かや》などを選び、生《なま》のうちに枝をまるめて整形してから乾燥させて「攩枠」をつくる。松の枝は一年ごとに同じ高さ（成育過程）で数本の枝を出すので利用しやすい。網枠を三浦半島一帯では「カテ」という。小魚をすくう小型のものから、多量に漁獲、水揚げされたイワシ・アジ・ニシンなどをすくう大型のものまで、大きさには各種ある。大きなものは二人ないし三人で用いるものもある。

伊勢湾の入口に位置する神島で使用されてきたコーナゴをすくいとるための「攩網」（抄網・掬網ともいう）は、網枠の直径六〜七尺、大きなものは九尺もあり、柄の長さは約八尺。筆者が「海の博物館」所蔵のものを調べ、計測してみると、網枠の部分は松材（柄は杉材）で、長径一八五センチ、短径一六〇センチ、柄の長さ二〇三センチであった。この網枠に長さ約三五〇センチの網袋がつく。この網は二人で使用するのが普通（二六〇ページ写真参照）。

抄網・掬網（すくいあみ）

竹材や木の枝、または針金材などを用いて枠をつくり、袋状に網をつけて魚類などをすくいとる網。柄は特に軽い材質の竹材のほか、よく乾燥させた松材・杉材を用いることが多い。形態には、三角・四角・円型など各種ある。浮游する小魚や、磯釣り、船釣りの際をとわず、釣りあげた魚をすくいあげるのに用いる。近年、川釣りなどには軽量で小型の使いやすいものも多い（攩網の項を参照）。

叉手網（さであみ）

「叉手」また「小網《さで》」ともいう。「纚網《さであみ》」の字をあてることもある。小魚をすくいとる抄《すくい》（掬）網《あみ》の一種をいう。親指ほどの太さの竹を二本用いて交叉させて縛り、さらに一本をたして三角状にした枠をつくる。この網枠に網を張り、袋（嚢）にして用いる。川岸で小魚をすくったりする場合、川岸（土手など）に押しつけるように用いて捕獲するのに都合がよい。また、漁船の生簀《いけす》は一般に形態が四角なので、この種の網枠を用いた方が、丸型のものより便利である。四角に近い型のものもある。

底掬網（そこすくいあみ）

宮城県の松島湾に浮かぶ野々島《ののしま》には伝統的なフグの囮《おとり》漁がある。毎年、菜の花（白菜の花）が咲く五月になると砂地にトラフグが集まってくるので、地元の人たちは雌のトラフグを捕え、鼻先を細紐で結び、上げ潮の頃をみはからって一〇メートルほど沖合に向かって投げる。

その後、細紐をゆっくり、ゆっくり渚の砂地に引きよせると、雌より体型がやや小さな雄のトラフグが雌の後からついてくる。波静かな波打際まできたところで、長い竹棹などの先につけた掬網で雄のトラフグをすくいあげる。

雄は雌のことばかり気にかけているので、注意力に欠け、危険な状況に対する行動をしないため、たやすく捕えることができる。

このフグの囮漁は初夏の二〇日間ほど続けられ、自家消費される。

約十分間も漁をすれば三〜四匹は漁獲できるので、その日の惣菜にはよい。

トラフグは刺身をはじめ味噌汁の具にしたり、ひらいて一夜干ししたものを焼いて食する。トラフグは毒があるため、経験のない人が調理するのは危険このうえない。

掬網の入口は高さ約五〇センチ、網袋の奥行き約七〇センチ、竹または木製の棹の長さ約三メートルほどである。

2　掩網類

掩網・被網（かぶせあみ）

「投網《とあみ》」・「打網」のように、捕採対象物を上から掩《かぶ》せてとる網。主に河川・湖沼の浅い場所で淡水魚を捕ったり、浅海で用いられる。陸上でトンボやセミを捕らえたり蝶を追いまわしたりした子供の頃に使ったことのある網を想い出していただければよい。掩せたりすくったりと、自由自在に用いることができるが、機能的に限定した。「四つ手網」のように、魚などを下から上へすくいあげる網と対称的な使用法。

この網は、セミが木の幹にとまっているような状態のときでも用いることができる。筆者は小学生の頃の夏休みを伊豆大島ですごしたことがある。その時、島の子供仲間に教えてもらったセミ捕りの方法は、針金を直径二〇センチほどの大きさにまるめ、これに同じく二〇センチほどの紙の袋を張っただけの簡単なもので「網」といえるほどのものでなく、「紙袋」としかいいようのないものであったが、島ではこれを「網」とよんでいた。

この「網」を持って寺や神社の境内に出かけ、太い木の幹にとまっているアブラゼミを掩せ捕るのだが、面白いようにたくさん捕れた。これは子供のたんなる遊びではなくて、魚を入れる「ビク」にいっぱいになると家に帰り、飼育しているニワトリの小屋の中へ、セミの羽をとって餌として投げこむのである。こうすると良質の卵を産むのだと聴いたことがあった。

打網（うちあみ）

「投網《とあみ》」と同じ。投網は遠くへ投げる網であるから、その意味で「打つ網」に共通する。また、「網を打つ」は、遠くに投げることを表現する。小魚の捕獲に用いられる掩《かぶせ》網で、河川・湖沼・浅海で使用される（投網の項を参照）。

投網（とあみ）

捕獲対象物を上から掩《かぶせ》る「掩網」（被網）の一種。「うちあみ」・「とうあみ」ともいうので項目を別にたてた。網の形態は円錐形につくられ、上部に手綱、下部に沈子《いわ》がつけられている。手綱を持って網が円を描くような形に広げて水中に投げる。網が水底に至るまで手綱をのばし、一旦、網が水底におりた後、静かに手綱を引いて網をあげながらバランスよくすぼめる。こうすると魚などが網中に残り、下部の沈子によってとじこめられる。主に淡水魚を捕ったり、浅海魚を捕らえる。河川、浅瀬のほか、船上からも投げる。橋の上から投げたりすると効果的なので、高い場所を利用して投げたりもする。湖沼の例では琵琶湖の場合、春から夏にかけて湖岸浅所や流入河川の河口へ産卵または遡《さかのぼ》りをする魚を対象に、一円で広くおこなわれてきた。漁撈者ばかりでなく、湖岸周辺の人々が遊漁的にもおこなう。オイカワ・ハス・ナマズ・フナ・コイ・アユ・ミゴ（ニゴイ）などが主な捕獲魚。特に、アユ・オイカワをねらう場合は目合いの細かいアユ用の網を用いる。品川湾（東京都）の投網は有名であった（打網・卸網の項を参照）。

3　曳網類

地曳網・地引網（じびきあみ）

「曳網」類は魚群を網で囲み、波打際（砂浜）または船舷《ふなべり》に曳き寄せて漁獲する形態と機能を有す

横須賀市久里浜（大浜）で地曳網をひく人々（昭和初期）
腰に帯のようにみえるのが「腰曳縄・腰ヒモ」

る魚網である。網に袋（嚢）のついているものと、無いものがあるが、地曳網は一個の袋と二個の翼状の網（左右対称で、この網の部分を袖網と呼んだりする）と二条の曳綱をもってつくられるのを基本としている。袋は網の中心部分（中腹）にあり、囲んだ魚群を浜辺に曳いているうちに袖網の部分で逃げられなくなった漁獲対象物は、袋の中に集まるようになっている。

大型の網を「大地曳網」といい、千葉県の九十九里浜や熊本県の天草の網はよく知られている。九十九里浜では寒引《かんびき》といわれる春漁で大羽《おおば》・中羽・背黒といわれるイワシを漁獲し、この時期の漁獲は最も多かった。秋漁は「ジャミ」とよばれる小イワシを漁獲。いずれも漁船（網船）で沖合に張りまわし、曳網によって陸上（砂浜）に曳きあげて漁獲するが「腰曳縄」というものを各自が腰につけて曳く。多いときは二〇〇人もの人が参加した。地曳網は海岸以外にも、琵琶湖や福井県の三方五湖（水月湖や菅湖）で大型のものが使われ、コイ・フナなどが漁獲されてきた。小さいものは全国的にあり、

「小地曳網」とよばれた。昭和二〇年代から三〇年代ごろまでは、全国のどこの砂浜海岸でも地曳網をひくようすが見られた。経験者も多く、最も一般的な網であったことの理由は、漁民（浜方）だけが曳くのではなく農民（岡方）も網曳きに参加すれば、労賃のかわりに漁獲物の分配にあずかることができるなど、いわゆる半農半漁の村々でも多く使用されていたためである。

船曳網・船引網（ふなびきあみ）

魚群を網で巻きかこみ、そのあと魚網を船の舷側へ曳き寄せながら袋（嚢）状の網の部分へ魚を追い込み、船上にひきあげる。瀬戸内の安芸三津《みと》には「イカ曳網」があり、船に二人ほど乗り、袋網を曳く（手繰網・打瀬網・五智網・桁網の項を参照）。

手繰網（てぐりあみ）

「船曳網」（船引網）の一種。網の中央の魚をあつめる部分に袋（嚢）をつけ、左右両翼に連結する袖網をつける。形態は「地曳網」に似ているが、海底まで袋網をおろし、船から曳網を二本用いて海底やその近くに生息する魚類やクルマエビなどを曳き入れる。網は船の舷側によせ、船に袋網をあげて漁獲する。神奈川県の三浦市南下浦（金田）には「夜手繰」と呼ばれるこの種の網があり、五月から八月頃にかけ、夜に操業してクルマエビやヒラメを漁獲してきた。「夜打瀬網」の名もある（打瀬網・船曳網の項を参照）。

五智網・吾智網（ごちあみ）

繰網類の一種。主に瀬戸内海、福岡・大分県地方、周防灘などでタイを漁獲する大型の手繰網をいう。「鯛吾智網」は有名。播磨明石郡藤江村では、寛文年間（一六六一―一六七二）の記録にみえる。網の形態は、中央に網袋をつけ、両翼に綱をつけたり、曳網をつけたりする。網の長さ一五尋（約二三メートル）、手縄一五〇尋（約二三〇メートル）のものがあり、海底一〇メートルから一五メートルの深さを曳く。漁期は三月から七月。天草下島の大多尾村の五智網は小型で、五人ないし六人ほどで操業された。夏の漁で、イサキ、マダイ、コウイカなどが主なものであった（船曳網の項を参照）。

打瀬網（うたせあみ）

船曳網の一種。袋（嚢）網の両翼に袖網をつけ、海底の付近を曳くので「底曳網」ともいう。大帆を張り、風力を利用して帆走しながら曳いたり、潮力を利用したりの方法は伝統的。近年は機船底曳網や大型のものは、トロール船にかわった。主に底魚やエビを漁獲する。三浦市南下浦町金田には「夜打瀬網」があり、クルマエビなどを漁獲したことは手繰網の項で述べた。網はいずれも船上に曳きあげる。近年、打瀬網漁法はかなり広い範囲の地域でおこなわれ、大阪湾、東京湾、伊勢湾、三河湾のほか、瀬戸内海や有明海でもさかんにおこなわれてきたが、もとは江戸中期頃、泉州の佐野、堺、岸和田（大阪府泉佐野市・堺市・岸和田市）や尼ケ崎（兵庫県尼ケ崎市）の漁民が和泉灘（大阪湾）でおこなっていたものが各地に伝えられたとされる。操業の方法は、船の大きさや地域により異なる。一般的な小型のものは船体を横にして、帆で打たすもので、船を漁場の風上にあたる場所に移動させ風に対して船体を横向きにし、船体を風下に横流ししながら網を曳く。打瀬船がやや大型化すると、網の口径を広げ、できるだけ魚群を網にさそいこむために、舳先《へさき》（船首）と艫《とも》（船尾）にとりつけ、網袋の引綱を「遣《や》り出《だ》し」とよぶ帆柱と同じような柱を舳先と艫につけたし、その両先端に引綱を結ぶ。この際、船足を強くするために、補助の帆を舳先や艫にも張り立てる。したがって、小型の場合は一枚帆だが、大型になると三枚帆やそれ以上にもなる。また、網具についてみると、その構造には地域差がみられるが、大きな袋（嚢）網を一条用いる場合（一条網）と、小さな袋（嚢）網を数条用いる場合（備前網《びぜんあみ》または漏斗網《じょうごあみ》という）の二種類がある。こうした操業方法は同じ地域であっても、船の大きさ、その日の風の様子によっても区別して使用されることがある。伝統的な打瀬網船は、一本の帆柱に一枚の角帆とよばれる四角い帆を張り立てるものであったが、のちにスクーナー（洋型船）の影響をうけた船体や帆型のものも使用された。

茨城県の霞ケ浦でワカサギ漁をおこなう「帆引網」や東京湾内でおこなわれていたシャコを漁獲するための「底曳網」も「打瀬網」の仲間にはいる。以前あった神奈川県横浜市子安の「シャコ船」（底引網）は、シャコの乱獲を防ぐために、網目の大きさや操業時間を制限したうえ、船は帆走ときめられていた。

筆者が伊勢湾や三河湾の島々（篠島・日間賀島・佐久島を三河三島とよぶ）などを調査していた昭和三五年頃、この海域では、中国のジャンクのような大帆を広げた打瀬網船をよく見かけた。その時の印象は、写真で見る風物詩のような真白の大帆を張った船ではなく、継接《つぎはぎ》だらけで、色も醬油でにつめたような帆をかざした海賊船のようなものであった。この地域の打瀬船や網は、現在、知多市歴史民俗資料館に、国指定の重要有形民俗文化財として保管されている（二九〇ページを参照）。

桁網（けたあみ）

袋網の入口に枠や棒を取りつけた曳網の総称。ハマグリ・バカガイ・トリガイなどの貝類やワカメなどの藻類、ナマコ、エサエビ、メバルなどを主に捕採する。水深のある場所のものを採取するために、入口に木製や鉄製の枠を四角にとりつけ、網の口がすぼまらないように工夫してある。伊勢湾、東京湾で多く使用されてきた。貝桁網（三重県安芸郡河芸町一色）、桁網（三重県松阪市猟師町）など。鳥羽付近のナマコ桁は伝統をもつ。いずれも小型で横幅二メートルどまり。船で曳く。

4　敷網類

棒受網・謀計網（ぼううけあみ）

沖でイワシ・アジ・サンマなどをすくいとる大型抄網《すくいあみ》の一種。「謀計網《ぼうけあみ》」の名もあり、船上から使用する敷網類の一種ともいえる。土佐ではムロアジを漁獲してきた。漁法には網の大小、魚の種類により多少の差はあるが、一般的には漁船の左舷から潮の上の方へ二本の太い棒（竹棹）を突き出し、下に網を張って沈め、水中において帆を満張したような状態にする。次に網の中央部にコマセとよばれる餌（普通は細かく刻んだイワシなど）を撒布して魚を誘い、頃あいをみて網を船上にあげる。近年は集魚灯も用いて魚群をあつめることも、あわせておこなわれる。一隻の船に五人ないし六人が乗って操業する。

二艘張網（にそうばりあみ）

敷網類の一種。規模は「棒受網」を大きくしたようなもの。一艘の船に七人から八人の漁夫が乗り風呂敷のような四角い敷網を水中におろして張ると、他の一艘に同じく七人から八人の漁夫が乗って網の他方をささえる。こうして、船の左舷と右舷とでそれぞれ網を張ってささえ、網がちぢまらないように三間ないし四間の長竿を両船の中央にわたして広げる。

また撒き餌として、イワシなどを細かく刻み、小網袋の中に入れ、細い竹竿の先に吊して網の中央部でゆすり、網の中に魚を誘う。ムロアジ・タカベなどを捕獲する（四艘張網の項を参照）。

四艘張網（しそうばりあみ・よんそうばりあみ）

四艘の船が同時に網をあげて、魚群をすくいあげる敷網類の一種。あらかじめ、海中に風呂敷のような網を敷いておき、帆布を広げたような状態で四角《よすみ》を一艘ずつの船が受け持って網をあつかう。昼間の操業の場合は網の中央部で餌（イワシをミンチ状にしたコマセなど）を撒布して魚を誘い、夜間は

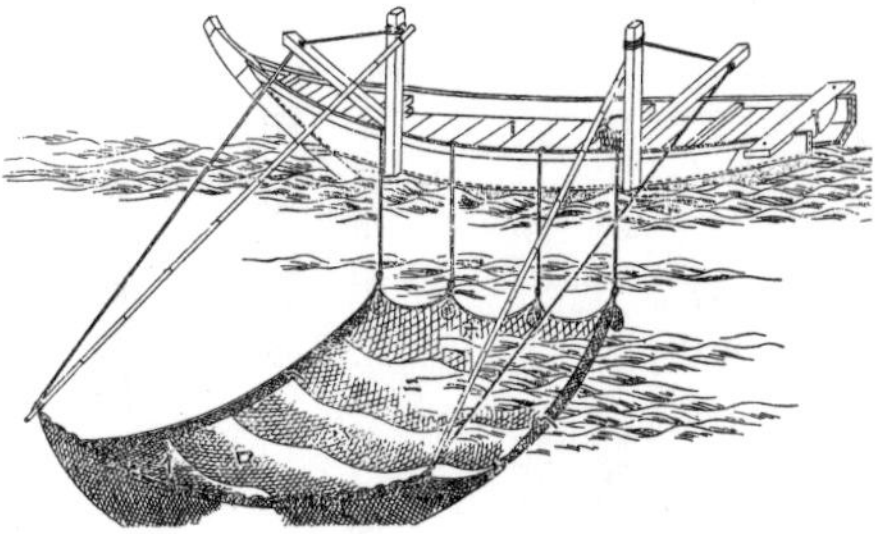

棒受網（謀計網）使用の状況
（『日本水産捕採誌』より）

「火船」（手船）が火を焚いて魚を集めて漁獲する。近年は集魚灯などに変わった。カツオ・アジ・サバ漁などをおこなってきた。神奈川県足柄下郡の真鶴《まなづる》においては、コガツオ（小鰹）の捕獲が主であった。漁期は旧暦七月より秋末まで。水深一〇尋から四五尋ほどの場所で使用した。「シオラシ」（網）の名もある（一四一ページ参照）。

八艘張網（はっそうばりあみ）

網を水中に敷くように張り、八艘の網船と一艘の撒餌船を使用する比較的大型の敷網類の一種。構造や使用方法（漁法）の基本は「二艘張網」や「四艘張網」と同じ。漁船一艘に七人ないし八人が乗り組み、漁場につくと四艘ずつに分かれて、各船はそれぞれ後方に錨をうち、風呂敷を広げたように網を張る。撒餌船（手船）は網上で撒餌をして魚を誘う。主にウズワ・ムロアジ・イワシ・サバなどを漁獲する。静岡県地方などにおいておこなわれていた（二艘張網・四艘張網の項を参照）。

5　刺網類

刺網（さしあみ）

水中に垂幕《たれまく》のように魚網を張り、魚類をはじめ、イセエビ・アワビ・サザエなどが網目に刺さるようにしたり、からませたりして捕獲する網の総称。刺網類の中には水面（海面下）すれすれの場所に網を張る浮刺網や流網、中層に張り立てる中刺網、底に張り立てる底刺網などの種類がある。イワシを漁獲するイワシ刺網は一般に小晒網《こざらしあみ》とよばれる。カツオ流網、マグロ流網などの大型の刺網（三浦市城ケ島で使用していたことがある）から、小型の磯立網（エビ網）、七目網《ななめあみ》（ヒラメ網）などのほか、「旋刺網《まきさしあみ》」の類もある。近年、磯立網とよばれる刺網の網目を二重、三重に仕立て、一旦、魚が刺さったり、巻きついたりすると逃げることができないように工夫したものが使用されるようになった。この種の刺網は「三枚網」とよばれ、外側二枚（両側）の網目をやや大きく、中一枚の網目をこまかくするため、稚魚までも捕獲できる。したがって、資源保護の立場から乱獲を防止するため、その使用を禁止している地域が多い。タラなどの捕獲には底刺網を用いる（三枚網・二六七ページ図を参照）。

流網・流し網（ながしあみ）

魚網を固定したり、張り立てたりせず、水中に流すような状態でおき、魚が網目に刺さるようにしたり、からませたりして捕獲する刺網類の一種。海底など、水中の深い場所にしかけるより、中層・上層（海面など）で使用することが多い。網漁具は、網地・綱・浮子《あば》・沈子《いわ》・錨・目印の浮樽などで構成されるのが普通だが、錨止めをしないのがこの網の特徴である。回游してくる魚を捕らえるのに用いることが多い。三浦市城ケ島にはカツオ流網・マグロ流網（キハダマグロ用）があった。マグロ流網漁は弘化四年（一八四七）に常陸国の平磯地方の沿岸で開始されたとされる。はじめはブリ流網をもって小マグロを漁獲するのにはじまったといい、この地方で盛んになったものが明治二〇年代以降各地に伝えられたとされる。当時は、肩幅五尺ぐらいの和船に莫座帆《ござぼ》を張って漁夫七～八名が乗り込み、漁場もあまり沖合でなかったようだ。全国的にはイワシを漁獲するイワシ流網（小晒網《こざらしあみ》）がある。トビウオ（アゴ）も流網で漁獲することが多い。

小晒網（こざらしあみ）

小晒網はイワシを漁獲するための「流網」である。網はヨイマヅメ（夕方の日没近く）とアサマヅメ（日の出時間の近く）の二回おろした。この作業を「網入れ」といった。

三浦市の城ケ島では一般に「コザラシ」の名でよばれるこの網は、「浮刺網類」に分類される刺網なので、漁があると、網に刺さったイワシをはずす作業におわれ、寝るまのない日があったという。冬季の二月頃より網漁がはじまり五月までつづくが、特に三月から四月頃は漁獲が多かった。

ところで、城ケ島は相模湾をわたって吹く西風があたるので、特に西風が吹きすさぶ厳冬の浜で、立ったままで刺網にささったイワシをはずす作業は長時間におよんだ。女房の背中におぶわれた乳呑児は空腹をうったえて泣きわめき、両足をばたばたさせてあばれるが、乳をふくませるひまもない重労働であった。しかも、乳呑児も同じように寒風に耐えなければならない。

イワシ刺網を「コザラシ」の名でよぶのは、だれがはじめにそうよんだかさだかでないが、「乳呑児を寒風にさらす作業をしいられる漁法なので、その名がでた」といわれる。すなわち、「コザラシ網」が「小（子）晒網」といわれるゆえんであると聞いた。

漁場は特にないが「荒崎前」とよばれる相模湾に面した長井村沖（現横須賀市長井町）が多かった。また、江の島に近い鎌倉沖にも網を流した。

他に、イワシは相模湾の西から回游してきて城ケ島の西カドを通過し、東の安房崎方面へむかい、沖に出て、「ジョウキ通り」（蒸気船の航路という意味）から房州方向へ、そして東京湾（江戸湾）へはいるという回游のしかたをしていたという。したがって、こうした回游の場所にあわせて漁場も変わった。

城ケ島では、マグロ流網の不漁がつづいた明治末期から大正初期頃、マグロの流網にかえて、イワシのコザラシ網をおこなうようになったものが多かった。

コザラシ網は、三〜四人が一隻の船に乗り組んで操業するが、やや大きな船になると五人ぐらい乗って操業した。

コザラシ網で漁獲がありすぎると、氷がなく冷凍施設や設備もない時代だったので、水揚げしたイワシの鮮度はいちじるしく下がり、価格もおもわしくなくなった。そのため大漁貧乏がつづくこともあり、コザラシ網漁をやめるものもでた。

コザラシ網は、イワシが多く漁獲されると網がオッテ（沈んで）しまうので浮樽を付けておいた。この網に使用する樽は円柱型をしており、網二五尋の間に桐でつくったウケが二個ついていて、その網のつなぎに樽をつけて使った。

イワシ流網は、普通、長さ二五尋の網を六枚から七枚つないで使ったので、網を流すためには樽が七個は必要であった。この樽が後に、城ケ島においては男の裸潜り（海士）が使用する浮きとしても転用されるようになったことはすでに述べたとおりである。

網目は一寸四分。縦の長さ（丈）は六尋から七尋。

城ケ島では、ほとんどの漁師がこの漁業をおこなっていたが、三崎の漁師は他の網漁だけでなく、コザラシ網漁もやらなかった。

このように、近くの漁師のあいだにも、釣漁を伝統的におこない、網漁をおこなわない地域もあるように、生業のたてかたに特徴があった。こうしたことが、漁業、漁村（海村）社会を特色づけてきたともいえる。

特に、イワシの刺網などは、イワシの身がやわらかく、網にかかったまま頭部が取れてしまうことが多いので、とりはずし作業がめんどうであった。したがって仕事量も多く、家族総出の労働力を必要とした。また、作業にかなり広い場所も確保しなければならない網漁（作業）なので、三崎のように狭い場所で暮らす釣漁の人々では、資本だけがあってもできない状況があった。

この網は昭和二〇年以後もおこなわれてきたが、その後、相模湾沿岸から東京湾内にかけてイワシの回游がすくなくなり、以後、旧廃漁業となった。

しかし、イワシの回游がさかんであった江戸末期から明治・大正期にかけては、東京湾口から内湾の漁村（海村）では、イワシが回游してきたときに、入口の近くでコザラシ網をしかけると、内湾に魚群が入ってこなくなってしまうということで、東京（江戸）湾内では漁場をめぐり争論のたえなかった漁法であった。

マグロ流網

明治二十年頃から大正初期にかけて、三浦市城ケ島では「マグロ流網」漁業がさかんにおこなわれていた。キハダマグロを漁獲する流網で、漁場は城ケ島沖と伊豆半島に近い相模灘であった。そのため、明治末期（四二年頃）のさかんなときには、伊豆半島の網代《あじろ》に根拠地をおいて操業していたこともある。

漁期は三月一〇日頃にはじまり、五月から八月頃まで続くが、八月になっても漁獲があれば、もちろん漁期がのびることもあった。漁期の中でも、特に六月一〇日頃の漁を「入梅マグロ」といい、梅雨の頃は漁獲も多かった。

和船は六丁櫓か七丁櫓をあやつり、乗組員も六名か七名が普通。夕方の三時頃から沖へ向かい、夜中に網を流し、翌朝になると帰ってくる夜の網漁であった。船の長さは三間以上あり、肩幅六尺ほど。風のある時は帆もはる。

三月頃の寒い時期には、よく遭難者がでる危険度の高い漁であったが、マグロを五本も漁獲すれば大漁であったから、五軒ほどの家が共同出資で網を買い、操業した。

網を共同所有で操業する場合はウチナカマ（内仲間）といって、血縁関係にあるイエ（家）による出資だったので「代分《しろわ》け」（分配）については、あまりこまかな取り決めはなかった。普通、網と船をひとまとめにして「網代」三代（三割）、あとの七代（七割）を乗組員が分配した。

当時、マグロ流網に使用する七丁櫓の船は最も大型の和船であった。漁獲したマグロを入れるカメ（船倉）も大きく、子どもが五〜六人はいって遊べたほどだったという。

漁獲は一日で二〇本のときもあれば、ひと夏が過ぎても数本のこともあった。

マグロ流網は二五尋で「ヒトツ」とよび、網は「ヒトツ」・「フタツ」と数えた。一隻の船に二〇ほどの網を積んでいったが、常に使用するものより多く、余分を持って出漁し、沖で網をつなげながら流す。

このマグロ流網の実物は、現在、横須賀市人文博物館の文化財収蔵庫に、国指定の重要有形民俗文化財「三浦半島の漁撈関係用具」二六〇三点中の一資料として保管されている。

その保管されている網を計測したデータをみると、網の材質は麻、アバ（浮き）材は桐で、三浦半島で使用してきた流網では最も網目が大きく、網目一五センチ、網糸の太さ（直径）は約五ミリ。アバナ（網の上部の浮き（アバ）をつける綱）の長さ三六メートル。網の丈四・五メートル。アバの間隔四〇センチとある。

漁民はヒトヒロ（一尋）を自分の両手を左右に広げた長さとしているので、約一・五メートルになる。したがって、二五尋「ヒトツ」の網の長さは三七・五メートルになるから、実測した網の長さとは一・五メートルのちがいがでるが、それは漁民一人一人の身長や腕の長さによるもので、当然のちがいといえる。これは、今日、わたしたちが経験するワイシャツの腕の長さの個人差のようなものであるといえよう。したがって、これくらいの長さの誤差は、暮らしの中ではこまることのない範囲であり、許容範囲といえようか。漁民社会での常識なのである。これは城ケ島にかぎったことではなく、「網の世界」のすべてがそうなのである。

漁民はこの網をつくるための基準として、網目は一尺から八寸目。縦二一目（二一尺）、横は二五尋と決めているだけである。

網材は麻のほかに木綿も使われた。麻などの網材は三崎町内で購入したが、三崎の商店では東京から仕入れてきた。この麻を「トウジンアサ」（唐人麻）とよんでいた。

アサ（麻）は、中央アジア原産とされるクワ科の一年草で、茎の高さは一メートルから三メートル。この茎を夏の終わりから秋にかけて刈り、乾燥させて、皮から繊維をとる。商品としては皮をむいて乾燥させた「苧《お》」とよばれる状態でたばねて売っている。

「網の加工」（網糸のつくりかた）については前章を参照されたい。

マグロが網にかかっていると、網はオリコンデ（沈んで）いるのですぐわかる。網をあげる時はアバナ（浮きをつけてある網）を一人があげ、アシナ（網の下につけてある網）を一人があげるようにしながら船の上にとりこんだ。

五本、一〇本と漁獲すれば大漁で、その時は沖から大漁のシルシ（印・大漁旗）をたて、全乗組員は得意顔。鉢巻の手拭もその日のために用意しておいた新品にかえて帰ってきた。漁獲したマグロは三崎の魚商（ゴヘイ・ジンタロウ）など、いつも取引きしているところへ売った。

当時、一〇〇円ぐらいの漁獲があれば、酒を二升ほど買ったり、親戚の子どもたちに菓子を買ってふるまったりした。

マグロ流網漁では過去二回、大漁祝いをおこなったことがあったという。大漁祝いの時は親戚一同を集めて御馳走をふるまい、マイワイ（万祝）の反物を引き出物としてくばった。

もとは大漁祝いのことをマイワイあるいはマンイワイと呼んでいたが、のちに、祝いの席で引き出物としてくばる反物のことをマイワイと呼ぶようになったのである。

この反物は、同じ城ケ島でおこなわれていた「アジ巻網漁」の大漁の時と同じように、千葉県の勝山に注文して染めてもらう型染めの揃いの図柄のもの。マグロ漁の大漁のときはマグロの図柄を染めたものが多い。

マグロ流網でマイワイを出したのは、話者の石橋要吉氏（明治二二年生まれ）が二二歳から二六歳の時だったというから、明治四三年から大正四年頃のことになり、およそ九〇年も前のことになる。

また、逆に不漁続きの時は「マナオシ」（マンナオシ）といって、漁に恵まれるように景気づけをおこなった。漁のある船の者が、漁のない船に酒を一升もっていき、不漁船に対して御神酒をかけてやるなど、四〜五軒が共同でおこなったが、このとき神主（宮司）に祝詞《のりと》をあげてもらうようなことはなかったという。城ケ島にはマグロ流網漁をおこなっていた船は一四〜一五隻あった。

城ケ島では、明治四〇年代にはいってマグロ流網漁の遭難があり、遭難を恐れて、しだいにマグロ流網漁をおこなう船がすくなくなったのにあわせ、伊豆方面の漁民がマグロを巻網で漁獲するようになったため、流網漁での漁獲が減少するようになり、大正年代の中頃になるとマグロ流網漁は衰退していった。

カツオ流網（カツ流し）

城ケ島ではカツオ流網漁業のことを「カツ流し」と呼んでいた。

話者の青木広吉氏（明治二一年生まれ）が三〇歳頃まではおこなわれていたというから、大正六年頃まで操業されていたことになる。しかし、一般には明治四十年以後になるとなくなりはじめたということを聞いた。

明治からつづいた「カツ流し」は大正末期になると漁獲が減少したため、すっかりすたれてしまったが、それに代わり、大正末期より昭和にかけ、「サンマ流網」漁がおこなわれはじめるようになったという。

「カツ流し」にかかる漁獲物は、カツオのほかにイナダ、メジ、ウズワなど。漁期は毎年、夏の「裸潜り」漁が終わる九月二九日以降にはじまり十二月下旬頃までつづいた。したがって、城ケ島の「カツ流し」で漁獲するカツオは秋の「戻《もど》りガツオ」（春先に黒潮にのって北上したカツオが、秋になると逆に下《くだ》ってくるので「下りガツオ」ともいわれる）をねらった網漁であった。

漁場は相模湾の中央部から江の島沖。この漁は一隻に乗組員が四～五人乗り、四～五丁櫓を押して夕方出漁する。ひと網（一回）いれて夜の九時から十時頃には城ケ島へ帰ってきた。夜の十時頃帰ってくるのは、三崎から東京へ向かう汽船が夜の十時過ぎに出港するため、漁獲物をこの船に積んで運ぶためにあわせた時間であった。この船の出航にまにあえば、翌朝には東京へ三崎の新鮮なカツオがとどくことになり、氷のない時代に鮮度を考えての操業であり、値段も高く売れた。

網の材質は麻。麻は三崎で購入した。ヌカソ（サワマサ）という麻屋があつかっており、購入した麻は「糸車」を使って苧《う》んだ。

カツ流しの網には網目が四寸目、三寸目、二寸八分目などの種類があり、年々のカツオの大きさによって区別して使用していた。四寸目の網にはカジキやソウダガツオやサメがかかることもあったという。

この網は三浦市の「海の資料室」（旧城ケ島分教場）や横須賀市人文博物館の「文化財収蔵庫」に保管されている。博物館で計測したデータをみると三寸目のもので、アバナの長さ五〇メートル、丈四・七メートル、網目七センチ、アバの長さ二三センチで桐材、アバの間隔四〇センチ。他の網もそれほど差はないが、網目が五・五センチと小さいものもある。

6　旋網類

旋網・巻網（まきあみ）

魚群を網で巻き囲み、そのあとで網を船にひきあげる漁法に用いる網の総称。揚繰網・巾着網・鮪巻網などの大型のものから六人網《ろくにんあみ》とよばれる二人で一隻の網船に乗り二隻で魚群を囲み、手船に二人乗る小型のものまである。旋網を用いる場合には船一隻で操業する方法、船二隻を用いて操業する方法とある。一隻旋とか二隻旋とかよばれる。イワシ・アジ・サバなどの回游魚のほか、カツオ・マグロなども捕獲する網もある。近年は機動性のある高速船を用いて漁網を敏速に張るようになった。

揚繰網（あぐりあみ）

規模の大きな旋網《まきあみ》の一種。網船二隻で魚群を囲い込むように網をおろし、網裾につけてある沈子綱を繰りあげて、中にはいった魚群をしぼりこむようにしながら漁獲する。網船の他に魚群を探す手船もあり、三〇人ほどで操業する。漁獲物は主にイワシ・アジ・サバの他、カツオ・マグロなど。東海地方で多く用いられてきた。特に、カツオ揚繰網は安政年間に駿河国庵原《いはら》郡由比《ゆい》町の今宿（現在の由比町内）において発明されたといわれる。のちに改良がくわえられ「改良揚繰網」とよばれるものが使用された。千葉県の九十九里浜地方で、大正初期頃に用いられるようになった改良揚繰網はイワシを主に漁獲するものだが、その構造の考案は、アメリカ合衆国でおこなわれていた「巾着網《きんちゃくあみ》」をもとに、従来、わが国で使用してきた揚繰網に改良を加えたものである。千葉県の海上郡椎名内村に在住していた千本松喜助が、近年、イワシが地曳網にはいらないので、沖でイワシの群を効率よく捕獲するために工夫をこらし、成績をあげたといわれる。網の構造や規模は地域によって差があるが、形態はほとんど同じである（旋網の項を参照）。

巾着網（きんちゃくあみ）

大型の旋網類の一種。「揚繰網」を改良した「改良揚繰網」の一種をいうこともある。二隻の網船で魚群を囲い込み、網裾につけた多くの真鍮製の環にとおしてある網綱を引き締めて巾着（布や革を用いた袋状の入れもので、口を緒でくくり、中に金銭などを入れて携帯する袋の総称）の口をしめるような状態で網を用いることから、この名称がついた。主にイワシ・アジ・サバの他、カツオ・マグロなどのように群で回游する魚を漁獲する。魚群を探すために、別に「手船」と呼ばれる船も加わることがある（揚繰網の項を参照）。

7　建網類

建網（たてあみ）

「建」てるとは、「設」けるとか「建造」するということの他に、「定位置」に「立」てる意味もある。定置網の基本的な形態をもつ「建網類」の総称。沿岸に回游する魚群の道を垣網（袖網ともいう）で遮断し、長く張り立てた垣網にそって群を移動させる。沖にある袋（嚢）に魚群を誘いこむ仕組。沿岸に張り立てる定置網の総称でもある。江戸時代の文化年間（一八〇四〜一八一七）頃からはじめられた相模湾西岸の根拵網《ねこそぎあみ》（相模大網）、全国各地の台網、大敷網などは形態の基本はすべて同じ。他に桝網《ますあみ》、落網、坪網、袋坪網も同類。特に大型のものとしては陸前地方の鮪《まぐろ》大網、鰊《にしん》建網、北海道地方の鱈《たら》建網などがよく知られている。こうした「定置網」類は、沿岸の適当な場所に網を定置し（建て）、その中に入りこんでくる魚群を捕獲するため、危険性もすくなく、漁獲も平均しており、これまでは沿岸漁業の最も主要な網漁法であった。しかし、近年、沿岸に姿をあらわすことがなくなった鰊（鯡）をはじめとする魚種は多い。この漁法は簡単だが大型のものは資本がかかるので、しだいに設置する数も減少の傾向がみられはじめている。

定置網（ていちあみ）

建網《たてあみ》類の一種で、一定水面に敷設する漁網の総称。魚群の通路となる場所に、魚道を遮断するように浜（岸）から沖へ垣網（袖網ともいう）を張り立て、魚群を沖へみちびき、沖の袋（嚢）網にあつめて捕獲する網漁。二人ないし三人の家族労働によるものから五〇人から一二〇人の漁夫を要する大型のものまであり、各種の形態、規模がある。小規模なものは桝網《ますあみ》で、大型のものは大敷網・大謀網などのほかに各種の台網や落網《おとしあみ》がある。

元和年間（一六一五〜二三）のころ、肥前、長門を中心にブリ・マグロの大敷網（台網）が考案され、やがてそれらが越中、能登方面へ伝えられた。また、陸前、陸中方面では江戸時代初期からサケ・マグロの大網（台網）による漁業の発達をみるほか、陸奥ではタラの建網、北海道ではニシン建網、サケの大謀網などがおこなわれた。

これらの大型網漁にかかわる技術は、後の大型定置網を育てる基盤となった。明治二四年から二五年（一八九一〜二）にかけて、宮崎県の赤水漁場で日高亀市・栄三郎の父子により、細目の網糸を使ったブリの大敷網が考案され、やがて、明治四二年から四三年になり、栄三郎によって大謀網が完成したことは「大謀網」の項で後述する通りである。大謀網が大敷網と異なる点は、袋（嚢）が楕円形になっており、この楕円形の長軸に直角に、袋網の一部が開いている。このような形の定置網は、上述のように、江戸時代から東北地方で大網とよばれてマグロを漁獲するために使われていたが、網目があらい藁縄で垣網（袖網）がつくられていたため、マグロは漁獲できても、ブリは網目をくぐりぬけるため漁獲できなかった。

また、大型の定置網は莫大な資材（資金）と大勢の漁夫（労働力）を必要とするため、その欠点をおぎなうようにして考案されたのが「落網《おとしあみ》」であった。落網は高知県の堀内輝重が北海道方面で使っていた落網をブリ網に適するように改良したもので、大正一二年から一三年頃に用いられるようになったものである。その形態（構造）は、垣網のほかに、魚群がしばらく自由に泳ぎまわる運動場、登り網、袋（嚢）網（役）の四つの部分で構成されている（大謀網・大敷網・建網などの項を参照）。

大敷網（おおしきあみ）

建網類の一種で、大型の定置網の原形ともいえる。沿岸から垣網（袖網）を沖へ長く張り立てて魚道を遮断し、魚群を垣網にそって沖へ移動させ、沖に設置した袋（嚢）網の中へ魚群を誘いこんで捕獲する。今日の定置網（落網など）のように改良・発達する以前の網形であるため、袋（嚢）網は入口が大きく三角形に近い。このため、いちど網にはいった魚群も逃げだしてしまうことが多かった。明治二四年から二五年にかけて、宮崎県の日高亀市・栄三郎父子がこの「ブリ大敷網」を考案したのは前述のとおり。大敷網はこのように西南日本の九州や中国地方で発達した（定置網の項を参照）。

大謀網（だいぼうあみ）

大型の定置網の一種で、「大敷網」を改良したもの。沿岸に張り立て、魚群の通路をさえぎり、さそいこむ長い垣網（袖網ともいう）と、魚群が入る袋（嚢）網の部分からなる。袋（嚢）網の部分が台網や大敷網と異なり、楕円形につくられており、この楕円形の長袖に直角に、袋（嚢）網の一部が開いているが、入口が小さくつくられているため、一度はいった魚群は逃げにくい。このような袋網が楕円型のものを東北地方では大網とよび、江戸時代にはすでに使用されていた。主に群で移動するブリ・マグロ・サワラなどの回游魚を捕獲する。もとよりブリはマグロとちがって、網目の大きい垣網を自由にとおりぬけてしまうことが多く漁獲しにくい魚とされてきた。明治二四年から二五年（一八九一〜二）にかけて、宮崎県の赤水漁場で日高亀市・栄三郎父子が細目の網糸を使ったブリの大敷網を考案したが、それをさらに明治四二年から四三年にかけて栄三郎が改良し、大謀網を考案、ブリの定置網として全国的に広まるようになった。危険性もすくなく、漁獲も安定しており、漁法も簡単だが、大型のものは資本がかかる。『能都町史』（漁業編）によると、石川県の富山湾に面した能登半島内浦の中央部では、明治四二年にマグロ大謀網を導入している。宇出津地域のマグロ大謀網は垣網が二八〇間だが、波並地域の網は垣網が三五〇間もある（定置網・大敷網の項を参照）。

8　その他の網類

卸網・下網（おろしあみ）

特定の漁網の名称ではない。海面から海底へ卸して設置する（張り立てる）網の総称。海面から海底へだんだんに下げ、海底に張り立てる底刺網や、海底の岩礁地帯周辺に張りめぐらせる磯立網、あるいは海底の砂地（三浦市城ケ島ではママという）に張り立てる七目網《ななめ》（ヒラメ網）などをさしていう。

大網（おおあみ）

大型の漁網または大がかりな網漁（網漁業）をいう。これに対して「小網」の名もある。室町時代から江戸時代にかけ、漁業生産が著しく増大し、諸国の特産物として漁獲物が産地化された理由の一つは、各地で大網が考案された結果によるものであった。

元和年間（一六一五～二三）のころ、肥前・長門を中心に、ブリ・マグロの大敷網《おおしきあみ》（台網《だいあみ》）が考案され、やがてそれが越中・能登方面へ伝えられた。また、陸前・陸中方面では江戸時代初期からサケ・マグロの大網（台網）による漁業の発達をみたほか、陸奥ではタラの建網《たてあみ》、北海道ではニシン建網、サケの大謀網《だいぼうあみ》などがおこなわれた。

これらの大型網漁にかかわる技術は、後の大型定置網《ていちあみ》漁を育てる基盤となった。そのほか、引網《ひきあみ》では九十九里浜のイワシ大地引網、巻網《まきあみ》では瀬戸内の塩飽《しわく》諸島のタイ巻網、土佐のマグロ巻網、カツオ大網、それに紀州で網取式捕鯨に用いた漁網などはいずれも大仕掛けなものであった。網の材質は稲藁や苧麻《ちょま》が主であったが、明治時代に綿紡績業が発達すると、木綿材（綿糸）の網が普及し、より大型化されるに至った。さらに化学繊維の網材に変わった。

網筌（あみうけ）

竹材の輪にミズイトを編んで作ったり、細かな目の金網でつくった筌《うけ》の総称。河川で使用することが多く、カワガニ（ケガニ）を主に捕獲する。静岡県の狩野川筋では「カニウケ」の名もある。栃木県では渡良瀬・思川水系で使用されてきた。ここでは、春に産卵のために川辺に集まるコイ・フナの捕獲が主であった。群馬県の館林市付近の川辺でも同様の筌が使用されてきた。夏は水草のない沼の中心部に棒を立てて吊るし、冬は沼の周辺部の枯草の中にしかけるなど工夫される。

第Ⅳ章　近世・江戸期の網具と網漁

わが国における網漁具の発達は、近世において、特にめざましかった。江戸期には、全国的に知られ、有名になった網漁ばかりでなく、漁業経営者として名の知られた人々が井原西鶴の著した『日本永代蔵』などに紹介されている。また、『日本山海名産図会』や『日本山海名物図会』などにおいても紹介され、全国津々浦々に知れわたった鮪漁・鰹漁・鯛漁・鰯漁・捕鯨など枚挙にいとまがない。しかし江戸期には有名であったが、その後になって不漁がつづき消滅してしまった網漁なども、また多い。ここでは、そうした網具や網漁についてすべてを網羅するわけにはいかないが、そのうちのいくつかをみていくことにしよう。

1　網取りの捕鯨

クジラ取りは江戸時代の中頃まで銛《もり》による突き取り法でおこなわれていた。アメリカ東海岸のナンタケットなどから北太平洋の捕鯨にのり出してきた捕鯨船もすべて突き取り法であった。ところが、突き取りによる捕鯨では逃げられてしまうことが多かったので、クジラが進む前方に網を張り、クジラを網の中に突進させて泳力を弱めて、その後で銛を使用した方がクジラに逃げられる率がすくないので、網取り法が考案された。

紀州の太地《たいじ》浦では、延宝三年（一六七五）に網取り法が考案されたとされる。網取りによるクジラ組は二つに分けられ、網舟の一組がクジラの進行方向に網を張って待ちうけ、そこまでは勢子《せこ》舟がクジラを追い込む。クジラが網に突入すると泳ぐ力や行動力が弱まるので、その時をねらって銛を打ちこみ、捕獲する方法である。

網は二重、三重に張るので、規模も大きく、資本力もそれなりに多く必要だが、この方法により、内湾だけでなく、外洋でも操業が可能となり、能率もあがった。ちなみに、太地では網取り法をはじめてから六年後の天和元年（一六八一）には、九五頭を捕獲したという。これは明治期までの最高捕獲記録で、この方法は、四国土佐の室津をはじめ各地に伝えられ広まった。

鯨置網（『日本山海名物図会』より）

「網取り捕鯨図」春甫（部分）

長崎県壱岐島の郷ノ浦の壱岐郷土館には、捕鯨をおこなう際に用いる網を製作したときの大型のアバリ（網針）が保管されている。その大きさは約一一〇センチもある（二〇二ページの写真参照）。

2　浦賀湊のスバシリ敷網

江戸時代、ペリーがひきいる四隻の黒船が来航した浦賀湊では鯐《すばしり》漁がさかんにおこなわれていた。江戸内湾ではボラの幼魚で五寸から六寸までのものをスバシリと呼び、一尺ぐらいになるとイナ、一尺以上をボラ、特大のものをトドといった。

ボラは幼魚から成魚になるに従って呼び名が変わるので「出世魚」という。稚魚にはじまり、最後にトドになることから「トドのつまり」という言葉が生まれ、「結局」とか、「つまるところ」の意に用いられるようになった。

このトドの卵巣を塩漬けにして、圧搾乾燥したものが美味、珍味として茶人や酒客に珍重されてきたカラスミである。筆者の住む、浦賀湊に近い観音崎灯台のある鴨居漁村の隣人は、「昔、カラスミを都に持っていくと、同じ重さの金と換えてくれたものだ」と真顔で教えてくれた。

この魚の特性は、海底のドロの中に含まれている有機物を食べるために汽水（海水と淡水の混合した内湾河口部など、塩分のうすい水の場所）や小さな湾内に群れている。

したがって、網を用いて捕獲するには都合のよい魚種であるため、巻網や敷網を使用して、この漁

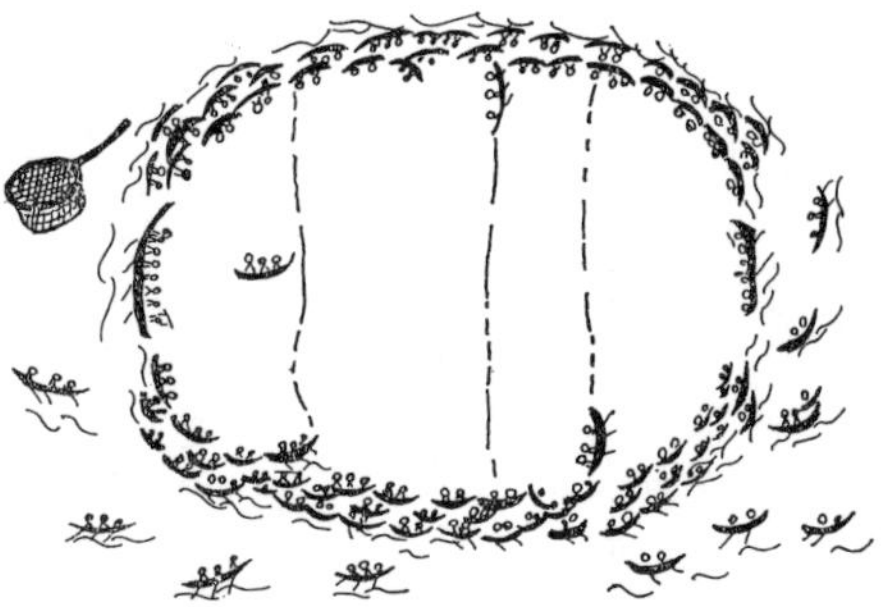

東浦賀鯐漁敷網の図（網長200間，幅80間）（「石井三郎兵衛史料」横須賀市立図書館蔵）

がおこなわれてきた。相州の東浦賀村では明和二年（一七六五）ごろには、さかんに敷網による漁がおこなわれていた。『新編相模国風土記稿』中に、東浦賀の特産物として「鯐《すばしり》」があげられている。スバシリは一〇月ころから正月近くに漁獲されるため、正月用の御節《おせち》料理としての需要があったとみられる。

しかし、スバシリはドロ臭く、しかも小形なので焼魚や煮魚といった普通の調理にはなじまない。とすると、フナの甘露煮が御節料理で人気があることから、甘味をつけて調理したのではなかろうか。甘露煮は、味醂《みりん》と砂糖または蜜や飴《あめ》などで甘味をつける調理法なので、魚の素顔がわかりにくい。ちなみに浦賀の特産物に「飴」とあるのはあやしい。「フナの甘露煮」といつわって江戸で売りさばき、私財を増やした商人がいたのかも知れない。

前掲書によれば、スバシリ漁は幅六〇間、長さ一二〇間の網を水底に設け、小舟数百艘がその周辺を囲んでから、各舟がそれぞれ掬《すくい》網を用いて操業するとみえる。漁獲量は数万尾で、価は千金とも。しかし、この網には、さらに大型のものがあったことが、東浦賀の石井三郎兵衛家史料中にみえる。

「東浦賀鮭漁敷網の図」によると、幅八〇間、網の長さ二〇〇間とみえる。

このスバシリ漁をおこなうにあたっては、漁期に寺の鐘をつくと、スバシリが逃げてしまうので晩鐘をつくのはやめてもらいたいとか、浦賀奉行所で大筒《おおづつ》台場の訓練をするとスバシリ漁にさしさわるのでやめてもらいたいなどと幕府に願い出ているほどである。

3 根子才網《ねこさいあみ》

「ねこそぎあみ・根拵網」ともいう。定置網の原形の一種。形態は台網や大敷網に似ている。魚群を誘いこむ翼状の翼網（垣網ともいう）と、魚を捕獲する奥網とよばれる袋（嚢）網からなる。翼網の長さはおよそ二〇〇尋余、奥網の入口六〇尋、奥行は九〇尋、水深一五尋から三〇尋ほどの海底に張り置き、魚がはいると魚見船が網口に付き添う五艘の漁船を指揮して、口縁につけた手縄を引きあげ、だんだんに小さな網目でつくられている奥網の最深部（魚取部分）に魚をよせてひきあげる。張り立て時期は四月より一〇月まで。主な漁獲物はメジ・マグロ・サワラ・カツオ。冬の時期の張り立ては一一月より翌年の四月、五月頃までで、ブリが主な漁獲物。この網は明治一六年頃、神奈川県足柄下郡の真鶴《まなづる》村など、相模湾の西岸一帯でおこなわれた東海屈指の網で、一般には「大網」ともいわれた。江戸時代、加賀の宮山藤七が富山式根拵網を伊豆山に張り立てたのち、真鶴（尻掛《しつかけ》）の田広氏の祖先が文化元年（一八〇四）に高浦漁場に張り立てたと伝えられる。伊豆の網代《あじろ》・富戸《ふと》方面にもあった（定置網の項を参照）。

4　六人網《ろくにん》

「六人網」はその名の通り、六人で網漁をおこなうことからつけられた名称である。

この網は東京湾（千葉県の富津と神奈川県の横須賀市鴨居を結ぶ線より北部）の一帯でおこなわれてきた漁法で、漁獲対象となる魚種は、イワシ・アジ・コハダなど。沿岸から四キロ、遠い漁場では一五キロから二〇キロの入会《いりあい》漁場での操業であった。

東京内湾（江戸内湾）には春になると外洋からイワシの群が進入し、夏季中は内湾にとどまり、秋も深まると外洋に退くというパターンが普通であったため、六人網で、このイワシの群をねらった。

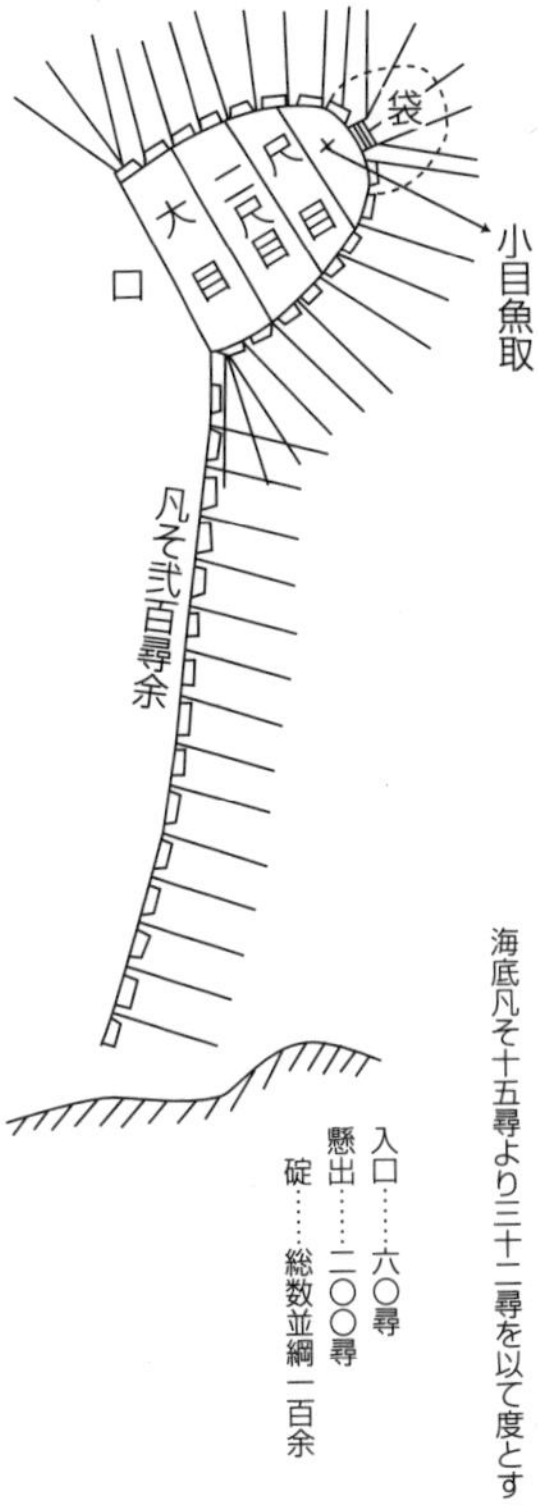

根子才網の図
『伊東誌』鳴戸家蔵
文政年中（1817〜28）より

特に、江戸時代以降、城下町への人口の集中による漁獲物に対する需要が高まったため、イワシが大衆魚としてさかんに漁獲された。そして、この傾向は明治・大正・昭和と、東京周辺の京浜工業地帯の人口増加にひきつがれてきたが、漁法の規模拡大や変化、さらにまた不漁の年が続いたこともあり、しだいに旧廃漁業となっていった。

網の構造は『日本水産捕採誌』によると、

網は麻糸製にして、網目鯨尺一尺間に二十六節百四十掛のもの十五間を横目に継合すること六枚乃至《ないし》八枚、最下の一枚は二十四節八十掛のものを用い、これを一〈クルマ〉と称し、五〈クルマ〉を以て網一張とす。上縁には丈け一尺五寸に十目の縁網を竪目に付け、下端には丈け三尺に十目の縁網を同じく竪目に用い、また、網の一方の横縁にも十目の網を横に一尺五寸位を付く、この十目の網を方言〈ハツセン〉という。〈アバハツセン〉〈イワハツセン〉の称ありて、これを肩縄五十間、足縄四十七間半に縮結す。肩縄は麻三つ撚《より》、径一分六七厘にして浮子を挟んで上下に二筋を用ふ。浮子は桐製長六寸、幅三寸五分、厚さ一寸のものを網仕立上げ十間に五十枚を付く。網の下端は小指位の麻縄を以て目を通す方言を〈カゴ〉という。足縄は藁二線撚を更に三筋合せ、径七分位し〈カゴ〉縄より足縄を以てつなぎ合す。これを〈クモデ〉という。足縄の付け方は十五尋の網を〈カゴ〉縄十一尋に縮め付け、〈カゴ〉縄十一尋を足縄九間二尺に縮め付く。また其十一尋の〈カゴ〉縄と九間二尺の足縄との間をつなぎ合す。〈クモデ〉は三十六筋を用う。沈子は鉛製一個重量二十匁のもの網裾《すそ》仕立上げ二尺間に十八個の割合にてこれを足縄に貫く。

横須賀市鴨居で使用されていた六人網の浮子（アバ）形態に特色がある（横須賀市人文博物館所蔵）

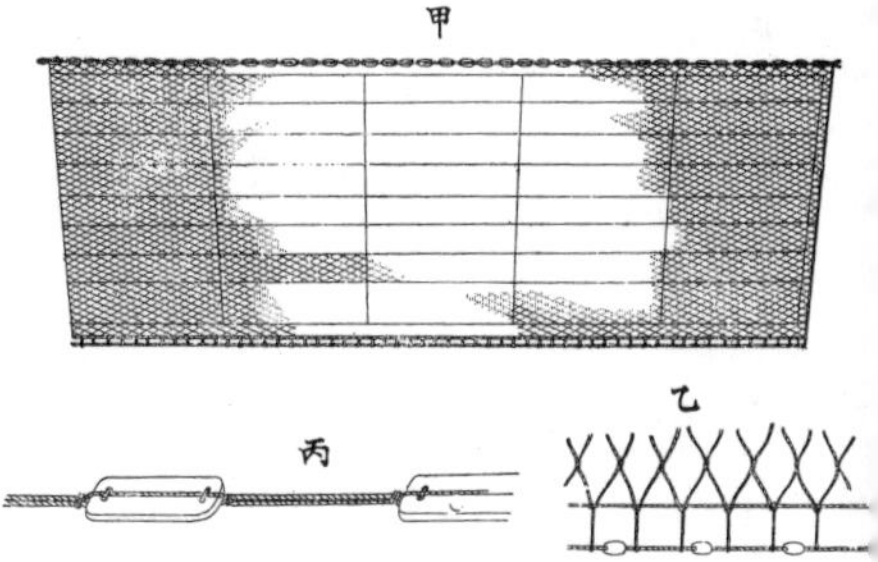

六人網の図　甲：網の全形，乙：網裾の構造，丙：浮子（『日本水産捕採誌』より）

と詳細な説明がなされている。『日本水産捕採誌』が編まれた明治の末期から大正初期にかけては、比較的小規模（少人数）で操業できる「六人網」の実用性が高かったことによるものと考えられる。

漁法は、船を三艘使用し、一艘に二人ずつ、計六人が乗り組む。うち一艘を「手船」または「魚追船」といい、他の二艘が「網船」。「六人網」といっても漁獲高が多い時や、人手がある時は一艘の船に四人ないし五人が乗って操業することもある。

二艘の網船に網を分載して共に漁場に至る。船頭は手船に乗り組み、魚群を発見すると白木綿の布をふって合図し、網船に知らせる。この合図を見て、網船は分載している漁網を継ぎ合わせ、魚群の移動・進行する方向を測り、網の中央部より卸し、左右に分かれ、二人は網を投じ、他の者は櫓を操りながら円月状に張りまわす。この間、手船に乗っている者は両手で棒を持ち、船板をトントンと打ち鳴らして音をたて、もう一人は舳《へさき》に立って棹をもって海面をピシャピシャとたたき、魚群を驚かせ、網の中に群が入るように務める。

網船は左右より漕ぎ寄りながら網をおろしおわると二艘が並び、縄で両船を縛る（モヤウ）。その後、四人で、まず網裾より繰り揚げ、肩縄の方を緩《ゆる》やかに、足縄の方を急にして漸次に繰り詰め、船中へ魚を捕り入れるのである。

横須賀市鴨居在住の斉藤新蔵さんによると、「六人網」は昭和にはいると木綿（綿糸）の網が使われるようになったという。イワシ・アジ・コハダ（コノシロ）などを一年中漁獲したといい、アグリ網と同じような使用方法で灘《なだ》で操業した。

横須賀市人文博物館に収蔵されている「六人網」はアバの部分だけだが、全長約二五メートル、アバ数九三、アバの長さ二一センチ、アバの間隔七センチ。昭和三〇年頃まで使用されていた。鴨居の斉藤新蔵さん旧蔵のものである。

5　イワシ網の系譜

筆者が学生の頃に聞いた話だが、イワシを「魚」偏に「弱」という旁《つくり》をつけて漢字の「鰯」にしたのは、イワシという魚名が「よわし」という言葉に由来するためだとか。

イワシにはマイワシ・カタクチイワシ・ウルメイワシなどの種類があるが、いずれのイワシも動物性のプランクトンを餌としているので、海中で餌を求める心配がない。ただ、群をなして口を大きく開けて泳いでいれば、餌のプランクトンがどんどん口の中に入ってくるというのだ。

ところが、餌を探す心配のないイワシは、自分より大きな他の魚のすべての餌になってしまうので生涯を通して逃げまわっていなければならない。ようするに常食のプランクトンを食べるのと恐怖心をもって右往左往しながら群をなして逃げまどうのが一緒なので「弱い魚」ということになったのだという。

ところで、そのイワシを漁獲するための網具のことだが、イワシ網漁の場合などのように、一魚種を漁獲するためにも、いろいろの種類の網（形態・名称・規模など）があり、地域差はもとより、時代により、その網具の変遷、消長があるというように複雑きわまりないことが特色ともいえる。

ここでは、その実例を相州（神奈川県）を近年の事例としてみることにしよう。

相州（神奈川県）の東京内湾より、外湾、三浦半島の東岸、南岸、西岸、相模湾沿岸という順で足柄下郡真鶴までの海村におけるイワシ網漁についてみると、川崎市大師河原（ロクニン網）・横浜市中区本牧元町（小型巻網〈六人網〉、ヒコハチダ〈シコハチダ〉、コザラシ）・横浜市金沢区柴（六人網、地曳網、小晒網〈流し刺網〉）・横須賀市（旧）深浦（ハチダ網）・横須賀市大津（ハチダ網、コザラシ網）・横須賀市走水（アグリ網、三艘張網、八駄網、小晒網）・横須賀市鴨居（八駄網、揚繰網）・横須賀市久里浜（キンチャク網〈アグリ網〉、ハチダ網）・横須賀市野比（地曳網、コザラシ網）・三浦市南下浦町上宮田（コザラシ網、キンチャク網、シラス網、地曳網、揚繰巾着網、イワシ流し刺網〈コザラシ網〉）・三浦市南下浦町金田（キンチャク網）・三浦市三崎城ケ島（小晒網〈鰯流網〉）・横須賀市佐島（棒受網、八駄網、手揚繰〈巾着網〉、機械あぐり）・鎌倉市腰越（ハチダ網）・茅ケ崎市柳島地区（地曳網、ハチダ網）・平塚市須賀・新宿（地曳網、ハチダ網、アグリ網、巾着網）・小田原市浜町（八駄網）・足柄下郡真鶴町真鶴（八手網〈ハチダ網〉、シオラシ）などの網具によってイワシは捕獲されてきた。したがって、相州（神奈川県）においてはイワシを釣漁によって捕獲するという三重県のような事例はない。

以上のイワシ網漁と漁法のちがいを地域別に図示すると次頁のとおりである。

また、真鶴町真鶴でおこなわれていた四艘張網のことを「シオラシ」（網）とよんだ。

次に、相模湾をはじめとする相州（神奈川県）におけるイワシ網漁の発展段階を年代別にみていくことにしよう。

まず、イワシ網漁にかかわる史料が散見できるのは、これまでのところ寛永年中（一六二四〜一六四三）における三浦郡「下浦」の「任《まか》せ網」をはじめ、万治年間における鎌倉材木座の「鰯網」などである。

『江浦干《ほし》鰯《か》問屋根元由来記』という「舊記並口達書以御示談申事」によれば、

一、同年中（寛永年中）関東鰯漁評判に付、紀州泉州其外西之宮辺（摂州西之宮等）より漁師追々下り候内、紀州下津浦《しもつうら》（村）七兵衛、市郎右衛門両人相州三浦郡下浦に而《て》鰯網致開業候、則《すなわち》相州（ナシ）武州浦に鰯漁之《これ》始、関東任セ網（まかせ網）根元に御座候、其頃（此）紀州下津浦（村）、栖原《すはら》村等之漁師房州長挟郡天津村、浜荻（荻）村に而鰯漁業開候より、房総二ケ国浦々に而鰯漁業始候お（を）地引（地網）と唱、上方より廻り候お（を）下り網と唱、繁昌致（ナシ）候、其頃（此）下総国銚子辺にも漁師下り、鰯網相始のよし（候由）、夫《それ》より追々常州よ

相州における鰯漁と漁法

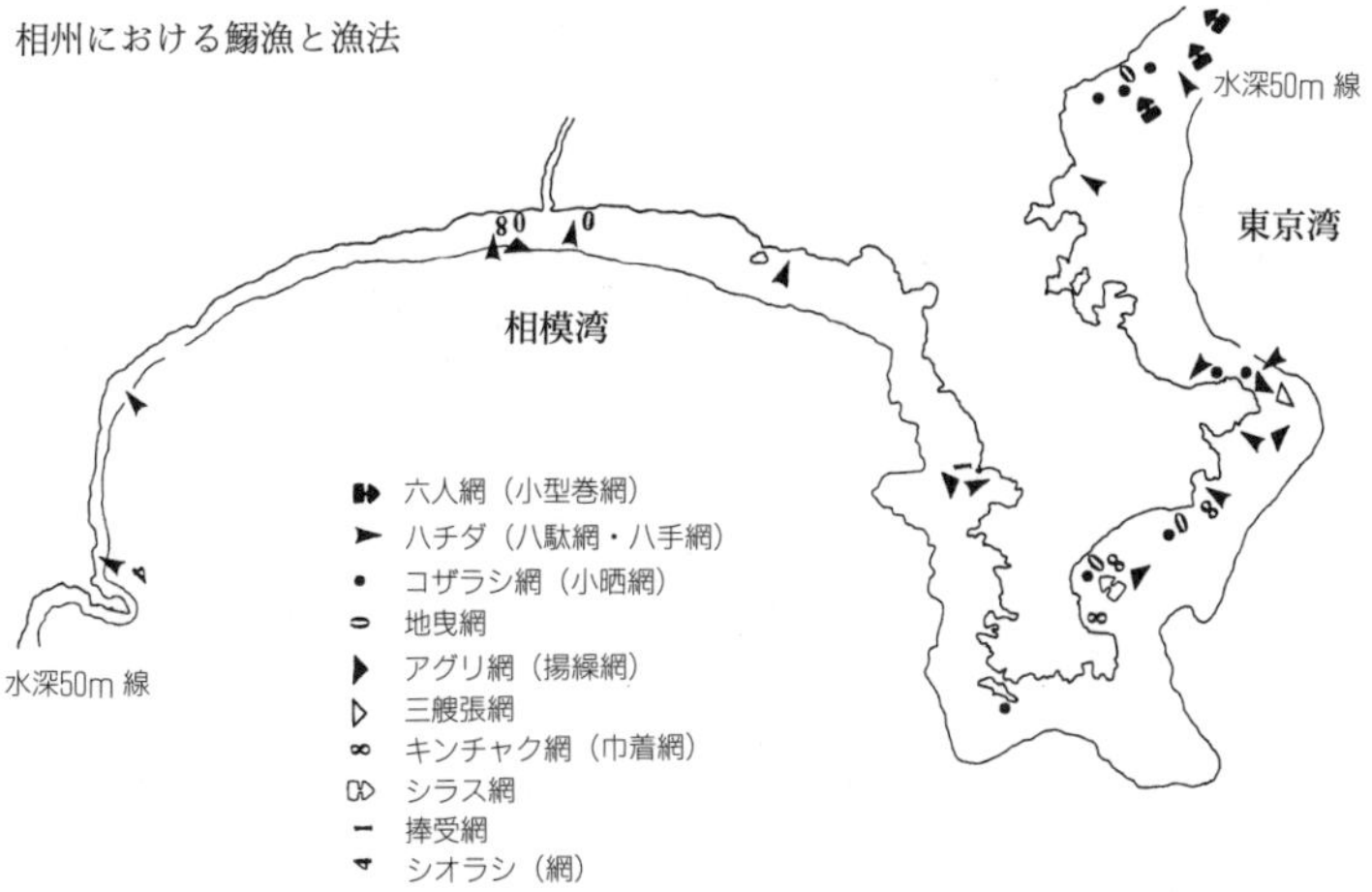

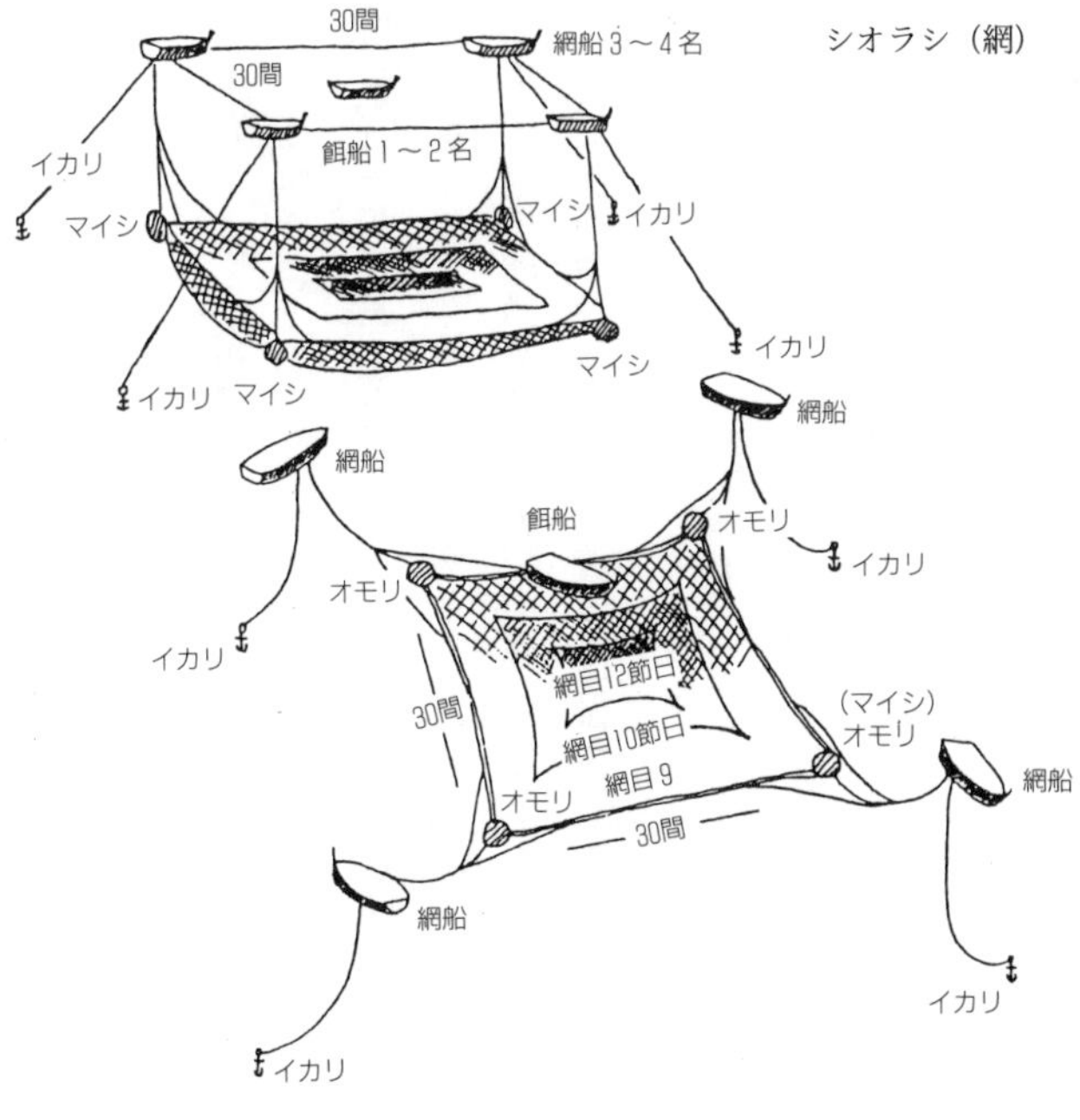

シオラシ（網）

り―（常陸《ひたち》国）、奥州路迄鰯漁業相弘り広太成御国益と罷来―（相成）申候は―（ナシ）。（其比者）諸事自分に而取賄《まかない》仕入と申儀も無之稀に干鰯引當ヲ―（を）以金子立替候、是則仕入之始に而、後年に至仕入と名付問屋より融通致立替候

とみえる。

この史料は羽原又吉《はばらゆうきち》著『日本漁業経済史』（中巻二）からの引用であるが、羽原氏は「括弧内はこの写本の原稿と考えられる文書から引用」としている。

また、羽原氏は同書の中で「この種の大地曳網はその経営上及び技術上から旅漁民には甚だ不適当の漁法で、これに従事するには少くともその土地に定着し、その部落生活と一定の関係がなければ甚だ困難な漁業である。かような事情から、九十九里地曳網漁業は、その初めはたとえ上方漁民により伝来されたとはいえ、その後の発達はいわゆる旅漁民の手から離れて土着の富裕農民の活動――農漁兼業――により行われたと見ねばならぬ」と指摘している。

相州三浦郡下浦《したうら》においてもこのことは同じで、寛永年中（一六二四～四三）に「紀州の下津浦に住んでいた七兵衛と市郎右衛門の両人が旅漁で相州三浦郡下浦（北下浦は旧野比村・長沢村・津久井村の三村、南下浦は上《かみ》宮田村・菊名村・金田村の三村をいう）にきて鰯漁をはじめた。これが関東における任セ網（まかせ網）のはじめである」としているが、当然のことながら地元とのかかわりや土地に定着していく過程が重要であることはいうまでもない。

筆者はこのことをふまえ、以前、史料にもとづき、相州三浦郡南下浦（上宮田村）における「任セ

網」と鰯漁を中心に調査、研究をおこなったことがある。

その内容は残存史料・資料（古文書・過去帳・墓碑・位牌など）の活用できる範囲で、地元の南下浦（上宮田村）で「仁左衛門納屋」（ニザエム・ナンヤ）とよばれてきた須原家（栖原家）の先祖にあたる「仁左衛門」やその一統が紀州栖原から来て、この地に定着し、「任せ網」をもって鰯漁を大規模におこなうに至った定住の過程を明らかにするものであった。

そして、この研究により明らかになったことは、須原（栖原）家の先祖は、上宮田来福寺に残る墓碑などからみて、元禄十六年（一七〇三）から宝永二年（一七〇五）頃に定着しはじめたこと、また宝永二年に建立された墓碑に「紀州栖原村　芦内仁左衛門」と記されていることから、はじめは「芦内」であったが、後に出身地の栖原村の「栖原」（須原）と姓を改名したことなどがわかった。このことは出身地の紀州栖原村にある極楽寺（浄土真宗）の過去帳とも照合し、確認している。

また今日、「栖原」を「須原」と名のり、書き改めている須原家の屋号は「ニザエム・ナンヤ」と呼ばれるほか、屋敷内には「任セ網」を洗ったという「マカセ井戸」も残っており、上宮田の長汀にそった広い屋敷地を所有し、鰯網漁がさかんであった往時を偲ばせている。

また、「須原家」の他にも三浦郡の下浦海岸には紀州方面より出稼ぎ漁民が多数下ってきた。田中武右衛門という人も、遠く紀州の下津《しもつ》浦（現在の和歌山県下津）から出稼ぎに三浦半島の下浦へやってきた一人である。

武右衛門が下浦にきたのは、紀伊国屋文左衛門が下津浦から「みかん」を船で江戸方面へ運んで金持ちになり、有名になった頃のことである。文左衛門は一七三四年に六六歳で他界したとされるが、武右衛門は、それから二〇年たった宝暦四年（一七五四）九月一〇日に鬼籍にはいり、津久井（横須賀市）の東光寺に葬られている。そのころは徳川九代将軍家重の治世で、大坂と江戸との海上交通は、すでに活発であった。

武右衛門が何歳で死んだか、どんな死因だったのか、まったくわからないが、故郷を遠くはなれたこの地で死んだ武右衛門は、いつも生まれ故郷の下津浦に思いをはせていたことであろう。

ただ、武右衛門の墓碑からみて、当時、下浦にあっても人々のためにつくし、みんなから尊敬され、地位も財産もあっただろうということだけはわかる。

それは、「田中」という苗字をもっていることである。このころの一般の漁師の墓には苗字が記されていない。おまけに丸（マル）の中に久の字をいれた屋号をもっている。このことからみると、武右衛門は漁師の頭である船頭ではなく、網元を兼ねた商人ではなかったかということも考えられる。

また、墓の大きさも一般のものに比較して大きい。武右衛門の墓は高さ一メートルの大きなもので、笠がついているが、当時の墓に笠がついているものはすくない。同じく紀州下津浦からやってきた漁師「俗名　銀助」の墓は明和元年（一七六四）のものだが、約六〇センチほどであり、近くの南下浦（三浦市）の十劫寺《じゅっこう》にある宝暦十年（一七六〇）の墓碑をみても、下津浦の「与四太郎」、同じく紀州下津浦の「俗名　万右衛門」の墓碑をみても台座を含めて八〇センチほどにすぎないし、同じように近くの法蔵院にある紀州下津浦の「俗名　半七郎」の墓は約四〇センチ。近くの往生院という寺にあ

鰯網「いわし網には大小二網あり，大をまかせと云，小をはちだと云」（『日本山海名物図会』より）

「本国紀州下津浦田中武右衛門」の墓碑（津久井東光寺）

る七世和尚の墓碑が宝暦二年（一七五二）に建立されたもので高さ一メートル、笠がついており、田中武右衛門の墓と大きさも形態もほぼ同じである。

このことから、武右衛門という人の生前の業績が、ほぼ推測できるのである。

俗名というのは、とくに苗字をもたなかった人々の呼び名であり、俗名を改めて、授けられる戒名（僧が死者につける法号）の「戒」をやっと受けられたであろうと思われる人々が同じ紀州下津浦から来ていることは、武右衛門のような人を先頭にして集団で移住してきた「漁民の出稼ぎ」とみることができる。ただ、出稼ぎといっても、下浦に葬られた人々が多いことから、移住の性格をもったものであったであろう。

上述したように、紀州の栖原《すはら》村より上宮田（三浦市）に移り住んで「マカセ網」を経営した「仁左衛門」（栖原家・須原家）のように宝永二年（一七〇五）に、来福寺に墓碑を建立して以後、完全に定住したとみられる「家」もある。

「マカセ」と呼ばれた人々は、上方の「マカセ網」（漁法）というすぐれた網漁を地元の人々に伝えたので、南下浦の松原氏（旧豪族）はマカセの世話を熱心にしたとつたえられているが、一般の地元住民は、彼らを他所者としてあつかい、はじめの頃はあいいれないものがあった。

地元の人々にしてみれば、他所から来た漁民が、長年、自分たちの住んでいる村の海で、わがもの顔にイワシをとるのを、みすみす指をくわえて見ているといったぐあいだし、マカセたちは、村に網納屋や船小屋だけでなく、家を建てたり、米その他の物資をたくわえるために大きな倉庫をつくろうとしたので、このままでいくと、村人たちは他所者に村の土地をとられてしまうのではないか、という気持ちを強めたにしてもむりはない。だから村人たちのマカセに対する態度は冷たかった。娘を嫁にほしいといわれても、かならずことわることにしていた。それは当然のことかもしれない。そのためか、紀州栖原村にある極楽寺（浄土真宗）の過去帳により、栖原村の芦内（須原）家関係にかかわる故人をみると女性も一緒に出稼ぎに行っていたことがわかる。

また、こうしたことにもかかわらず、武右衛門をはじめマカセたちは、東光寺に毎月一両の祈禱料を納め、梵鐘や銅の仁王像を寄進したと伝えられている。

「マカセ」とは、もともと「任せ」で「任せ網」の名前であるが、下浦では網の名前が転じて移住民（他所者）の代名詞のように使われてきたようである。

マカセ網にはボラマカセ網（『福岡県漁業誌』明治一一年）とよばれるものもあるが、三浦半島で使われたマカセ網はイワシを漁獲するための旋網《まきあみ》であった。

武右衛門が死んだ宝暦四年（一七五四）に刊行された『日本山海名物図会』という書物をみると、「鰮網《いわしあみ》・いわしあみは大小二網なり。大をまかせと云。小をはちだと云。此二あみを一里四方へ引也。其うけをあばと云。うけづなの中程に舟二そうつけてあみの一所へよらぬように、両方へかぎにて引也。網舩の先に立舟はまあみさかあみとて二艘也。其舟にけんぼうとていわしをぬけぬように網へ追者四五人有。伊与《(予)》の宇和嶋いわし多し。関東にては総州銚子浦より多く出る。丹後より出るいわし名物也。風味よし」とみえる。

このように、イワシ網の大型のものを「マカセ網」とよび、小型のものを「八太網」とよんだ。網船は真網《まあみ》（左舷）と逆網《さかあみ》の二艘。手船は二艘ないし四艘の合計六艘ほどで、漁夫は八〇から九〇人も必要とする沖合での大規模なイワシ旋網漁業であった。

この漁法は、地曳（引）網のように岡（岸）にいて魚群のくるのを待つのではなく、イワシの群をもとめて船で沖に出ていき、イワシをとりまいて漁獲するので積極的であり、それまでに比較すると水揚げも多くなった。この網は元文二年（一七三七）になると三浦郡で七帖《じょう》も使われるようになったと伝えられている。

マカセが漁獲したイワシは浜に干して乾燥させ、叺《かます》（古くはガマで造ったので「蒲簀《がます》」とよんでいたとされる。主に穀物、塩などを入れるのに用いた藁むしろの袋）に入れて干鰯《ほしか》として干鰯問屋のある東浦賀に集荷された。また、イワシを大釜で煮あげたあと、しぼって油をとり、そのあとに残った「〆《しめ》粕《かす》」(搾粕)も綿作りの肥料など、田畑の重要な金肥であった。

そのころ、関東地方一帯の干鰯をあつかう問屋は、海上輸送につごうのよい東浦賀にあつまっていた。上方から江戸へ酒や塩、米、日用雑貨などを運んでくる廻船(千石船とか五百石船とよばれる樽廻船・菱垣廻船・弁財船などの大型帆船)が帰路につくとき、干鰯や〆粕《しめかす》(搾粕)を積みこんで上方に送りとどけるという輸送方法をとっていたので、それには浦賀がいちばん都合のよい港(湊)であった。

このようにみると、田中武右衛門という人は漁師の頭でなく、干鰯商人として紀州の下津浦からやってきたのかもしれない。

当時はかなり上方地方の商人が浦賀はもとより、江戸をはじめ関東地方で勢力をもつようになっていたこともはっきりしている。というのも、マカセ網は大型の網であるから、それを製作するためにかなり大きな資本が必要である。その資金を漁師だけではとうてい調達できないので、商人が漁師に資金を貸し与え、網や船をつくって漁業を営ませるということも当然おこなわれていたとみることができるからである。

6 伊予・宇和島のイワシ網

上掲した『日本山海名物図会』「鰮《いわし》網」の項にも、「伊与(予)の宇和嶋いわし多し」とみえ、江戸時代

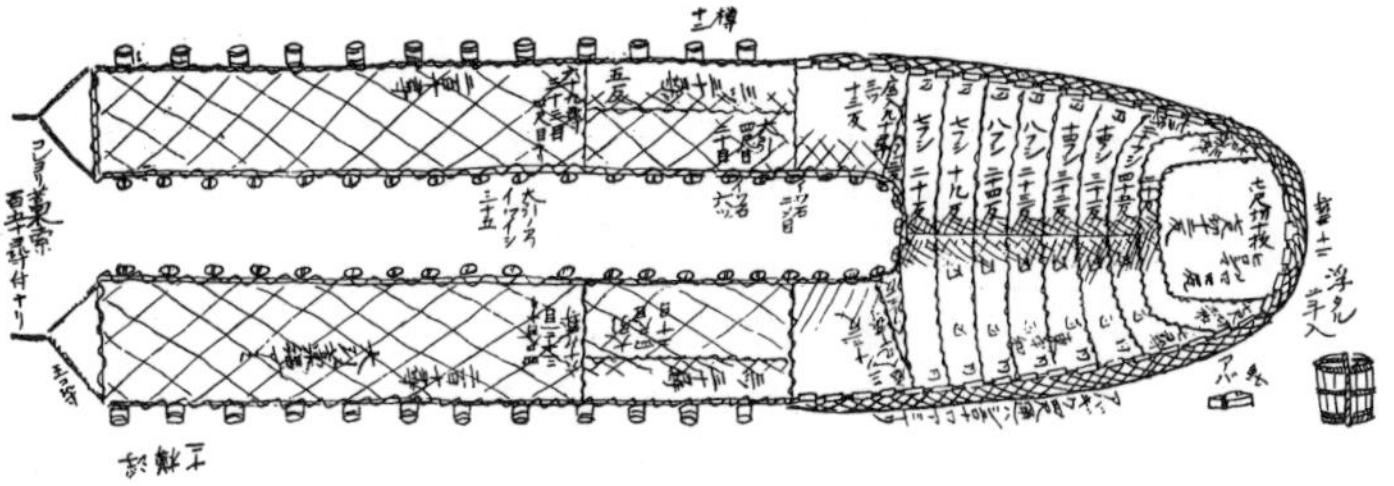

鰯船曳網（『宇和島藩・吉田藩・漁村経済史料』より）

に、すでに全国的に知られ、有名だったことがわかる。

『宇和島藩・吉田藩・漁村経済史料』（小野武夫編）には、この地方で伝統的に使用されてきた「漁具絵図」が示されており、網漁具の種類も鰯船曳網・鰯地曳網・餌床鰯捕獲網・鰯刺網・手操網《（ママ）》・八《はち》だ網・餌取網のほか、鰹釣り餌取網・にょろ網（小しき網）・大敷網・鰡《ぼら》網・鯳子《きびなご》網・鱍《はつ》立網・鱍地曳網・鱍内引網・張子打網・鱅《このしろ》網・魬《はまち》網・鯥《むろ》網・鱅懸網・目近《めじか》網・ブリ手操網・はり〆《しめ》網・打網・魣《かます》網・珊瑚捕網などがみえる。このように多くの網の種類、大きさが図説されている「絵図」は、わが国にはめずらしく、この方面の研究をおこなうものにとっては裨益するところ大である。こうした数多い網漁具のうち宇和島で名高い「鰯船曳網」の図を前掲書より引用しておく。この網の特徴は片側の裾《そで》網に浮樽が一二付けられ、イワイシが三五付けられているが、「鰯地曳網」の場合は裾網を浮かせるために浮樽を片側に一七付けているがイシイワは二つ付けているにすぎない。このことからも「鰯船曳網」を使用する時は船で曳くと網に浮力がつくので、漁網をできるだけ沈めながら曳けるように工夫されている点が注目される。

次に、宇和島地方の数多い網漁具とかかわる豊富な魚種についてもふれておこう。

鰮子《きびなご》網や鰮子打網はキビナゴを主に漁獲する網である。『離島生活の研究』（日本民俗学会編・集英社・一九六六年）の「長崎県南松浦郡樺島」の調査報告の項に「鰮《きびなご》地曳網」とみえ、この地では一字で「鰮《きびなご》」と読ませている。キビナゴ（イワシ科）の和名は高知・九州一帯・和歌山などでつかわれてきた呼び名であるが、長崎ではカナギ、静岡県沼津ではハマゴ、神奈川県の三崎ではキミイワシという名で呼ばれたという（『原色日本魚類図鑑』蒲原稔治著・保育社）。

イカナゴ（イカナゴ科）と大きさが似て五センチから一〇センチほどのものが多いことから、まちがえられやすい。イカナゴの名は兵庫・下関・松山・宇和島にもあるが、北九州ではイカナゴをカナギと呼んでいる地方もある。

鰣立網や鰣地曳網・鰣内引網などの網漁具は「鰣《はつ》」を主に漁獲するのに用いられてきた。「ハツ」という魚の和名はあまりなじみがないが、マグロ（クロマグロ）の幼魚をハツとかマグロとか高知方面でよんでいる。また、関西方面でハツというとキワダ（キワダマグロ）のことをよぶこともある。前掲の『図鑑』にもキワダを大阪や高知ではハツと呼んだとみえる。

鱅《このしろ》網・鱅懸網は鱅《このしろ》専用の網漁具。「仔鱅《こはだ》」と読ませたり、静岡県漁業組合取締所編『静岡県水産誌』中では「鰶《このしろ》」の表記で「さんま」と読ませている。

コノシロは和名になっており、幼魚はツナシ（能登方面では大きなものも呼ぶ）の方言がある。関東地方ではコハダと呼ぶところが多い。末廣恭雄氏の著した『さかな通』に、コノシロに関するこんな話がある。

今は昔、武士道華かなりしころ、ある殿様がお城で盛んな宴会をひらいた時、コノシロの塩焼きが出たそうである。ところで、一同がその御馳走を食べはじめると、期せずしてこんな会話がはじまったのである。

「コノシロを食べてみなされ、なかなかよい味がいたすぞ」むしゃむしゃ……。

「なるほどコノシロはうまいわい」どれどれというわけで、方々で、「コノシロを食べてみなされ」「うまいうまい」いう会話がとりかわされたのである。

さて殿様はこれをきいて、何の気なしに、

「では、わしもコノシロを食おう」と一人言をいって、「はっ……」と気がついたことがある。

「コノシロを食べてみなされ……」「このシロを食おう……」

殿様は思わずにがい顔をした。

「この城を食われてたまるものか……」箸を置いた殿様は、大声に一同を制してコノシロを食うことをやめさせた。そして以来コノシロをコハダと呼ばせたという。

まるでおとし話のような話だが、実際にあった話であるらしく、文化十一年（一八一四）に発行された『塵塚談』という書物にも、「武家は決して食せざりしものなり、鰶はこの城を食うというひびきを忌てなり」と出ているというが、筆者はまだ確認していない。

その他、鯆は肥後地方で「げしろ」とよび、同じように読ませている。

魬《はまち》網はハマチ、すなわち鰤《ぶり》の幼魚を捕獲する網である。ブリは年齢により、各地で種々の名をもつ。関西ではハマチ、関東では鯔《いなだ》（三〇センチから五〇センチ）、六〇センチほどになるとワラサと呼ぶ地方が多い。

鯥《むろ》網は鯥鰺《むろあじ》を捕獲する網である。小型のものをムロという。また、目近《めじか》網は「目近《めじか》」、すなわちヒラソウダ（カツオ科の和名）のことで、大阪・福岡地方で「メジカ」と呼び、関東ではソウダ、ヒラソウダ（千葉県勝山地方）のほか、富山ではマガツオと呼ばれている種類である（前掲『図鑑』）。

その他、魣《かます》網、珊瑚捕（採）網など、この地方の網漁具は種類が多く、魚種等も豊富である。

また、「によろ網」を「小しき網」ともよぶのは「大敷網」と形態が似ているが小型のものなので「小敷網」の名がある。

餌取網はカツオの一本釣用の餌とするキビナゴ（鯷子）引きをする網漁具をいう。

7　近世真鶴村の根拵網と天保大網

川名登・堀江俊次両氏と筆者の共同研究による「相模湾沿岸漁村の史的構造」という論文をもとに真鶴村の網漁についてみると、慶安年中（一六四八～一六五一）には「手繰網」が、万治年間（一六五八～一六六〇）には「ぼら網」、寛文一二年（一六七二）には「四艘はり網・海老網・ぼうけ網・ぼら網・鰤《ぶり》網」がみえるほか、貞享年間（一六八四〜一六八七）には「四艘張網」が、そして寛政年間（一七八九〜一八〇〇）にも「ぼら網」がみえる。

こうした網漁の中で特筆すべきは、文化七年（一八一〇）に「根拵網《ねこそぎあみ》」（相模大網）、文政七年（一八二四）にも「根拵網」、嘉永二年（一八四九）に「天保大網」、安政五年（一八五八）に「根拵網」（新網）などの網具の記載が史料に散見されることで、当時、こうした網漁がさかんにおこなわれていたことがわかる。

文化七年にみられる「根拵網」（相模大網）については、『日本水産捕採誌』にその詳細な報告がある。また、昭和三五年に刊行された真鶴町漁業協同組合の『定置網漁業の沿革』および『真鶴漁業史』（青木利夫著）にも詳細な記載がみられる。

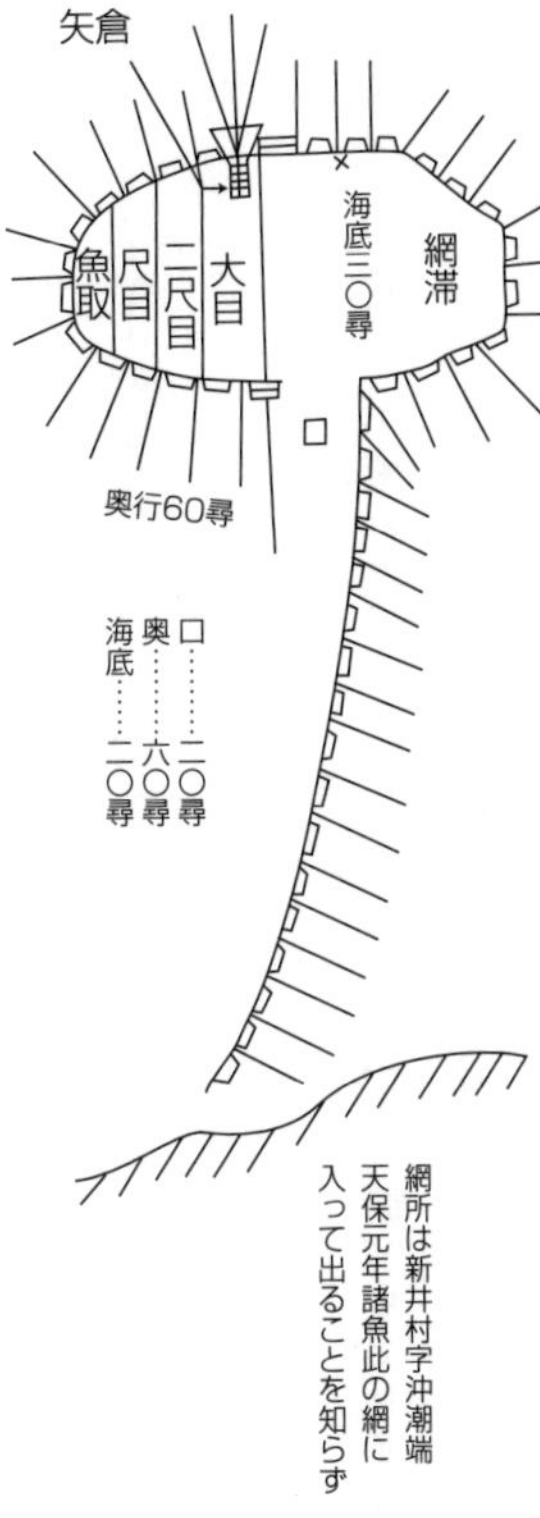

天保大網（『伊東誌』より）

それらによると、この地の根拵網は、加賀の人宮山藤七（真鶴の隣浦の福浦に墓碑がある）が富山式根拵網を伊豆山の漁場に張り立てたのち、真鶴の尻掛《しっかけ》（地名）の田広氏の祖先が文化元年に高浦漁場に根拵網を張り立て、翌年は江の浦漁場、文化七年には五味台衛門により当町（真鶴町）の地蔵下（倉松）に根拵網を張り立てたのだという。

その後も相模湾の鰤《ぶり》網漁はますます栄え、青木重左衛門により明治まで継続された。しかし、図示したごとく、根拵網にしても天保大網にしても、いずれも大敷網系統の定置網であるから、回游してきた鰤の大群が網に入っても、また出ていってしまうことが多かったにちがいない。

上述の記載をみても、その一端がうかがわれる。そのため、大敷網漁、大謀網漁を経て今日の落網漁に至るまでの過程には種々の困難に直面した漁の実際があり、その結果の工夫の積み重ねや、悪条件に対する改良や努力があった。このことは、網漁ということにとどまらず、人々の日々の暮らしそのものにも共通していえることであろう。

8　江戸湾周辺の鯛網

『日本山海名産図会』の中に、「他州鯛網《たこくのたいあみ》」として鯛網漁の紹介がみえるが、いずれも瀬戸内の地域である。まずその内容をみると、

畿内以佳品とする物明石鯛《あかしだい》・淡路鯛《あわじだい》なり。されども讃州榎股《えまた》に捕る事夥《おびただ》し。是等皆手繰網を用

ゆ。海中巌石多き所にてはブリというものにて追て便所《べんしょ》に湊《あつ》む。ブリとは薄板に糸をつけ長き縄を多く列《つ》らね附け、網を置くが如くひき廻すれば、ブリは水中に運転して木の葉の散乱するが如きなれば、魚是より襲われ瞿々《くく》として中流に湛浮《ただよい》い、ブリの中真《ちゅうしん》に集るなり。此縄の一方に三艘の舩を両端に繋く。初二艘は乗人《のりて》三人にて二人は縄を引き、一人は樫の棒或槌を以て鼓《うつ》て魚の分散を防ぐ。此三艘の一をかつら舩といい、二を中舩といい、先に進むを網舩という。

網舟（ママ）は乗人八人にて一人は麾《ざい》を打振り七人は艫《ろ》を採る。又一艘ブリ縄の真中の外に在て縄の沈まざるが為、又縄を附副《そえ》て是をひかえ、乗人《のりて》三人の内一人は縄を採り一人は艫を採り一人は麾を振りて能程《よきほど》を示せば、先に進みて二艘の網舩ブリ縄の左の方より麾を振りて櫓を押切り、ひかえ舟の方へ漕よすれば、ひかえ舟はブリ縄の中をさして漕ぎ入る。網舟は縄の左右へ分れて向い合せ、ひかえ縄のあたりよりブリ縄にもたせかけて網をブリの外面へすべらせおろし、弥《いよいよ》双方より曳けば、是を見て初《はじめ》両端の二艘縄を解放《ときはな》せば、ひかえ舟の中へ是を手ぐりあげる。後《あと》は網のみ漕よせ〳〵終に網舟二艘の港板《よよし》を遣ちがえて、打よせ引しぼるに、魚亦《また》涌がごとく踊りあがり、網を潜《かず》きて頭を出し、かしこに尾を震《ふる》い、閃々《せんせん》として電光に異ならず。漁子《あま》是を攩網《たもあみ》をもって小《こ》取舩《とりぶね》へ罽《すく》いうつす。小取舩者乗人三人皆艪を採て礒の方へ漕てよするなり。かくして捕るをごち網と云

と解説している。「ごち網」は後述する「吾智網」のこと。
『日本水産捕採誌』でも「鯛網」に関しては、

鰤立網（『日本山海名産図会』より）

鰤追網図（『日本山海名産図会』より）

讃岐国那賀郡塩飽諸島に於ける鯛漁業は瀬戸内海に冠たる盛漁にして其時に及んで漁せる魚は金《かな》山《やま》鯛と称し世に著名なり、其網に沖取網・地曳網の二種ありて自ら漁場の区域を異にす爰《ここ》に記するものは即ち沖取網にして分類上旋網に属するものなり漁業の季節は立春後六十三日即ち陽暦四月七日或は六日より鯛は産卵の為め大洋より内海に入り玆に来游すること暗に約あるものの如く以て八十八夜の頃に至る之を方言「入込」と云う。鯛の形色鮮美肉味肥腴《ひゆ》なるは此時にあり八十八夜後凡半ケ月間は鯛は産卵するの時にして漁獲頓に減ず之を方言「入淀み」と云。五月二十四日・五日より六月五日頃までは鯛内海を去て復た大洋に赴くの時にして方言之を「モゲ」と云う

とみえる。

鈴木克美氏の著した『鯛』（法政大学出版局）によれば、

鯛は、多数の雌雄が海面直下を泳ぎ回って産卵する習性の魚である。オスにはげしく追い上げられたメスが水面に半ば姿を現わし産卵し、オス同士も体をぶつけ合って他の個体の上に乗り上がるようにするので、これを〈魚島〉と呼ぶのも、けっして誇張ではない。〈縛網〉や〈五智網〉はこうして産卵群の無数の鯛が集まった〈魚島〉を対象とするもので、夢中になって泳ぎ回っている鯛を漁獲するには、非常に適切な漁法であった

と説明している。

そしてさらに「ごち網」（五智網）そのものについて、「右フリ縄の長凡三百二十尋（約四八〇メートル）、大網は十五尋（二二・五メートル）、深さ中にて八尋、其次四尋其次三尋なり。上品の苧《お》の至

鯛の五智網（『日本山海名産図会』より）

て細きを以て目は指七ツさしなり。アバあり。泛子《うけ》なし。重石《いわ》は竹の輪を作り其中へ石を加え、糸にて結い附て鼓のしらべのごとく、尤網を一畳二畳といいて何畳も継合せて広くす。其結繫《そのむすびつな》ぐの早業一瞬をも待たず。一畳とは幅四間に下垂《おろし》十間許なり」と『日本山海名産図会』は説明している。

産卵期以外の時期の鯛は主として岩礁地帯の深い場所に生息している底魚である。したがって、産卵期に浅い砂地の場所にこないかぎりは〈地曳網〉での漁獲は困難である。そのため、鯛漁に関しては江戸時代以前から特殊な網が考案され、使用されてきたのである。〈地漕《じこぎ》網〉もその一つである。一定の間隔ごとに数百枚の木片（振《ぶり》または振木・振板ともいう）をとりつけた振縄あるいは葛《かづら》縄という大縄をもって深場の海底をひき、鯛を浅い場所に追い出して集め、その後方から地曳網や旋網をかけ廻して鯛を漁獲してきたのである。

筆者の住む東京湾口の、鯛の産地として知られてきた横須賀市の鴨居（観音崎灯台のある村）では、春先に産卵のため東京湾に入ってくる鯛を「のっ込み鯛」と呼んできた。

なお、「鯛網」に関しては、前述の鈴木克美氏の高書『鯛』の中に「鯛網漁の歴史」という章だてがあるため、重複をさけて割合することにした。なお、参考までに同書のあつかっている項目を列挙すれば、葛網《かづらあみ》の発達・御用鯛・鯛地漕網《じこぎあみ》（地獄網）そして、「その他の鯛網」として、手繰網・注連《しめ》網《あみ》・縛網《しばりあみ》・沖取網・鯛刺網・鯛地曳網（車地引網）を紹介している。

また、『日本山海名産図会』中にみえる「鯛吾智網」の図と讃岐榎股《えまた》の「鯛擺網《ふりあみ》」の二図を紹介しているので参照されたい。

以上のように、わが国では「鯛網」といえば「瀬戸内海」というイメージが強いが、実は全国各地で鯛網はおこなわれていた。特に江戸時代以後、幕府の御用鯛を調達するために江戸湾内の村々でも鯛網漁がおこなわれていた。ここではその史的背景と、実際に鯛網漁に従事したことのある最後の経験者からの聞書きを紹介しよう。

前掲の『日本山海名産図会』が刊行されたのは宝暦一三年（一七六三）なので、その頃の鯛網漁の様子がわかる。

特に瀬戸内の榎股（大槌島《おおつじ》と香西浦《かさい》の間にある）の「鯛擺網《たいふりあみ》」を前掲書は図示している。これらの鯛網は慶長年間（一五九六～一六一四）の末年頃、讃岐国小豆島あたりから豊島《てしま》（香川県）にかけての海域で、紀州塩津浦《しおづうら》（和歌山）の漁民がはじめたものが広まったといわれている。そのために「紀州鯛網」の名もある。

他方、東国の江戸湾周辺に眼を移してみると、戦国期の漁業年貢の中に「加つら網」・「かつら網」・「葛網」などが散見され、戦国大名後北条氏の支配下にあって保護をうけながら、御菜魚としての鯛を漁獲していたことがわかる。年代としては永禄一〇年（一五六七）のものが今日までのところ最も古い文書である（川名登・堀江俊次・田辺悟「相模湾沿岸漁村の史的構造（Ⅰ）」）。

この地域における近世の鯛網にかかわる史料をみると、明和八年（一七七一）に木更津の漁師が富津村の御役人にあてた「一札の事」の中に、「鵜縄鯛網と申す職分」とみえ、鯛網が他の漁業にさしさわるので禁止してもらいたいとしているが、のちにこの地の漁業史をまとめた織本泰はその著『富津漁業史』の中で、「桂網使用の原因が大名の御用に基づいているので簡単にはやめられない」と指摘している。この地の鯛桂網は紀州有田郡栖原村から来た栖原角兵衛（北村茂俊）と二代目角兵衛（俊興）父子により上総国天羽郡萩生村（現在の富津市）ではじめられ、元禄時代（一六八八）以降しだいにさかんになった。

上掲の史料の他にも『東京内湾漁業史料』中に、江戸湾内（東京内湾）の鯛網に関する多くの史料が紹介されている。

たとえば、寛政一一年（一七九九）八月の「富津村より小久保村網主に係るこぎ大網出入」、同一二年（一八〇〇）九月の「上総国小久保村より富津村への桂網に関する詫《わび》証文」、享和元年（一八〇一）六月の「こぎ桂網皆止方願上」、文化四年（一八〇七）の「一、議定証文事」（こぎ桂網に付野島村等十八ケ村議定）・同九年（一八一二）十一月の「乍恐《おそれながら》以書付奉願候」（武相上総三十七ケ村より鯛桂網皆止方願出）など多くの史料をみることができる。

このようなことからも、近世の江戸湾における上総地方（東岸）でも、かなり鯛網漁がさかんであったことをうかがうことができる。

次に、江戸湾の西岸（武蔵・相模）から三浦郡にかけての鯛網漁を具体的にみていくことにしたい。

テイコンボ（網）・太鼓棒網・鯛昆棒

三浦市南下浦町金田で大正八年から一〇年頃まで、すなわち、関東大震災のおこる直前までおこなわれていた「テイコンボ」とよばれた鯛網漁は、金田湾（旧金田村）のうちでも小浜《おばま》だけがおこなっていた漁法である。小浜の集落は現在ある劔崎灯台（立原正秋の小説『剣ケ崎』の舞台）に近い。

小浜にはテイコンボ網が二統、入《いり》に一統あり、金田湾付近には三統しかなかった。

金田湾には、菊名《きくな》・金田《かねだ》・岩浦《いわぶ》・鉾《とがり》・小浜《おばま》の五つの集落が海岸にそって並んでいるが、現在〈小浜〉と通称よんでいる地区の範囲に、小字の〈入《いり》〉が含まれている。〈入〉には一五軒ほど（調査当時）の人家があるので地元では〈小浜〉の中で区別されるが、一般的に〈入〉は〈小浜〉の中に含まれてよばれることが多い。

テイコンボ網は「太鼓棒網」だといわれる。だが他の地域（たとえば横浜市金沢区柴）では鯛を主に漁獲する網漁なので「鯛昆棒」などと表記している（詳細は後述）。

漁獲物はチダイ・エボダイが主で、漁期は新暦五月一五日から一〇月頃まで。漁場は小浜地先。この地は東京湾の外湾の入口に位置しているので、産卵期の鯛が深場から東京湾の浅い場所に移動したり、また深い場所にもどったりするため、漁場としての条件に恵まれている。

漁場は地先といっても、〈ホウロク根〉から〈サカ根〉にかけての付近で、この漁場は雨崎の〈メゾ山〉がめあてになり、山をみて漁場の確認をおこなった。

テイコンボをおこなうには、網船二隻、テブネ（手船）一隻の合計三隻の漁船が必要であり、網船には各船とも、五人から六人の漁夫が乗り組むので、一〇人から一二人の漁夫と、テブネに乗る三人の漁夫をあわせ、合計一五人ほどの漁夫が必要であった。

テイコンボの時に使用する網船やテブネは各自が交代で船を使うようにし、一人の者の船ばかり使ったり、特定の共有している船を使用することはなく、株仲間の船を同じように輪番で使用した。大正時代の頃は漁業者が多く、漁業がさかんだったので、どこの家にも漁船は一隻ずつあった。

代分けは平等であったが、網代や船代を取ったかどうかははっきりしない。

小浜では、テイコンボで獲った鯛は、樽や籠（イケカゴ・一六五ページ写真参照）に入れた。特に樽の中に鯛をいれる時は、中に塩をたくさん入れておいた。

水揚げは昼間なので、夕方には準備が完了し、夜の八時に三崎から東京へ行く汽船が金田に寄ったので、それに乗せて出荷した。その頃は、イサバがいなかったので汽船〈三盛丸〉に乗せることしかできなかった。これを小浜では〈ジオクリ〉といった。

鯛をテイコンボで獲ると〈腹がはる〉といった。腹がはるというのは、鯛の腹が大きくなってしまうことであるが、これは深い場所に生息していた鯛が網にかかり、急に浅い場所にひきあげられるので気嚢《きのう》の調節ができず、空気が体内にたまりすぎてしまう結果である。それゆえ、漁獲した鯛の腹に〈竹針〉をさして空気をぬいた。竹針は皆がつくって持っていた。

テイコンボ網をおろす時、太鼓のように〈フナバタ〉をたたく。たたく棒は長さ二尺ぐらいのものであった。また、櫓《ろ》の古いものを短く切ってフナバタに結びつけ、船が傷まないように、その場所をたたいた。こうして太鼓をたたくような仕方で音をだし、鯛を網の中にさそいこむ漁法なので〈太鼓棒網〉とか〈鯛昆棒網〉とよばれるようになったらしい。このフナバタをたたく仕事は主にテブネのものがおこなった。テブネは漁の采配を取る船であった。

テイコンボに使用する漁船のうち、網船の大きさは、肩幅五尺、長さ四間から四間半の和船で、当時の小浜では、この船が一番大きな漁船であり、三挺櫓の船で〈テントウ〉とよんでいた。この船に普通は五人ないし六人が乗り組んだ。テブネの大きさも、肩幅四尺五寸から五尺、長さ四間から四間半ほどの和船で、三挺櫓。普通三人乗りであった。船は地元金田の〈船勝〉や〈横浜店《みせ》〉と呼ぶ屋号の船大工（造船所）に注文して造った。当時の船はほとんど杉材で造ったが、なかにはかなりの部分を檜材で造ることもあった。

テイコンボ網につける〈ブリ板〉（図参照）の材料は杉材であった。ブリ板の数はおよそ五〇〇枚ぐらいあったので、ブリ板の数が多いため、大きなブリ板をつけると網を引きよせる時に重量がかかるので、ブリ板の幅は一寸、長さ一尺五寸、厚さ五分ぐらいにした。ブリ板は棕櫚縄を用いてワラズナに縛った。

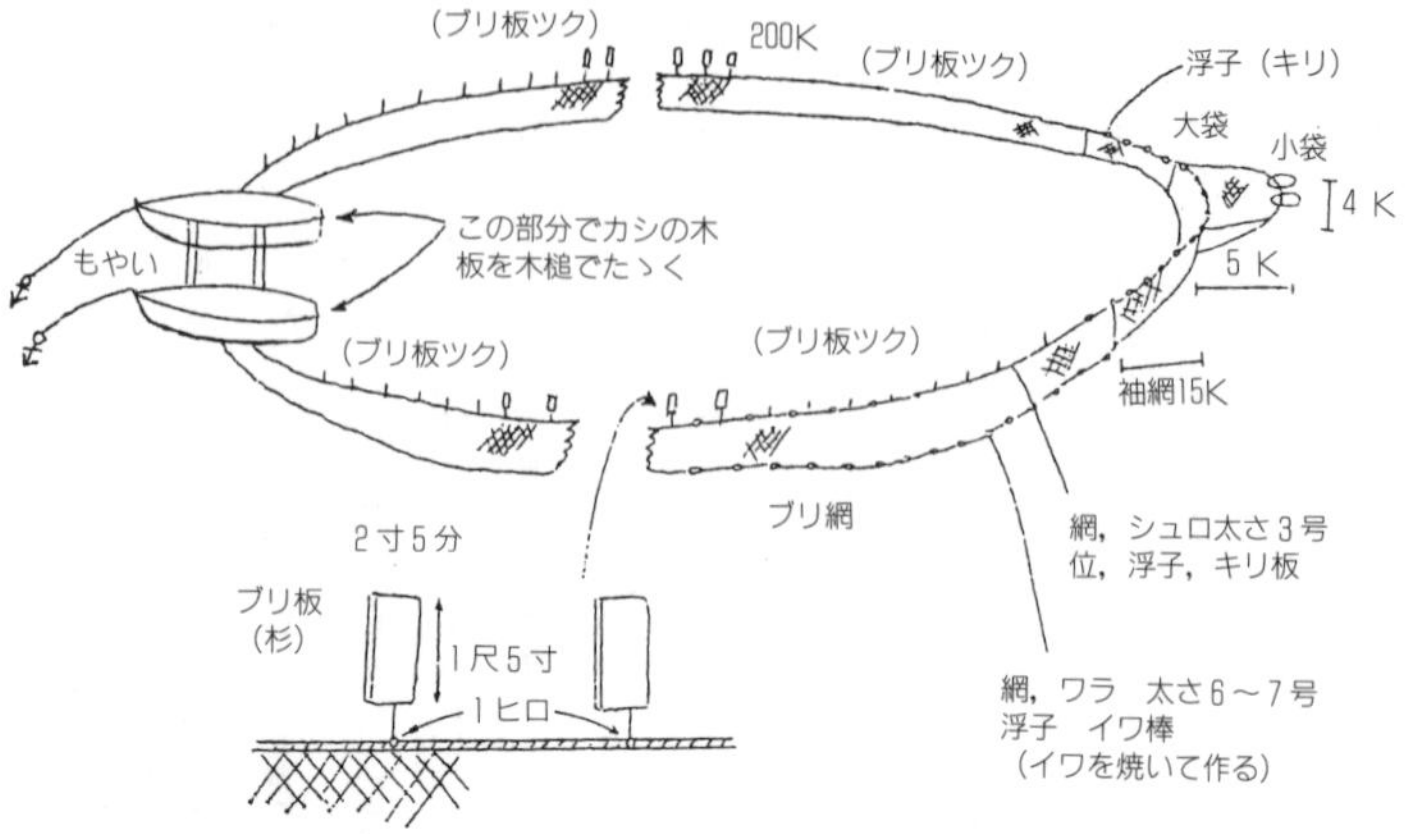

鯛昆棒網（タイコンボウカヅラ・地漕網）
（『東京内湾漁撈習俗調査報告書』より）

網漁に使用されるウケダル

テイコンボ網は大正一〇年頃までつづいたが、その後しだいに衰退していった。その原因は第一に、明治の末期頃から〈ハイカラ〉と呼ばれる網が普及して、タイやブリ漁がおこなわれるようになったこと、第二に〈キンチャク〉（巾着網）が使用されるようになり、イワシ漁が盛んになったことなどがあげられる。

その他、〈テイコンボ網〉に関する操業調査の結果をまとめると、テイコンボに使用するブリ板は杉材を使ったが、材料を入手しにくいので四斗樽の蓋をこわし、それを廃物利用して用いたりしたという。

漁を開始する時期は毎年五月の八十八夜が過ぎてからであった。網船

東京内湾（江戸湾）内には，テイコンボの他にも「カナザライ」（網）という網が新規に工夫され，タナゴ漁専門の網であったことは知られているが，文政二年にみられるこの網も『富津漁業史』には「詳ならず」と記されている．

テイコンボ（網）で漁獲した鯛を入れた「イケカゴ」（三浦市金田）

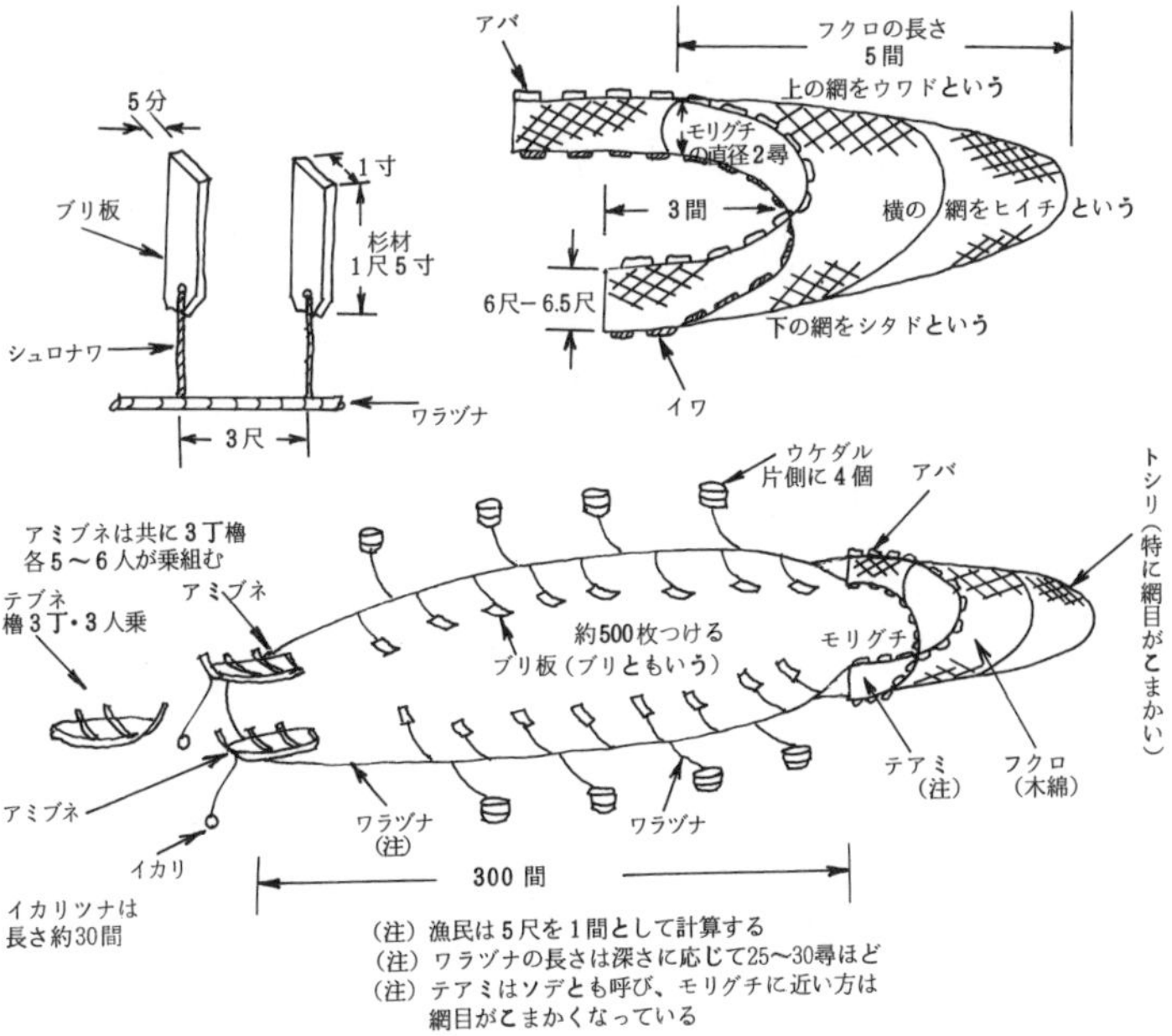

テイコンボの図解

は、はじめ二隻でモヤッテ（一緒になって・結びついて）いくが、網を海中にいれてからも、海底で網（テアミ）（図参照）が広がり、〈モリグチ〉が大きく口をあけるまでは二隻が並んで櫓をこいだ。その後、網船はできるだけ大きな輪を描くようにしながらブリの付いたワラヅナをおろしていった。ワラヅナをたぐり、網をあげる時はウケダル（写真参照）を目安にして両方の網船が同じようなテンポでワラヅナを手繰るようにした。ワラヅナを手繰って、片方に四個ずつついているウケダルのうち三個が船にあげられると、それを目安にして、テブネはフナバタを太鼓のようにトントンと叩いた。

漁獲した鯛はイケカゴ（写真参照）に移し、東京へ船で送ったが、テイコンボ網漁はずいぶん利益があったという。

また、参考までに東京内湾の横浜市金沢区柴《しば》における「鯛昆棒」（鯛葛）についてみると、明治十一年の漁業営業願にみえている。これは明治（この頃は五組あった）から大正にかけておこなわれていた。タイを主にタコ・ヒラメなどの採捕を目的としたもの。これは沖の瀬（島根又は下根ともいう、釜根、根先の付近）の沿辺による魚をとるもので、先ずあげ汐、引き汐により、場所を定めてカズラ網を入れる。網は大袋（三尋位・いまの手操網の倍位）に子袋が二つついており、夫々その先にワキ網（ソデ）がつき、更にその先にブリ網（これは網にところどころ板を立てる。三十尋のもの十三本の内で、手もとの三本だけはブリをつけない）をつける。これを二隻の船で左右に廻り張りまわし、瀬の上で両船が錨を投げてモヤイをとり、汐なりに網を引きよせる方法である。なお、網を引きよせるときは、船の上でカシの木の板を木槌でたたき、魚が逃げないようにする。この方法は明治の終りまでおこなわれた。漁期は、春カズラ（三～五月）・秋カズラ（九月～十一月）の二つで、後半では秋カズラだけになった。これは、明治十四年十二月、神奈川浦集会浦々契約三十八職の器械子細書によれば、「網長さ凡片網二百尋、木製のブリ長さ一尺幅一寸、片網へ六間程付、網袋長さ五間、横四間、袖十五尋、桐の木アバ二十四枚程、土イヤ付、網の目十目八ツ目」とみえる。（神奈川県教育委員会『東京内湾漁撈習俗調査報告書』）

このように、東京内湾のうち、神奈川県側における「鯛漁」についてみると、上述した三浦市南下浦町金田（旧相模国三浦郡金田村）と参考に掲げた横浜市金沢区柴の二村だけが鯛の網漁業をおこなっていただけで、横浜市本牧町や横須賀市鴨居など、鯛漁の有名なところでも、鯛は延縄漁か一本釣漁によって漁獲されているにすぎなかったのである。

第V章　河川・湖沼での網漁

1　四万十川のアユ地曳網

わが国の数多い河川のうちでも、アユの地曳網漁は、四国の四万十川だけの漁法であった。四万十川の特色は河口から中流域にかけて、比較的河（川）の幅の広さがあり、洲が多いこともあり、地曳網を両岸で曳いたり、洲の上や河岸にあげることができたためである。あわせてアユをはじめ捕採対象物が豊富であったことから「川漁師」と呼ばれる専業の漁業者が暮らしをたてていた。

その川漁師の一人である山崎武氏が著した『四万十　川漁師ものがたり』によると、山崎氏が青年の頃までは、漁具の使用制限などはなく、だれがどんな網を使っても、認可も許可も必要なく、地曳網も刺網もまったく自由であったという。あったのは期間制限で、アユは六月一日が解禁日であり、産卵期の禁止は今日と変わることがなかったという。

四万十川で地曳網や刺網に規制がおこなわれるようになったのは昭和の年代にはいった頃で、知事の認可を必要とすることになった。その後、戦後になって漁業法が改正され、内水面漁業（河川・湖沼）にも漁業権に対して免許が必要になり、漁業協同組合が誕生した。

昭和五六年九月現在における四万十川での漁業権は、アユ網漁だけでもかなりの件数にのぼる。アユ地曳網六件をはじめ、アユ火光利用建網四三五件・アユ瀬張り網四五件・アユ巻刺網三件である。

山崎氏が「アユ地曳網」をおこなっていた昭和三〇年代までは、地曳網の漁獲高が他の網漁に比較

洲の広々とした四万十川下流

して、はるかに多く、一網で二〇〇キロも漁獲したことがあったという。しかし、その後、河川での砂利の乱掘が地曳網の漁場を奪ったことにあわせ、操業に人手がかかるわりに漁獲が減少してしまったことも「アユ地曳網」を衰退させた大きな理由であった。

高知県教育委員会が平成一〇年に刊行した『四万十川民俗文化財調査報告書』によると、「アユ地曳網」漁をおこなっていたのは、河口から佐田上流の三里《みさと》付近までの六件であった。

この「アユ地曳網」を地元では「大網」ともいい、この漁法は八束坂本・不破・具同・下田・竹島・三里の六地域でおこなわれていたというが、それ以外にも入用でおこなっていたことがあるという。

十数年前まで三里地域付近で一統だけ観光用におこなってきたが、平成七年を最後にこの観光用の「アユ地曳網」も休業している。筆者が平成一二年に調査した際にも、「漁獲が激減しているので観光用にもならず操業できない」と話していた。

ところで、この「アユ地曳網」のことであるが、前掲報告書によると、地曳網は多人数で網を曳きあげるため、アミモト（網元）と称する網主がいる。網主は代々世襲的に、特定の家が保持するものであるが、この権利の共同出資者の代表者であるともいうが定かでない。アユは水面ではねるようにして群れになり、下ってくるのでそれとわかる。なお、四万十川漁協連合会の共同漁業権行使規制では、網の高さは二十メートル以内、浮子丈百五十メートル以内となっている
と記されており、同報告書の四万十川本流・中村市下流域（竹島）の聞書きには、
アユが群れて下ってきたら、水面へポンポン飛びあがるからすぐにわかる。これを〈アユが沸《わ》く〉という。皆で川を見ていて〈アユが沸いた〉ら、船に網を積み込み、アユの群れを取り巻くように上流から下流へ向けて網を降していく。網は長さ一《マヽ》キロぐらいあった。例えば二十人が網を曳くことに参加していたら、網の両側に十人ずつ分かれて、岸に網を曳き寄せた。アユが沸くことが多いと一日に三回〜五回もして、逆に沸かなければ、まったくしなかった。潮の干満がきついと網が流されるので、満潮や干潮になって、流れが少なくなったときにする。その方が網を曳くのも楽だった。
七月〜九月の昼間の漁であり、多い時は一日に二十〜三十キロも獲れた。今は赤鉄橋の辺の辺りまでしかアユは産卵に下ってこないが、昔は川の水量が多く、竹島辺りまでアユが下ってきたので地曳網ができた。
竹島では、安田ハルマという人が一統だけ網を持っていた。皆、暇なときに網を曳くのを手伝って魚を分けてもらった。漁獲の半分を網元がとり、残りの半分を曳き子が等分した。昭和十年頃の大水で網が流されてから後には、網は作られていない。

四万十川のアユ地曳網
（昭和初期）
幡多郷土資料館資料
（坂本信生氏複写）

とみえる。

「アユ地曳網」漁に関しては、聞書きの内容に若干異なる点があるので、信憑性を高めるためにも、前掲の川漁師本人（山崎武氏）の著書からの引用をしておこう。

一網とは魚群を見つけて網を入れてから引きあげるまでの操作をいうので、この間約三、四十分かかる。

その頃（昭和の初期）はまだ綿網を使用していたので、腐蝕が速く、それを防ぐために一日の作業が終ると必ず河原に干して乾かさねばならなかった。

全長八十メートル、魚捕り部の高さ十メートル、糸の太さ二十番手六本乃至八本、節目十節であったから、二十人の舟子《かこ》では重労働であった。この地曳網の製作費が資材代だけで百円もかかったので、田舎ではかなりの資産家でないと手の出せない漁法であった。

……アユの群れが近づくと、待機していた網船は櫓と櫂を使って矢のように魚群を取り巻くのである。アユ地曳きの操法はいつの場合でも上手から漕ぎ出して下手に向かい半円形に岸につけ、片側に十五人ぐらいずつの舟子《かこ》（曳き子と呼ぶ）を配し、岸に引き寄せるのである。このくだりの群れを巻く時は群れの中心部を突き切るようにして網を入れていかないと、群れの半分を下方に逸すことになる。それほどくだりの群れのスピードは速いのである。こうしたくだりの行動は大体午前中に終る。のぼりが始まるのは午後三時である。のぼりの群れの構成は塊状から帯状に移る。

これは水深が七メートルから十メートルもある漁場での観測であるから、目で確認することはできない。この場合、漁具である地曳き網を一歩も移動させないで連動的に操業することによって立証できると思う。

大体、地曳き網一回の操業単位時間は三、四十分である。午後三時から始まるのぼりの漁獲は帯状の先頭部から始まり、四時から五時をピークとして日の暮れとともにピタリと停止する。この間は寸秒の油断もなく網を置いては揚げ、揚げては置くのであるが、ピークまでは一網ごとに漁獲量がふえ、それから夕方にかけては逐次減少してゆく。この状態は毎日変わらないのである。右は「アユ地曳網」に従事した山崎武氏自身の著書からの引用であり、最も信憑性の高い記録とみてよいであろう。

「アユ地曳網」は海でおこなわれる地曳網とちがい、アユが「沸く」のをみつけると、川の上流からアユの群れを囲むように網入れをおこなうことである。このとき、アユの群れが川の下流へ逃げる前に網をすばやくまわさなければならないので、スピードと熟練を要する漁法である。

2　アユの笠網漁

愛知県新城《しんしろ》市の出沢《すざわ》という地区に「出沢《すざわ》鮎組合」があり、当地、奥三河の寒狭《かんさ》川でアユを「笠網」ですくう漁が新城市の無形民俗文化財に指定されている。

このアユ漁は、地元で「笠網漁」といわれ、頭にかぶるアミガサ状の掬網《すくいあみ》を用いる。アユが滝をのぼるために、はねあがった瞬間を、空中で捕獲するという、めずらしい漁である。

村人の伝えによれば、この漁は三五〇年もの伝統があるという。この地域は三五〇戸の小村だが、このうち四二戸が今日でもアユ漁をつづけている。毎年、アユが海から川をのぼるのは三月から六月にかけて、五月から七月頃は川の中流で成長し、一〇月〜一一月に下流で産卵する一年魚である。

この、アユが川をのぼる約三カ月間、四二戸の家の人々が、毎日三人ずつ「鮎滝」に笠網を持って出かける。漁場は「鮎滝」だけなので、滝でアユがはねるのを待ち、すくうのである。滝から落ちる水は水圧が強いので、網を水中に入れることはない。流れも速いので網を水につけると重くなり、作業ができないためでもある。

笠網は重量をできるだけ軽く作り、作業をしやすくする必要があるため簡単に作る。枠や取手（持ち棒）は竹材。アミガサ状の網の部分は編笠に似て浅い。大きさ、棹の長さには個人差があるが、軽いのが特徴といえる。

このように、水につけない網漁は他にもあり、バシー海峡の紅頭嶼（現在の蘭嶼《ランユー》）でおこなわれてきたソモオ（Somoo）とよばれるトビウオの松明《たいまつ》漁法はよく知られている（二二八ページ写真参照）。

3　多摩川のシラタ網

東京都と神奈川県の境に位置する多摩川は、下流では六郷川ともよばれる。この多摩川に昭和年代まで「よせ網漁」があった。地元では、この川漁に使用する網を「シラタ網」の名でよんだ。

まず、この網漁をおこなうには、上流部分の川を対岸までトメアミとよばれる網で仕切り、下流から二〇人ほどの人々が川幅いっぱいに一列に並び、シラタ網をそれぞれが持ち、網を川底につけて曳きずるように上流に向かって徒歩で進む。網の長さは川幅にあわせて製作されるので数十メートル。丈は約二メートルほど。トメアミの張ってある場所まで進むと、コイなどが漁獲できた。

また、同じ多摩川では、サデ網といって、二叉になった網の一部にオモリ（錘）をつけ、川底をひきずるように上流にむけて進むと、アユなどの魚が驚いてサデ網の中にとび込む。こうした川漁は全国各地の河川でおこなわれてきた。秋田県では同じような川漁のことをゴロビキとよんでいる。

4　アイヌの網漁

アイヌが河川で用いる流網をヤシャ（Yasya）とよぶ。網そのものをヤ（Ya）といっている。古くはモセ（Moss イラクサ）やハイプンカル（Haypunkar ツルウメモドキ）などのように水につけてもくさらない樹皮の繊維をとりだし、糸に撚《よ》って網材とした。また網を製作するための網針を「アパリ」（Appari）とよぶのは後に伝えられたためであろう。北海道沙流川《さるがわ》流域の二風谷《にぶたに》周辺地域で使用された流網は長さが約三メートル、横幅約一・五メートルほどでごく小型。網目は一二〜一三センチほど。この網を用いて漁をするときは丸木舟二隻を並べ、その間に網を流しながら河川の下流から上流にむかって丸木舟を移動させる。主にサケ漁に用いられた。この他に、網の大きさは漁場の条件や魚種によって多少のちがいはある。しかし、大きな網でも長さが八メートル、横幅二メートルほど、水量の豊富な場所で使用されたが、北海道では熊でもサケを捕獲するのだから、この程度の網でよかったのかもしれない。

5　北上川流域のサケ網漁

石巻市の日和山《ひよりやま》にのぼると、北上川の河口が眼下に望まれる。北上川はここ宮城県から岩手県にまたがる有名な河川だが、伝説や巷説で知られているわりに流域でおこなわれてきた伝統的な川漁などについてはまったくといってよいほど知られていない。

北上市立博物館（当時）の本堂寿一さんによると、江戸時代の北上川は、中流・下流域が仙台藩で、

石狩川河口の鮭漁 「鮭を袋網の中より捕えて囲の中に運ぶ図」(『風俗画報』70号，明治27年)

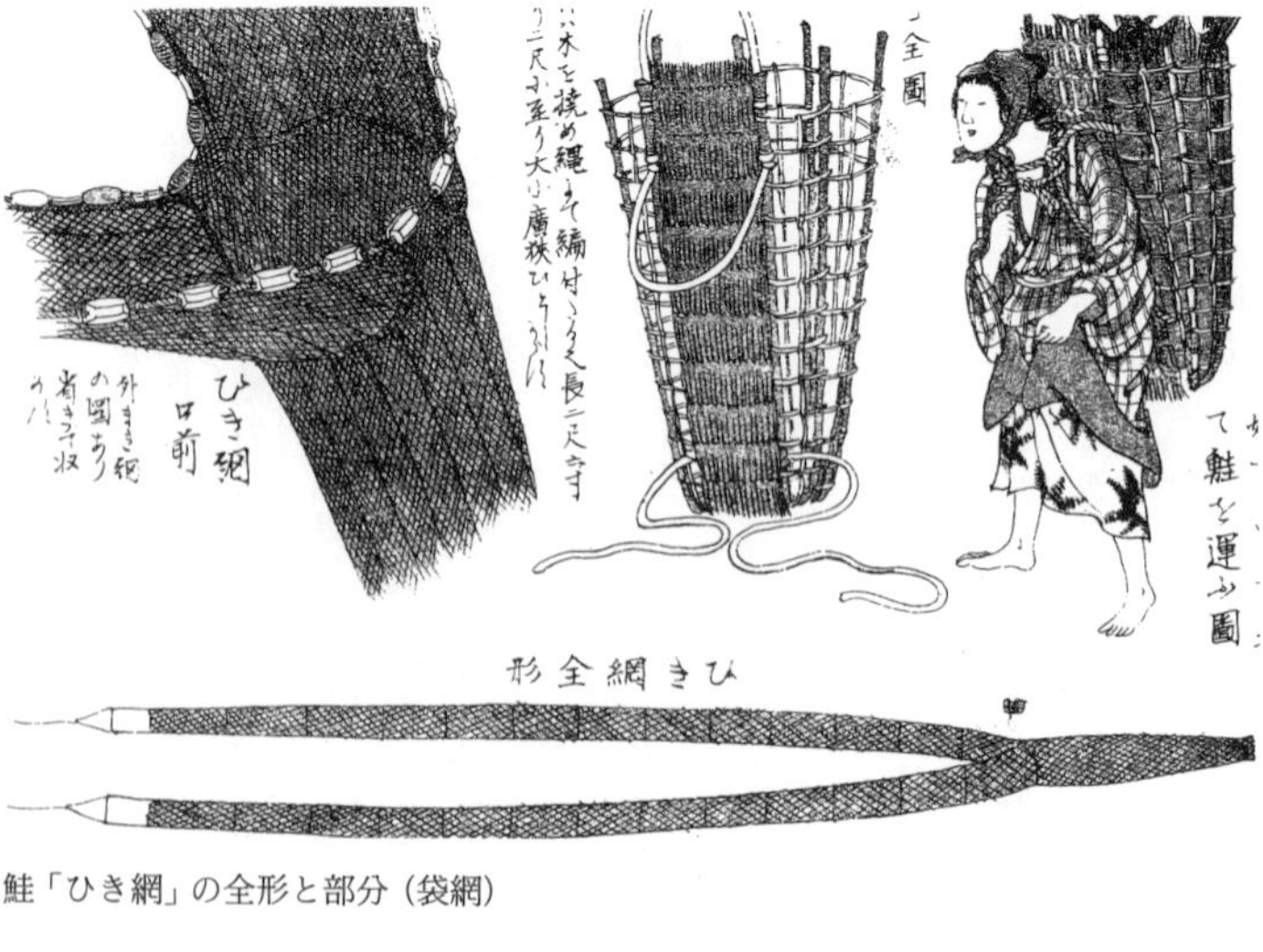

鮭「ひき網」の全形と部分 (袋網)

上流域が南部藩の領地に属し、この川でのサケ漁は両藩の強い規制下にあったという。
江戸時代から伝統的におこなわれてきたサケ漁には、船を用いる大引網《おおびき》・居繰網《いぐり》・刺網・流網と巻持網《まきもち》（大型の四つ手網）などの網漁があった。
本堂さんのまとめた『技術と民俗』（上巻）によれば、サケ用の大引網は、一張の長さがおよそ五間（約九メートル）で、丈が一一尺（約三・三メートル）であった。網目はサケを漁獲するので一寸八分（約五・五センチ）とかなり大きい。この網を五〇間から一〇〇間の長さにつなげると九〇メートルから一八〇メートルほどになる。この網を船に積んで上流から巻き、下流の川原に漕ぎ寄せ、サケを岸に引き寄せて捕獲するというもの。船の漕ぎ手、網を船から降ろす者、川原で引く者など、一五、六人でおこなう大がかりな網漁である。
またサケの居繰網は紡錘形になっており、網の長さは七間（約一三メートル）、両端の幅は二尺二寸（約六七センチ）、中央の幅は一〇尺（約三メートル）の小網。この網を閉じると袋状になるのだという。この両端に支えの竹竿を結びつけ、船二隻で左右に張り切って、遡上《そじょう》するサケに向かって進み、サケが入ったら閉じて捕獲する。サケの居繰網漁は夜間におこなわれる漁で、一度に二匹ないし三匹のサケが入ることもあるという。しかし、各船に乗る二人（網立《あみだて》、イグリザオという竹竿を持つのでサオダテとも呼ぶ）と漕ぎ手（ケカキ・カイカキのこと）の呼吸と、他の船の合計四人の呼吸があわないと成功しないという。

サケを捕獲する巻持網漁は、大型の四つ手網だという。本堂さんによると、二間半から三間（約四・五〜五・四メートル）の杉の長木四本を十字に固定して張木《はりぎ》とし、三間四方の底網を高さ二尺のかき網（建網）を三辺にまわしたもの。この網をサケの群が休もうとする巻（淵）に沈め、かき網の脈糸でサケが入ったのを察知してすくいあげる。

網の上げ下げには、船や岸辺に柱（梃子《てこ》）を固定し、滑車を用いる所もあったが、北上川の中流域では、巻の岸辺に松丸太二本を立て、その上に小屋がけをして網をおろした大がかりなものであった。しかし、「北上夜曲」の流行した昭和三〇年代後半には、これらの網漁はおこなわれなくなってしまったのである。

越中神道（通）川の鱒漁（乗川網）（『日本山海名産図会』より）

6　越中神通川のマス網漁

今日ではJR富山駅の「駅弁」として全国的に有名な「マス鮨」（ますの寿司）は、江戸時代の頃から、すでにその名を知られ、江戸幕府の将軍に献上されるほどであった。

また、明治時代以降は鉄道の発達とともに富山駅をはじめ、北陸地方の名物として各駅においても「マス鮨の駅弁」が売られるようになった。

『日本山海名産図会』には「越中神道《しんとう》川之鱒」と記されているが「神通《じんつう》川」のことである。同書によると、鱒には

海鱒、川鱒の二種あり。川の物味勝れり。越中、越後、飛驒、奥州、常陸等の諸国に出れども、越中神道（通）川の物を有品とす。即鯌《しおびき》として納め来たる。形は鮭《さけ》に似て住む処もおなじきなり。鱗細《こまか》く赤脈瞳《ひとみ》を貫き、肉に未刺《こぼね》多し。

是を捕るに乗川組《のりかわあみ》（網）というて、横七八尺、長五尋の袋網にて、上にアバを附、下に岩《いわ》をつけて其間わずか四寸許なれど

もアバは浮きイワナは沈みて網の口を開けり。長き竹を網の両端に附て竹の端をあまし、人二人ずつ乗たるスクリ舩と云小舩二艘にて網をはさみて魚の入るを待ちて手早く引あげ、両方よりしぼり寄《よ》するに一尾或は二三尾得るなり。魚は流れに向て游《ゆ》く物なれば、舟子《ふなこ》は逆櫓をおして扶持す。鱒の古名は腹赤《はらあか》と云。

とみえる。

鱒は鮭と同じように河川の上流で孵化してから幼時に河川をくだって海にはいり、成長して再び河川を溯って産卵のために帰ってくるので、その時をねらって漁獲する。鱒の中には陸封といって湖などで一生を暮らすものもいるらしい。鱒は日本海側では山口県の阿武川でも漁獲されていたが、太平洋側では利根川あたりが南限であった。

第Ⅵ章　捕猟と網

――鳥類を捕える網

序章で述べたように「網」は魚を捕らえたり、網漁した魚を掬ったりするだけではなく、大は四足獣をはじめ、多くの種類の鳥類を捕らえたり、小は昆虫類を捕らえるなど、有用、無用に関係なく捕採することを目的として用いられてきた。

また、最近では網がモノの保護や保管のために用いられたり、鳥獣からうける実害を防ぐためにも用いられるようになった。四足獣による作物の被害や、林業農家が苗木を保護するように、防護柵ならぬ「防護ネット」を畑や植林地に張りめぐらしたりしている。

また、全国各地の自治体などではゴミをカラスによるいたずらや被害から守るために網が使用されるようになった。筆者の住む家の近くにある神奈川県立観音崎公園も、最近になってゴミ箱の上に網を張るようになった。これもカラス対策である。

以下、鳥類捕獲の網類について見ていくことにしよう。

鷹《たか》

狩猟伝承研究の大家である千葉徳爾氏による『日本山海名産図会』の註解によれば、「現代では鷹が商品＝産物であるということは奇異な感を与えるであろうが、江戸時代までは武家社会において大きな需要があり、これを飼うことを職業とする鷹匠、この餌をとる職業である餌差などの住民があって、城下町の一部にその名が残っているほどの人口がこれによって支えられていた。大きな藩や天領の山中には鷹が巣を営んで子を育てる『巣鷹山』が指定されて、禁猟、禁伐区が定まっていた」とい

張切羅をもって鷹を捕る
(『日本山海名産図会』より)

う。

鷹という鳥名は、ワシタカ目のタカ類の総称で、ハヤブサ・チョウゲンボウ・オオタカ・サシバ・ノスリなどの類をいう。芭蕉の句に「鷹一ツ見付てうれしいらご崎」とうたわれた伊良湖岬は今日でも野鳥観察を趣味としている人々のあいだではサシバの「ワタリ」が見られる地点として有名なので、芭蕉が見たのもサシバかも知れない。

ところで、鷹狩はアジア各地で王侯の楽しみとされ、わが国でも「江戸時代にも将軍以下が定例的にこれを行ったし、朝廷にも鷹司の職があって古くからの飼養方式を伝えた。しかし他方ではこれらの需要に対して鷹を捕えて飼養供給する住民が山村に居住したらしい。また、中世にはその餌養順育を任とする部民があって各地をめぐったらしく、信州の滋野・海野・望月・諏訪(神《じん》)などの氏族がこれを伝えていた。その伝書の一部は『群書類従』鷹部に収められている」(同註解)とみえる。

『日本山海名産図会』(巻之二)には「張切羅《はりきりあみ》をもって鷹を捕る」という見出しの図会が示され、

甲斐山中《やまなか》、日向、丹後、伊予等に捕るもの背小鷹にして、大鷹は奥州黒川、上黒川、大沢、富沢、油田《あぶら》、年遣《とつかい》、大爪、矢俣等にて捕なり。しのぶ郡《こおり》（福島県信夫郡・現在の福島市周辺部）にて捕者凡てしのぶ鷹とはいえりとみえる。

また、網については、

羅《あみ》ははり切羅（傍点筆者）といいて目の広《ひろさ》一寸或二寸、すが糸にても苧《お》にても作る。竪三四尺横二間許なるを張りて、其下に提灯羅《ちょうちんあみ》とて長三尺ばかり、周径《わたり》（径）一尺斗のもめん糸の羅に鶸《ひよどり》を入れ杭に結い附、又其傍に木にて作りたる蛇の形《なり》のよく似たるを、竹の筒に入れて糸をながく附て夜中より仕かけ置き、早天に木末《こずえ》を出て求食《あさる》を見かけ、志かき（猪、鹿などの通路の要所に、射る者の姿をかくすため柴などで垣を設けたもの）の内より蛇の糸を引て鶸《ひよどり》のかたを目がけ動かせば、恐れて騒立《さわぎたつ》を見て鷹是を捕んと飛下《とびおり》て羅《あみ》にかかる……

とみえる。

鳧《かも》

鳧もまた多くの種類の総称である。カル（ガモ）・オシドリ・コガモ・クロガモ・ミコアイサ・ツクシガモなど多数の種類がある。

本書では、以下「鴨」の字をあてるが、鴨は水鳥のことを指す場合が多く、野がもには『日本山海名産図会』の鳧の表記が正しいのだという。

さらに千葉徳爾氏によると、前掲書中に「峰越鴨」と題された網による捕獲方式は『万葉集』に「坂鳥」と呼ばれた古来の方法で、この鳥が羽の割合に肥満して高く飛ばず、地形的に最低の鞍部をめがけて飛行する習性をたくみに利用した方式であるという。このように網を用いて鴨を捕獲するのは伊予の山間でおこなわれていたほか、北陸から山陰の各地で海岸の湖沼地帯にのぞむ丘陵地に類似の方式が近年まで残っていたので、後に紹介したい。現在ではこうした網による鴨猟の伝統は宮内庁などに残るだけとなった。

前掲の『日本山海名産図会』によれば、

鴨は摂州大坂近辺に捕るもの甚美味なり。北中島を上品とす。河内其次なり。是を捕るに他国にては鴨網《かもあみ》といえども、津の国にてはシキデン（網を何テンというのはテンノアミの略らしい。『心中天網島』もこれを張るような場所ではなかったか——千葉徳爾註解）とて、横幅五六間に竪一間斗の細き糸の羅を、左右竹に附て立る。又三間程ずつ隔てて三重、四重に張るなり。是を霞《かすみ》とも云《いう》。……又一法無双がえしというあり。是摂州島下《しましも》郡鳥飼にて捕る法なり。昔はおうてんと高縄を用いたけれども、近年尾州の猟師に習いてかえし網を用ゆ。是便利の術なり。大抵六間に幅二間許の網に、二拾間斗の綱を附て水の干潟、或は砂地に短き杭を二所打、網の方を結び留め、上の端には竹を附け、其竹をすじかいに両方へ開き、元打たる杭に結び附、よくかえるようにしかけ羅、竹、縄とも砂の中によくかくし、其前をすこし掘り窪め、穀稗《こめひえ》などを蒔きて鳥の群るを待て遠くひかえたる綱を二人がかりにひきかえせば、鳥のうえに覆いて一つも洩らすことなく、一挙

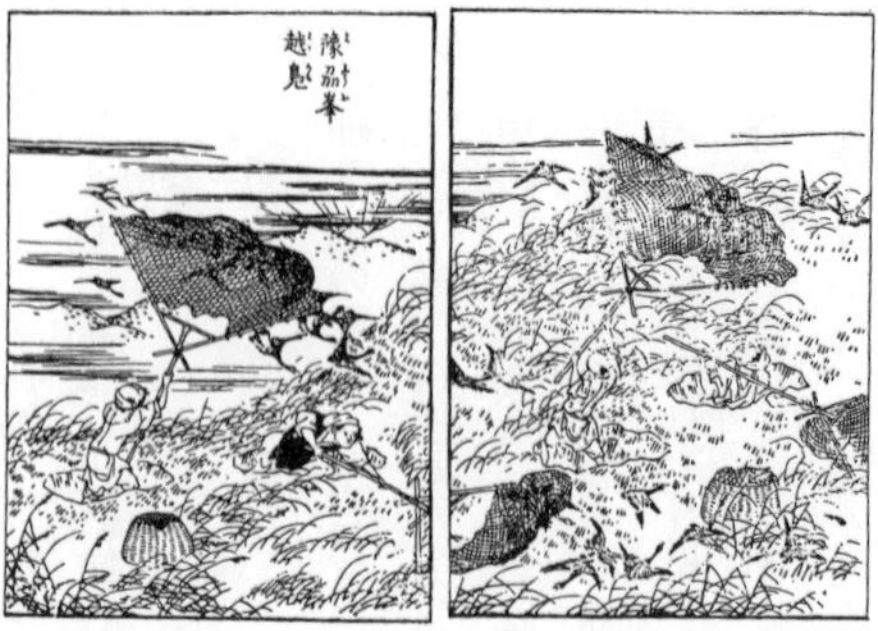

予州峰越鴨（『日本山海名産図会』より）

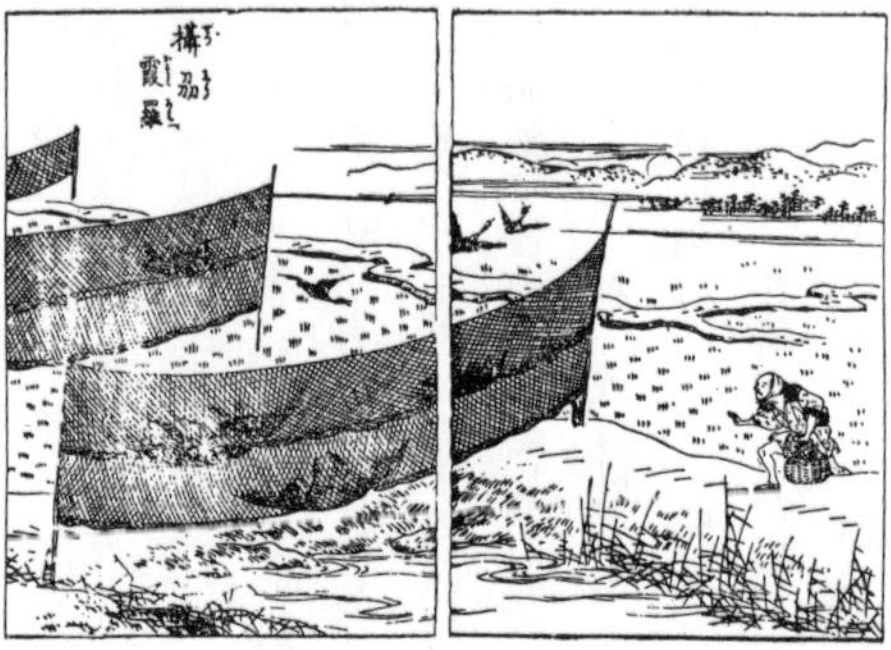

摂州霞網（羅）（『日本山海名産図会』より）

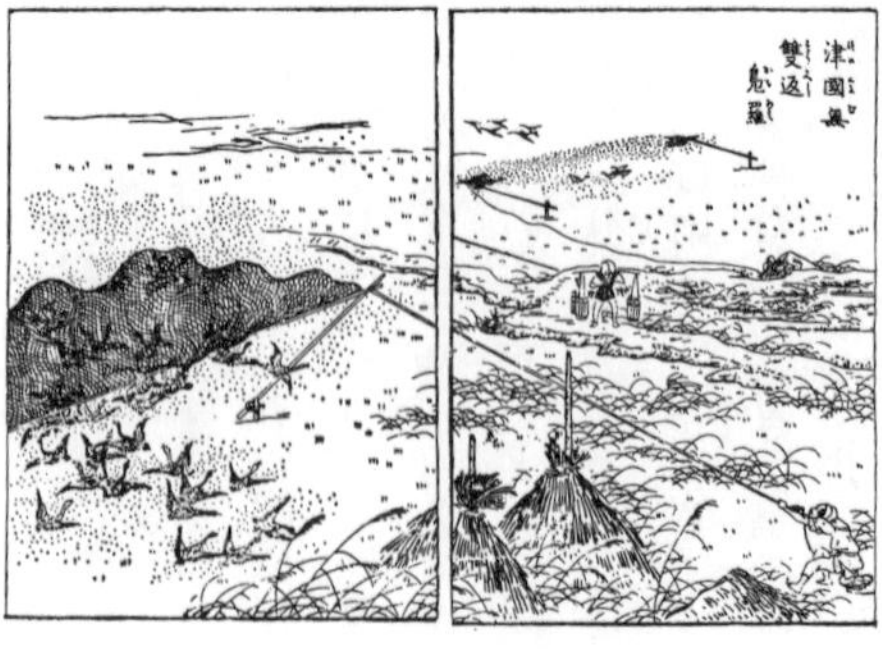

津国無双返し鴨網（鳧羅）（『日本山海名産図会』より）

数十羽を獲るなり。是を羽を打ちがいにねじて堤などに放《はなつ》に飛《とぶ》ことあたわず。是を羽がいじめというう。鴈《がん》を取るにも是を用ゆ。

とみえる。

手賀沼の鴨猟

次に全国各地に残る鴨の網漁（猟）について、そのいくつかの事例をみよう。

千葉県の北西部に位置する手賀沼でおこなわれてきた鴨の網漁（猟）も地元では「張切網」とよんできた。

河岡武春氏によると、『狩猟図説』（明治二五年・一八九二）の中に手賀沼でおこなわれる鴨猟は「張切網」と「モチ縄」による二種があることが記されているという。また、鴨猟は手賀沼の東部に沿う下沼の一二の村々でおこなわれていた。

手賀沼で用いられてきた「張切網」は、「上下各十四間三尺（約二六メートル）、左右各八尺（約二・五メートル）の麻縄を張り、これに麻糸製の鴨網や味《あじ》網を、下が袋網になるように取つけたもので、これを地上に張り渡して鴨をからめ獲った」。

鴨猟は冬季のもので、旧暦一〇月一五日からおこなわれた。

鴨猟の方法は

猟の前に、張切網をあらかじめ仕掛けておく。熟練の猟師なら、鳥がどの場所に降りるか、どち

手賀沼の張切網（部分，『狩猟図説』より）

『狩猟図説』中の張切網とモチ縄

らの方向に逃げるかを熟知しており、そこに前もって、鳥の餌をまき、マドと称する遊び場までつくっておく。そして、日が沈み西が暗くなるころ（西アガリと呼ぶ）、合図の音とともに、ひそんでいた船が漕ぎ出す。猟師たちは、頃合をみてボタ（モチの方言）を水面に流す。太鼓の音や人の気配に驚いて飛びたった鳥は、張切網の方へ逃げ、網にかかる。また、張切網に驚いて沖へ返す鳥はモチ縄にかかってからめ獲られるというわけである。

　鴨猟は猟期になると細心の注意がはらわれた。猟域の通航禁止はもちろん、土堤にも昼間は行くことができない。夜には番小屋に見張りが立った。張切網には鈴がしかけられており、鳥がかかると鈴が鳴るので眠っていてもよいが、モチ縄の場合はほとんど一晩中眠れなかった。（河岡武春「手賀沼の鴨猟」）

鴨は一番《つがい》を籠に入れ東京方面へ売られたが、とくに歳暮の品としては高級なものであったという。

加賀における鴨の坂網猟

この地の「鴨池観察館」でレンジャーをしている築田貴司氏によると、毎年一一月になると石川県加賀市の大聖寺川と日本海にはさまれた片野鴨池には一万羽以上のガンカモ類が越冬のために飛来してくるという。

この鴨池は江戸時代から「坂網猟」とよばれる網による鴨猟の猟場として有名で、元禄元年より約三〇〇年の伝統をもつ。

当時、大聖寺藩の藩士であった村田源右衛門という人が、釣りからの帰り道、夕暮れの空を見上げると、頭上を低く鴨の群れが飛んでいる。試みに、魚をすくう手網を空に投げてみた。すると、どうだろう。まさかと思った鴨が網にはいってとれたのだ。

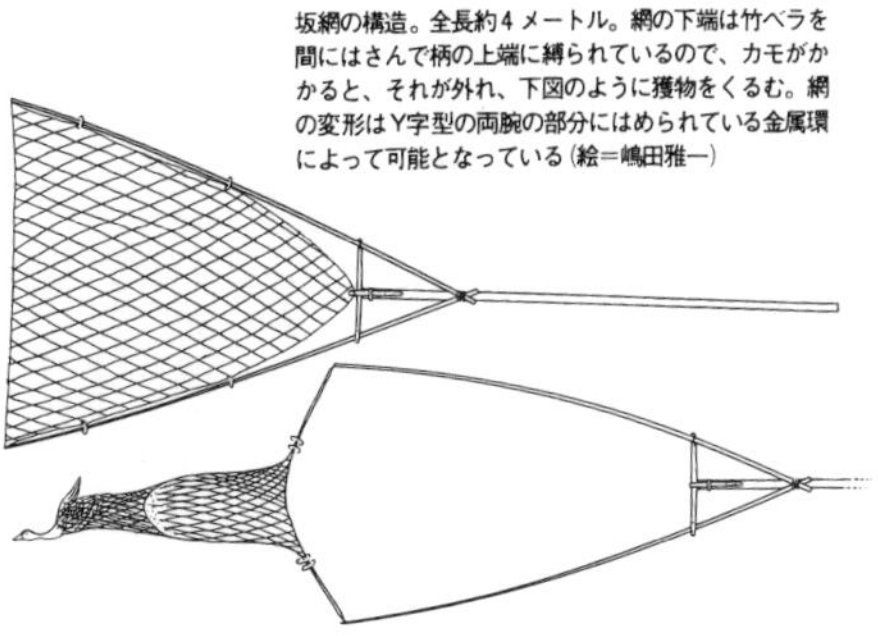

坂網の構造。全長約4メートル。網の下端は竹ベラを間にはさんで柄の上端に縛られているので、カモがかかると、それが外れ、下図のように獲物をくるむ。網の変形はY字型の両腕の部分にはめられている金属環によって可能となっている（絵＝嶋田雅一）

坂網（嶋田雅一氏原図，『アニマ』169号，1986年）

これが坂網の始まりで、以後、研究と改良が重ねられ、今に伝えられる猟となったという。

「猟具の坂網は、木でできた長さ一・六メートルの柄に二・三メートルの竹をY字型に組み合わせ、その間に絹糸で編んだ網を取りつけたものである。鴨がかかると、網の一端を止めているクサビが外れ、鴨をくるみこむ仕掛けになっている」。

「藩は、この坂網猟を藩士の鍛錬のために奨励し、猟の権利は長く、武士に独占されていた。明治になってから大聖寺捕鴨《ほこう》猟区協同組合が結成され、猟法の保存とともに猟場の整備がおこなわれてきた」という。この猟場は「坂場」と呼ばれる。

上空を通過する鴨をめがけて、タイミングをあわせて網を投げ上げるのは容易なことではないから坂網猟は効率の面からすれば、あまり良い方法とはいえない。

しかも、運よく鴨がかかったとしても、一枚の網にかかるのは普通、一羽だけ。猟のできる時間帯も日没後のごく短い間に限られるため、一日で五羽とれれば最高だという。

淡水性のカモ類は、おもに夜間採餌し、昼は安全な池や湖上で休息している。鴨池の鴨も昼間は池内で休息し、夜間に周辺の水田や河川で採餌し、日の出とともに鴨池に帰ってくるという習性をもつ。坂網猟は、こうした鴨の行動パターンを巧みに利用している。

猟をする「坂場」をみても、池を囲む丘陵の上、この飛行コースの下につくられ、網を投げやすいように周囲の木を払ったり、やぐらが組まれたりしているという。また、鴨は、なるべく早く高度を上げて飛ぼうとするため、風に向かって飛ぶ習性をもっているので、よい「坂場」でも風の吹く方角によっては、猟がまったくないこともあるらしい。

カモ刺網

次に水中にしかける刺網でカモを捕える網を紹介しておく。

八郎潟のカモ刺網は霞ケ浦から伝えられたという口碑がある。この網は昭和三二年に八郎潟の埋立工事（干拓事業）がはじまるのにあわせて旧廃漁業（狩猟）となり、現在では文化財収蔵庫に保管されているにすぎない。

ところで、昭和三二年以降、八郎潟を干拓し、農地拡大をおしすすめて、今日の大潟村を建設するにあたり、旧八郎潟の漁業権に対する漁業補償がおこなわれた際、この「カモ刺網」が論議をよび、話題になった。というのは、「漁業補償」というのは、八郎潟における水生動植物の補採に関することで、水禽などは漁業権の対象にはならないし、捕猟なので補償の対象外だという、当時の農林省や水産庁の役人的な考えや立場があったと聞いた。残念なことではあるが、その結果や結末については聞いていない。

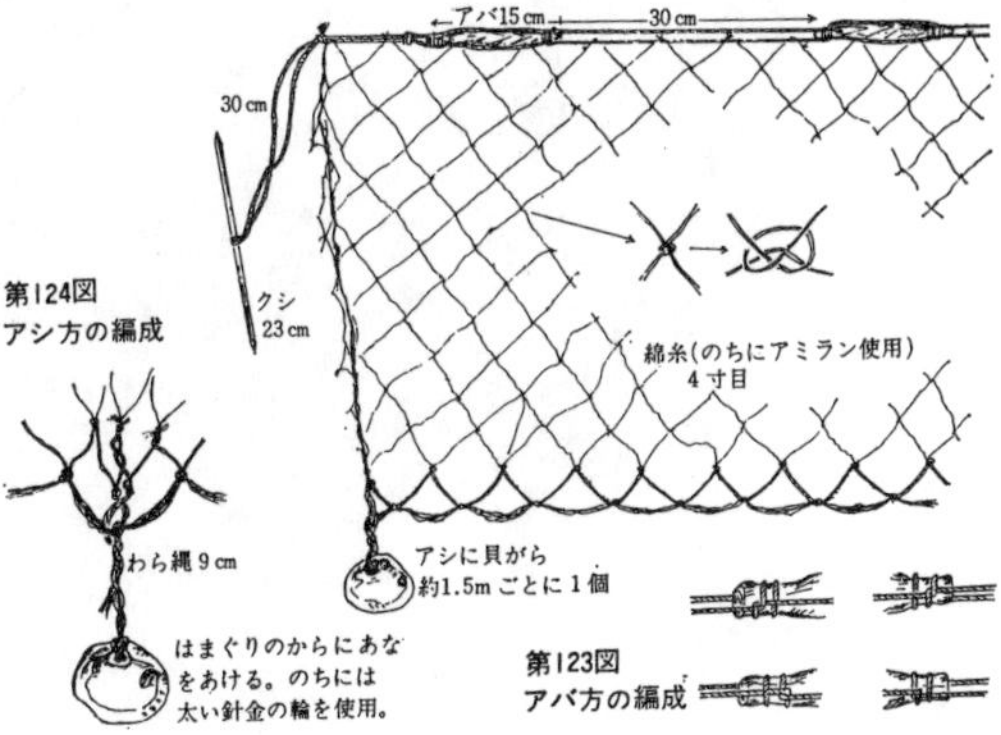

第122図　かも刺網の構造　1把の長さ30m

第123図　アバ方の編成

第124図　アシ方の編成

カモ刺網（佐々木房生『八郎潟の漁撈習俗』より）

収集・保管されている「カモ刺網」

秋田県南秋田郡昭和町の文化財収蔵庫

『八郎潟の漁撈習俗』（文化庁文化財保護部編）をまとめた佐々木房生氏によると、「カモ刺網」は八郎潟では明治末期から大正初期のころがそのはじまりであろうという。

この網は、カモが餌になる魚を求めて水中を泳ぎ回るときにひっかかるという珍しい猟法である。一把二〇尋もあるものを、多く使用する時は一〇把も使う。これを一直線上に水底にさす。漁場は湖岸から一〇〇メートルほど沖合で、漁網の両端だけ杭を立てる。しかもその杭はできるだけ短く、水面上三〇センチほどしかあらわさない。また、八郎潟では「氷下網《こおりしたあみ》」も知られていたが、これは江戸時代に信州諏訪湖から伝えられたとされる。

第Ⅶ章　網と網漁の周辺

1　網霊（アミダマ・オオダマ）

わが国には、船に「船霊《ふなだま》」とよばれるカミ（神様・霊）を祀るのと同じく、網にも霊を祀る習俗が各地にある。一般に、網に祀る霊を「網霊」とよんできた。

このご神体は網の浮子《あば》に祝いこめられることが多いので、この特定の浮子をオオダマサマ・オオダマアバ・アンバサマ・エビスアバなどという。オオダマは「網霊《アミダマ》」が訛ったものである。

網霊の依代《よりしろ》は、地引網のような引（曳）網だと、袋網部分の中央部の大きな浮子をもってそれにあてることが多い。

『民俗の事典』の事例によると、島根県八束郡野波では、地引網の魚袋をつくりあげたときに、網つくりの棟梁がそのドウアンバ、すなわち、魚袋を浮かすためにつける大浮きに穴をあけて、明神様の賽《さい》ひとつをおさめて網の神体としている。

また、島根県隠岐島の島前（船越）では地引網にはエビスアバとよばれる大きな浮きが六つ付いており、漁期はじめの袋祝いには、これに神酒を供えるならわしである。

四国には中央のエビス浮きを烏帽子《えぼし》の形につくる風があり、それを新調したときや、漁期のはじめには神社へかつぎこんで祈禱してもらうとか、氏神祭礼にはお旅所にもちこんで、神輿《みこし》のかたわらに一日安置するとか、あるいは正月一一日の帳祝いには、網元の家の床の間に飾り、縄を新たにする風が

鯛網のオオダマアバ（香川県詫間町，瀬戸内海歴史民俗資料館蔵，高橋克夫氏撮影）

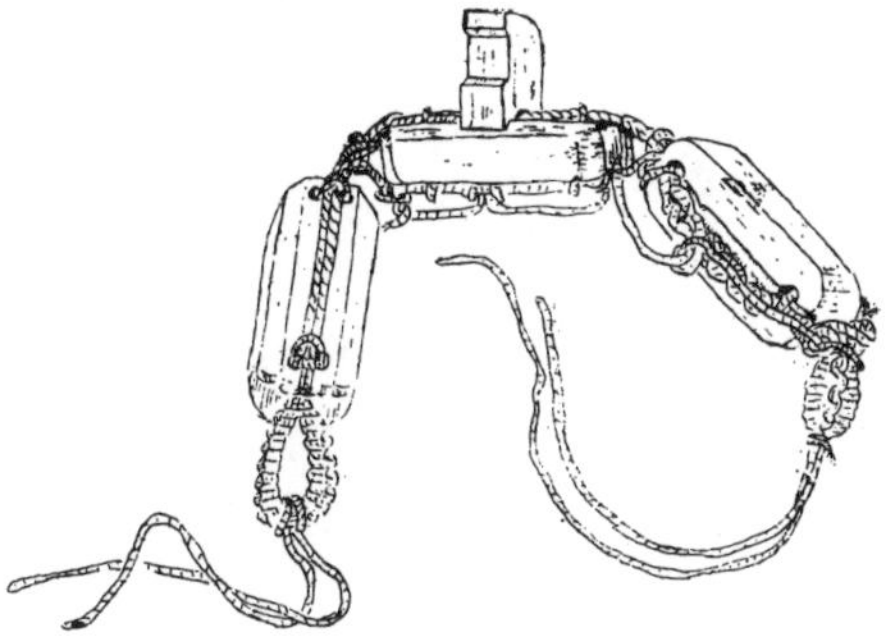

エビスアバ（夷浮子）（『伊豫日振島における旧漁業聞書』より）

あったといわれる。

また、不漁になるとエビス浮きをとりかえる風習があるのは、船の船霊をとりかえるのに似ている。

瀬戸内海沿岸ではオオダマとよぶところが多く、その祭りはオオダマオコシとよばれてきた。

以上のことから、オオダマは「網霊」のことであり、アンバは「浮子」のことで、神（霊）がやどることから「様」がつけられた。茨城県、福島県地方の事例も多い。

網のやぶれ（ネジナオシ）

岡山県笠岡市の白石島《しらいし》では、漁網がやぶれてしまったり、不漁が続いたりするとネジナオシといって、小麦粉をねり、ねじった団子《だんご》をつくり、それを船に持っていき、網のやぶれた場所（漁場）に行くと、団子のネジレをなおして沖で食べる。これをネジナオシといい、マンナオシ（不漁なおし）やえんぎかつぎをした伝承があったことを松田睦彦氏が「離島生活の比較研究」（成城大学）で報告している。

桜田勝徳氏は、このような網漁業儀礼がおこなわれてきたことについて、「漁村におけるエビス神の神体」という論考の中で、

> 網の漁神たる夷浮子の類は、従業者二、三十人以上を要する大網漁業にのみ見られるものであり小漁家が個々に行なう刺網、手操網、延縄、釣漁などにおいては、あまり例はないように思われる。それはこれらの漁業は数種の漁具を漁期に応じて使い分けている漁家によって営まれており漁家はそれぞれの小漁具に各個に夷様を祀るよりも、家に一つの夷棚《えびすだな》を持って、これにエビス様を常に祀っていたからであると思われる

と述べている。

このような指摘はまことに当を得ているといえる。各種の網漁業を伝統的におこなってきた三浦市三崎町城ケ島で筆者が調査をおこなった事例のなかには「網霊」を祀ったということは聞かなかった。ところが各家々にはエビス様が祀られ、信仰されてきた伝統をかいまみることができた。

その事例のいくつかをあげると、エビス様は大漁の神であり、各家でエビス様に御馳走をする。エビス様はいつも船に乗っているが、一二月二五日になると船をおり、翌年の正月五日まで家の中でやすみ、また船に乗る。それゆえ、一二月二五日にエビス様が船からおりる時は、エビス様に御馳走す

るため、お頭《かしら》つきの魚を漁から持ち帰る。もし一二月二五日に漁がなく、お頭つきの魚がとれないときは、わざわざ買って帰った。

また、城ケ島の聞取り調査のうち、他の事例をあげると、エビス講の日は、各家でかなりちがいがあり、「一〇月二〇日におこしになり、一月二〇日にお帰りになる」という家もある。

エビス様をお迎えする日は、お頭つきの魚（普通は鯛かそれにかわる魚）に、赤飯をたいてそなえ、神酒、にんじん、ごぼうの煮しめをそえた。それに豆腐の味噌汁をそえる家もある。

また、エビス様は、神棚とは別に部屋のすみに祀られ、おでかけになる日に、後むきにしたり、おかえりになる日に正面にむけなおしたりする。おかえりになる日にも同じような御馳走をして大漁であることを祈った。

しかし、このエビス講はほとんどなくなってしまい、昭和四二年一二月の調査の時、わずか三世帯しかおこなっていなかったのが実態である。

2　網の付属具

本節でいう「網の付属具」とは、網の構造、あるいは網漁具などを形成する網地・綱・浮子《あば》・沈子《いわ》のたぐいではなく、網地を編むために必要なアバリ（網針）・ヘラ（篦）・ハサミや、これらの道具を入れておくアバリイレ・キオリカゴ等々、網漁具の製作や網漁具使用の際に付属的に使用される道具などである。以下、個別にそれぞれの道具についてみていくことにしよう。

なお、これらの付属具の使用に関しては地域差があり、大きなひろがりをもって使用され、分布の広いものがある反面、狭い地域でしか使用されていないものもある。

アバリ（網針）

筆者がはじめて長崎県の壱岐島調査にうかがった際、島の郷土史研究家であり、民俗学研究者の山口麻太郎氏にお世話になったことがあった。

山口氏は昭和九年（一九三四）に『壹岐島民俗誌』という高著を世に出され、すでに、わが国では知られた大家であったが、その折、わざわざ郷ノ浦町の筆者の宿まで一冊の郷土に関する雑誌をとどけてくれた。

その『壱岐』という雑誌（七・八合併号、昭和四六年）に野本政宏氏の「捕鯨地小川島とハザシ佐野屋吉之助」という表題の研究報告があった。

小川島は壱岐の島と共に西海捕鯨の地として有名で、捕鯨のはじまりは文禄三年（一五九四）に豊臣秀吉が朝鮮出兵をおこし、名護屋へ乗りこんだ頃、寺沢志摩守の時代からであるといわれ、捕鯨はそれ以後、第二次世界大戦後に廃業されるまでつづいたという。

山口さんに拝眉の栄に浴することができたのは山口さんの『壹岐島民俗誌』の中に「小崎蜑《あま》」のことが記されており、筆者がそのことを調べていたので、小崎蜑と捕鯨とのかかわりなどがきっかけとなったのだった。小崎蜑は捕鯨のハザシ（羽差）をしていたのである。

その際、山口さんから捕鯨のことをうかがっているうちに、郷土館に捕鯨に関する民俗資料があることを知り、翌朝、早々に「壱岐郷土館」（郷ノ浦町）を訪問した。海士の用具や捕鯨用具の収蔵に特色をもつが、私が驚いたのは一メートル以上もあるアバリ（網針）であった。おそらく日本一大きいアバリ、いや世界でもこれほど大きなアバリを収集・保管している博物館や資料館はないのではなかろうかと思う（次ページの写真参照）。

同じ展示ケース内の「手鏡台」やハザシの使った銛の大きさと比較すれば、その大きさを知ることができる。展示解説には「目とり針（鯨あみ用）」とあり、「鯨取り用の網をあむ、目おこし針で、約三百年前から明治の頃まで使っていた」と記されていた。

『日本山海名物図会』の巻之五にみえる「鯨置網《おきあみ》」には「網舟十二艘、人数十五人ずつ、是は先へまわりて網をおろし置也。くじら此あみにさまたげられてよわる也」と網取式の捕鯨を解説している。鯨が網に突っ込むので網が沈まないように数多くの樽が「浮き」として用いられているし、網目の大きさも窺い知ることができる（一三一ページ図参照）。

なお、壱岐郷土館所蔵の「アバリ」の大きさを後日問い合せたところ、高さ一一四・五センチ、横幅約一七・五センチということであった。材質は樫材らしい。

アバリの考古学的資料については前述した通りだが、次にその形態や使用方法などについて若干ふれておきたい。

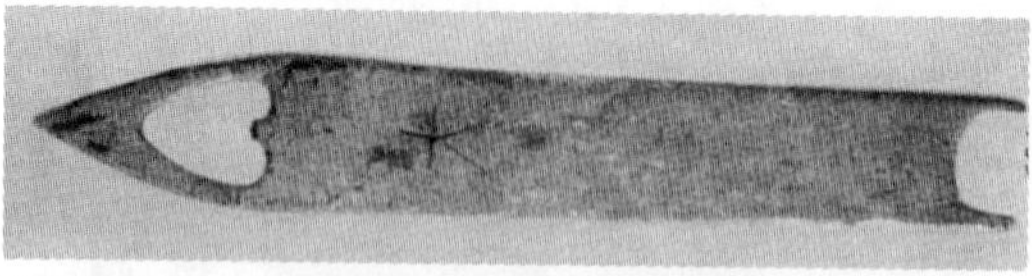

網針　縄文晩期・大洞 BC 式，長さ10.72 cm（楠本政助氏による）

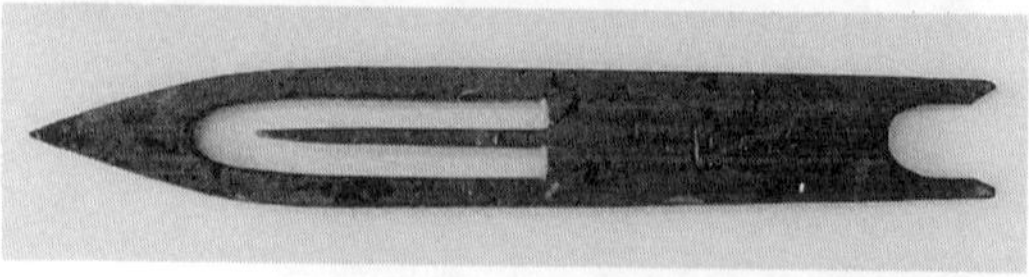

網針　三浦半島のものとしては比較的大型．竹材で全長16cm（横須賀市人文博物館所蔵）

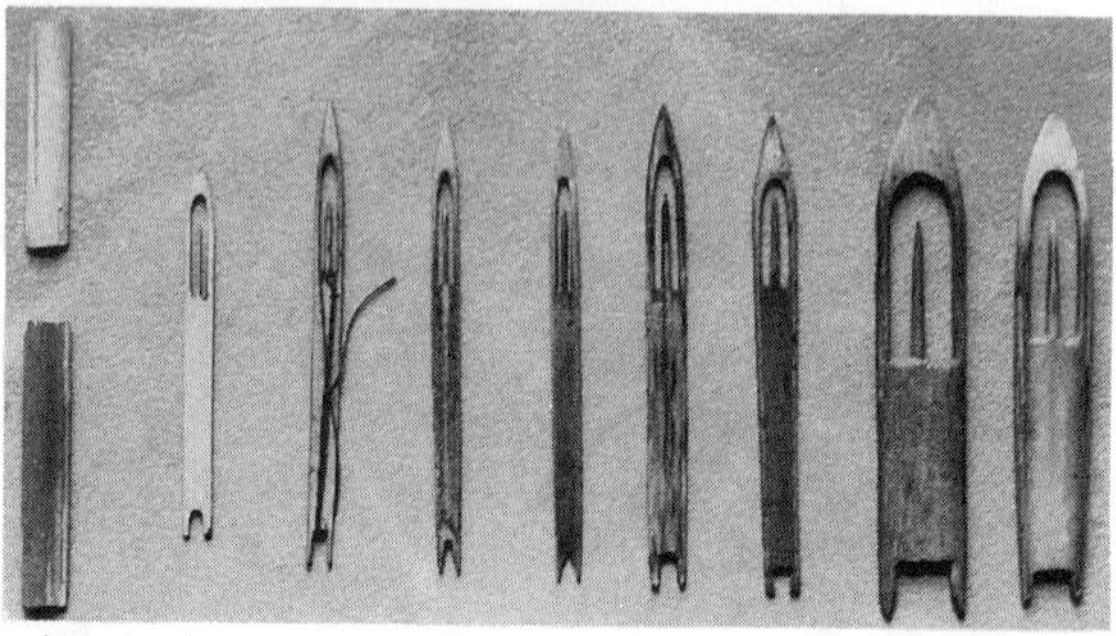

j i h g f e d c b a

アバリ（a，b は木製，c–h は竹製）とヘラ（i，j 竹製）

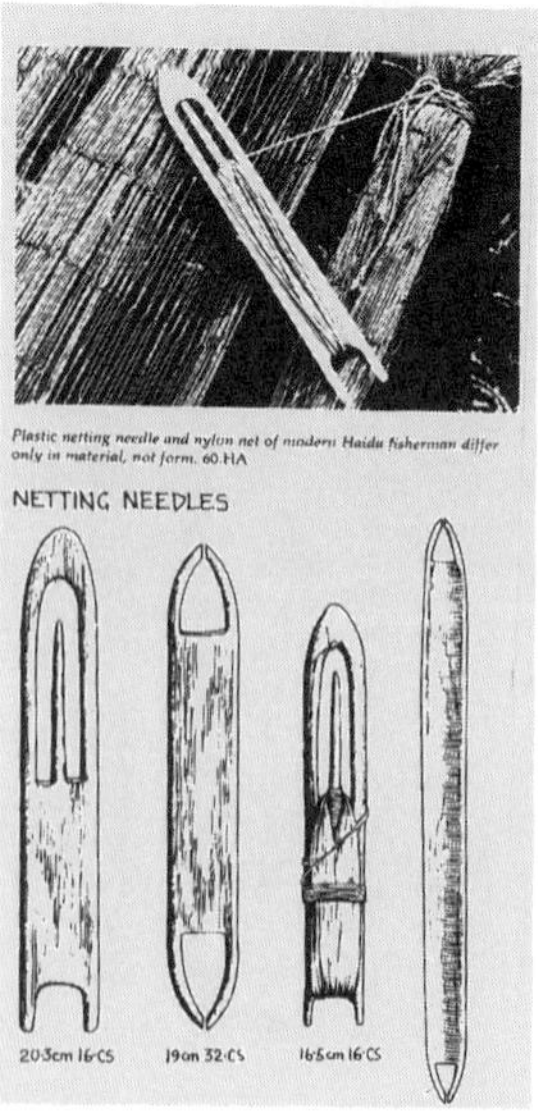

ハワイ諸島の網針（『ハワイの芸術と工芸』より）

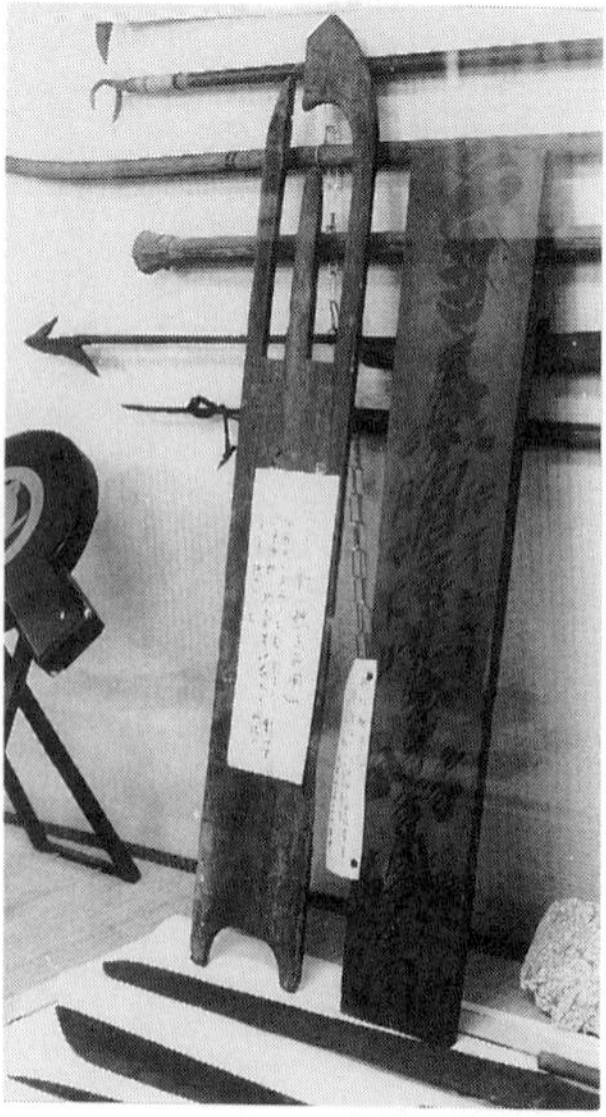

目とり針（鯨網用のアバリ）（壱岐郷土館所蔵）

アバリの形態は日本全国はもとより、世界的にみても同じ型のものが広く分布している。ただ、網の大きさが異なるため長さ、幅、厚さなどはちがっても大同小異である。

北アメリカの北太平洋岸、ブリティッシュ・コロンビア（カナダ）からワシントン州（アメリカ）で漁撈生活を営んできたいわゆる北西海岸のインディアンたちは、日本と同型のアバリと、南太平洋方面で伝統的に使用されてきたアバリの両方の形態のものを使ってきた点が注目される。

材質は竹製または木製。まれにカジキの角《つの》を使ったものや鯨の骨などを用いた骨角製のものがある。エスキモーが使用していたものにアイボリーとあるが、象牙ではなく、自分たちで捕獲した海獣の牙等を用いたものであろう。

ヘラ（篦）

アバリとセットで使われるヘラ（篦）は、漁網などを製作する際に網目の大きさを決定し、一定の網目で全体を完成するために使用される。したがって、網目の異なる網を製作したり修繕したりするため、大きさも数種類以上のものを一人で所有するようになる。網目の大きな網具を製作するときはアバリもヘラも大きくなる。またヘラは網目の寸法を固定する定規の役割をするだけでなく、網目を堅く結びつける役目もする。材質は竹材のものが多いが、木製（カシ材など）のものや、まれには骨角製のものなどがある。三浦市三崎町城ケ島で使用していたヘラなどが「城ケ島漁撈用具コレクション」として神奈川県の重要有形民俗文化財に指定されているが、その最も小さいヘラは横四・九セン

キオリカゴ　口径23cm（横須賀市人文博物館所蔵）

スバル　綱をつけて海底を曳き，海底におとしてしまった網を探してひっかける．全長52cm，竹材使用，中心部に錘を入れている（横須賀市野比で使用のもの．横須賀市人文博物館所蔵）

チ、縦一センチしかない。また、名称も各地でさまざまに呼ばれ、同じ神奈川県でも平塚市の相模川下流域ではゲタまたはケタとよばれてきた。メイタ（目板）の名もある。

スバル

海底に張り立てておいた底刺網を引きあげたり、網が流されて不明になった時などに海底を探り、落とした道具類を拾うためのイカリ（碇）状の道具。延縄などの漁にも用いる。竹製、木製、鉄または鉛製のものなどがある。伝統的に使用されてきたものは竹製で、枝（節）の部分を残し、カギ状の竹の小枝で小石をくるむように紡錘型にしばりあげ、周囲にぐるりと短い枝を並べた錘をつくりあげる。鉄または鉛製の場合は小枝のかわりに太い針金を用いる。佐渡ではスバリと呼ぶが、スバルは「統《すば》る」からきており、ひとつにまとめるという意味の呼び名で、製作方法が名称になったとされる。また、カッテという名もあり、カッテは「掻き手」のことで、海底を掻いて探すという言葉がもとになったとされる。

キオリカゴとアバリイレ

漁網の製作や修繕をおこなう際のこまかな道具であるアバリ・ヘラ（メイタ）・ハサミ・網糸などを入れておくために用いるカゴ。この他、アバリイレといって、アバリやヘラだけを入れておく竹筒状のものが外房地方にはあり、竹材を細工して彫刻をほどこしたり、彩色して、木製の蓋をつけて腰に吊り下げておくように工夫したものもある。

3　網小屋と網干場

網小屋については「網の保存（法）」とあわせて述べた。したがって、ここでは重複しない部分についてのみふれておきたい。

世界的にみて、網小屋が有名で、観光資源になるほど知られた網小屋がある。イギリスの南岸にヘイスティングスという漁業の町がある。この町は歴史的に古く、一〇六六年、ノルマンディー公ウイリアムが、イングランドの王ハロルド二世を打ち破った「ヘイスティングスの戦い」の舞台として知られている。

あわせてこの町は、昔からドーバー・ソール（舌平目）の漁獲できる良港としても知られている。ロンドンのビクトリア駅から約一時間半ほどで行ける距離にあるので訪れる人々も多い。東京から房総半島の漁港や伊豆半島の漁港に行くほどの時間である。

ヘイスティングスのオールド・タウンとよばれる地区の海岸に、五〇棟ほどの黒い木造の小屋があり、訪れた人々の注目をあつめている。それが漁網などを入れる漁民の建てた網小屋で、観光資源として一役かっているのである。

この網小屋は、小屋とはいいがたいほど背が高く、三階建ての高さにおよぶものもある。もとは、一八三四年頃、網をはじめとする漁具を収納するための小屋として建てられたのだが、漁具が増えるにしたがい増築をつづけてきた。とはいえ、海岸に近い狭い場所なので、横に広げることができず、上へ継ぎたすしかなかった結果が三階にもおよんだ。ネット・ショップの名で親しまれている。近くには、以前は漁民たちの教会だったという建物があり、フィッシャーマンズ・ミュージアムとなっている。この博物館内には漁民の伝統的な暮らしや、この地で使用されてきた網漁具も多数展示されているほか、博物館資料として保管されている網類も多い。

「網の保存（法）」でも述べたが、網材が麻や木綿の頃には乾燥させておかないと網のいたみがはやく、補修も大変な仕事であった。

したがって、網を広げて天日乾燥できる広い場所が必要になり、その場所を確保しなければならないが、海つきの村には広い場所がなく苦労をした。その結果、竿（棹）を立てて網干しをする方法が各地でおこなわれるようになり、網を干している様子が海つきの村の風景を象徴することにもなって、絵画の題材としてあつかわれたり、デザイン化されて模様化されたりしてきたのである。

江戸時代には絵皿のモチーフになったり、織物（着物）の柄になっているものなどがある。昔といっても昭和三〇年代頃までのことだが、海辺で網を干す風景をよくみかけた。それは、かつて、わが国における海辺の典型的な景観で、白砂青松という詩情豊かな漁村の風物詩のような情景でもあった。

一九九一年五月、人間国宝を中心とした「伝統工芸名品展」（東京国立近代美術館・朝日新聞社主催）が開催されたおり、山田貢さんの作品「夕凪」（一九七七年）が紹介された（口絵参照）。この作品は網干場をモチーフにしたものである。色ちがいの着物の染めで「朝凪」（一九七八年、次頁図）もある。明治四五年に岐阜市に生まれた山田さんは松文、網干文を題材に、力強い線の構成による簡明な意匠の作品を数多く発表してきた（金子賢治氏の解説による）。

また、あわせて、わが国の苗字の中には、網干・網野・網場・網代など網にかかわる家名も多い。

網干場のこと

昭和三〇年頃までニシン漁のさかんであった北海道のうちでも利尻島（利尻郡利尻富士町鴛泊《おしどまり》字栄町）では、ことのほか長い漁網が用いられており、網干場の広さもはんぱなものではなかった。

ニシン漁に使用されていた「ニシン刺網」は綱も含めると長さが四〇〇〇間（六〇〇〇メートルほど）にもおよぶ長い網であった。短い網でも二〇〇〇間（三〇〇〇メートル）、普通の網で三〇〇〇間の長さがあった。

田貢・作，麻地友禅着物「朝凪」1978年（東京国立近代美術館所蔵・金子賢治氏解説）

豊国三代広重「双筆五十三次
桑名」(安政 2 年)

網干風景がモチーフとして一役
かっている(鳥居清広筆)

喜多川守貞『守貞謾稿』の網干文様

このニシン刺網は底刺網（網全体を海底近くまで沈めておく）なので、三尋ないし四尋（四・五〜六メートル）の網の幅（高さあるいは丈《たけ》）の下に石のオモリをつけて沈めておく。漁場の水深は五尋から、深くて一二〜一三尋（一七〜一八メートル）。網目は二寸目から二寸二分目で、この目を一〇〇つくる（百目）のが標準であった。

毎年、正月を迎えるとニシン漁のための網の準備をはじめ、網の繕《つくろ》いなどが二月いっぱいつづく。三月になるとニシンの漁期をむかえ、四月下旬までつづくが、五月にはいっても、半月は網の修繕やあとしまつにおわれるのが毎年の仕事であった。

ようするに、ニシン漁は三月頃、産卵のために浅所に回游してくるところを網で漁獲するのである。このニシン刺網は、長さがおよそ四〇〇〇間あるといっても網全体がつながっているのではなく、ヒトナガシ（一枚の網をかぞえる単位）の長さは一五〇間とされている。その網を使用するときに、何十枚もつなげて用いるのである。

ところで、こうした長い網を使用するには、網の保管場所もさることながら、網を干す場所がなくてはならない。

網材が麻や木綿の時代には、常に天日乾燥をしておかないと、網材がもろくなったり、腐ったりしてしまうので、広い網干場が必要となる。それゆえ、広々としている北海道の利尻富士の裾野であっても財力がなければ、網を広げて干す場所を確保するのは大変なことであった。

話者の泉幸雄氏（昭和七年生まれ）によれば、泉家が現在所有している網干場の所有権を手にしたのは、昭和二〇年のことであった。第二次世界大戦が終わるまでは財閥（企業）所有であった場所を財閥が解体されたとき、一〇〇万円で波打際の網干場を入手した。だが、それから一〇年後の昭和三〇年の春になると、どうしたわけか、毎年春に産卵のために回游してくるニシンの姿が消えた。

もとより網干場として入手した浜辺だが、ニシン刺網を干すこともなくなってしまったのである。幸いなことに、話者の家ではニシン刺網の他に、ホッケ巻網をおこなっていたし、定置網二統の網元でもあったので、広い網干場が必要であったため利用はできた。

ホッケ巻網は船二隻を用いる。一隻に五人ないし六人が乗り、長さ二〇〇間、丈（幅）一〇尋から一五尋の網を使用した。この網でも長さが三〇〇メートルはある。

定置網の番屋には漁夫が約六〇人も寝泊りしていた。

網干場は波打際から屋敷につながっている。利尻島では干満の差（潮のみちひきの差）が三〇センチから三五センチぐらいしかない。

ちなみに、東京湾では大潮の時には二メートル、普通でも一メートル以上の干満差はある。

利尻島は利尻富士の噴火の時、その熔岩が直接海に流れ込んだので島の周辺はほとんど熔岩流の跡を残している。ようするに、砂浜ではなく磯浜なので、三〇センチほどの干満差では渚の変化はまったくみられないといってよい。

わが国の海岸には海辺地とよばれる渚があるのが一般的である。上げ潮や引き潮によって生まれる砂浜などの場合、渚の所有権は決めにくい。そこで海辺地は国有化されている。管理は地方公共団体

地曳網船と網小屋（横須賀市野比海岸）

網干場（浦安市郷土博物館の屋外展示）

磯立網干場（三浦市城ヶ島）

北海道利尻島鴛泊字栄町の船置場（旧網干場）

の長である知事なり市長なりにまかされていても国有地であることにかわりはない。したがって、わが国にはプライベート・ビーチというのは基本的にはありえない。特定のホテルなどが、建物で砂浜を囲い、特定の砂浜をプライベート・ビーチのように利用しているのは問題ありといえる。

ところが、利尻にはプライベート・ビーチが存在する。それが海水浴場ではなく網干場であるだけなのだ。

話者の家では、以前は網干場であった土地が波打際までつづいており私有地になっている。現在では網干場ではなく、一部分が船の曳きあげ場となっており、何十艘もの船置場になっている。駐車場ならぬ駐船場なのである。しかし、そこは、あくまでも私有地であるから無料というわけにはいかない。漁業協同組合員に有料で船をおかせてあげているのである。このように、海辺地がなく、海に接して私有地となっている渚は全国的にみてもまれといえよう。北海道の網干場だからだともいえる。

4 網の転用

もとより網は、動物などの捕獲に用いられてきた割合が大きい。しかし、その便利な点をかわれ、わたしたちの暮らしの中で、いろいろな場面で活用されたり、転用されたりもしてきた。

その横綱格がみかんを入れて売る網袋で、これは、わが国独特の活用のしかたといえるであろう。最近、あまり見かけなくなったとはいえ、東海道線沿線の駅の売店やプラットホームには、みかんを網袋の中に入れて売っていたのを記憶している方々は多いと思う。

あれは、東海道線の大磯駅か国府津駅、あるいは小田原駅の相模湾に近い場所の海岸で漁民が使用していた漁網の古いものを転用し、近くの山の斜面で栽培したみかんを列車の乗客に売るために考えだされたものであるということを聞いたことがある。

最近、女性用の古くなったシームレス・ストッキングにタマネギを入れ、風通しの良い、涼しい場所に吊しているのを見かけ、わが家でもまねをしているが、あれもみかんを入れる袋がわりにしている発想と同じである。

また、草葺屋根の時代に、葺いた茅《かや》や稲藁などを保護するために、古くなった漁網を上からかけ、強風から守ったり、最近では、野鳥が巣づくりをするために、身近に巣にする材料が調達できないので、草葺屋根の稲藁などを嘴でくわえて運んでいく害を防ぐために、草葺屋根の保存目的で網（金網のばあいもある）を用いている事例がある。

こうした利用方法は隣国の韓国済州島などでもよくみられた風物だった。

稲藁などで編んで綱をつくり、それをさらに網に仕立てて草葺屋根の上に張り、強風から家々の屋根を守ってきた。済州島は「三多の島」といわれ、風が多く、岩が多く、女性が多いということは古くからいわれ、島民たちもそれを認めてきた。これも風土が生みだした知恵といえよう。

畑など耕地の周辺に網を張り、野生動物から作物を守ったり、鳥類の害をできるだけ少なくするために張る網も同じである。

風の強い韓国済州島の草葺屋根をおさえる網

網小屋の屋根を古い網でおさえる（横須賀市野比海岸）

以前、石垣島から新城《あらぐすく》島に渡って民俗調査をしたことがあった。新城島は上地《かみぢ》島と下地《しもぢ》島の二島からなるが、筆者が調査をした平成元年には下地島は無人化して牛の放牧がおこなわれていた。そして、上地島には二世帯四人が暮らしていた。

小さな島とはいえ上地島は周囲四・四八キロ、面積約二平方キロある。これだけの島内で四人が働いている場所を探すのはたいへんなことであった。

船が着いて家までは三分とかからないが、家にいないと、島のどこにいるのかわからない。安里《あさと》真吉さんを探して島を歩いていると、やっと見つかり、ホッとした。「網」の中で野菜の世話をしているのを見つけたのである。

この島は、人口が多い時代には六〇世帯もあったと聞いた。しかし、現在は石垣島をはじめ、それぞれの地へ転出し、先祖祀りの時だけ、墓地があるので帰島する人が多い。

だが、離島する際に飼育していた家禽がはなされ、野禽化してしまった。鶏なども木の上に棲んでいるし、クジャクも散歩している。こうした鳥たちが、畑の野菜類などを食べ荒らしてしまうのである。しかたがなく、自分たちで食べる野菜でも蔬菜（青物・葉菜類）は鳥害をうけやすいので、畑に蚊帳《かや》のように網を張り、その中で栽培せざるをえないのである。

世の中、一般的には鳥は網の中で暮らすのであるが、この島では、人が網の中で農作業をし、鳥が島中であばれまわっているのである。最初に安里さんにお会いしたときは嬉しかったが、この話をきいて複雑な気持ちにさせられたのを想い出す。

さらに網の転用のことだが、筆者の住んでいる観音崎灯台に近い鴨居の理髪店のマスターである友人の真島俊明さんによると、江戸時代から髪結（日本髪）のあと、結った髪がくずれないように、あるいは風でみだれないようにするための工夫として「カスミ網」が用いられたという。カスミ網のように、網目がこまかく、細い網を頭髪の上からかぶせた。カスミ網の材質は絹糸でつくられるのが常で、しかも黒く染めて、めだたないように作られている。

そういわれれば、髪型の中でも既婚女性（人妻）のシンボルのようにいわれてきた「丸まげ」に結った髪に網をかぶせたり、昭和四〇年頃まで髪型の流行であったパーマネントの頭髪の上から、ヘアネットをかぶせている女性をよく見かけたことがあった。わが家の鏡台の引き出しの中にはいっていたような記憶もある。

最終的に一般化・実用化すれば、それは廃物利用とはいえない。しかし、最初の発想は廃物利用からはじまり、商品化したものである。それはみかんを入れる網袋も同じことだ。

こうした廃物利用とは別に、新しい使用目的のために開発された商品としての網袋もある。電化製品の普及にともない、洗濯機の中で洗いものをするのに用いる網袋などがそれで、数えれば枚挙にいとまがない。

5 網漁の絵馬

絵馬に関しては、この方面の大家である岩井宏實氏が、本シリーズ中の『絵馬』(一九七四年)において詳述している。岩井氏の絵馬に関する調査・研究は、その後も継続され、その研究成果の一つに一九八四年にまとめられた「絵馬にみる日本常民生活史の研究」という報告書がある。その共同研究者の一人であった神野善治氏が、同報告書の中に「漁村の絵馬ノート(静岡県東部を中心に)」と題して調査の結果をよせている。

神野氏によると、伊豆半島海岸部や駿河湾沿岸の海村には、この地域でおこなわれてきた漁撈関係の絵馬が多いという。絵馬を奉納した年代は近代のものが多く、古いものはすくないが、明治大正期のはげしい漁法変遷期に対応して絵馬の中に描かれた漁法の種類も非常にバラエティに富んだものであり、この絵馬を見ることによって伊豆半島沿岸や駿河湾の漁業の歴史をたどることが可能であるばかりか、従来の帳簿類の記録からだけでは解らなかった具体的な漁撈の実態を伝えるものとして大変貴重だとしている。

奉納された漁撈関係の絵馬には、網漁の絵馬の他に、釣漁の絵馬、船絵馬、造船、難船、天草《てんぐさ》採取にかかわる絵馬などもあるというが、ここでは「網漁」に関する絵馬の若干を紹介したい。

建切網の絵馬

駿河湾の沼津市海岸部（静浦・内浦・西浦）地区では伊豆海岸特有の入りくんだ海岸線の地形を利用したマグロ・カツオ漁が盛んにおこなわれてきた。

内浦地区は昭和一三年から一四年にかけて渋沢敬三がこの地に残されていた古文書をまとめ、『豆州内浦漁民史料』として刊行したことで知られている。毎年、数百、数千本のマグロが捕獲されたので、大変規模の大きな漁業がおこなわれてきたように思われてきたが、奉納された絵馬から見ると、案外小さな規模の漁場で、しかも少ない人数で漁業がおこなわれていたことがわかったという。

神野氏の報告によると、「沼津市静浦口野の金桜神社には三点、この様子を描いた絵馬が奉納されていた」という。その一枚は明治四十年に「東組西組両網中」のあげたもので、中央には頂に金桜神社のある山が描かれ、手前には海岸まで迫った山裾の磯近くまで、おびただしい数のマグロが群れをなして一方向を向いて泳ぎ、漁師たちが船でその群れを磯に追い込んでいる光景である。ここは、伊豆国との境にあたるイカツケと呼ばれる漁場（アンド）で、中央の岩は「代官岩」と呼ばれて、韮山《にらやま》の江川太郎左衛門がしばしばやって来て、この岩の上でマグロ漁の有様を見ていたという伝説のある所だという。

金桜神社に奉納されているマグロ建切網の絵馬（部分）
（写真提供　沼津市歴史民俗資料館）

この絵馬には、村の老人や子供たちが、壮観な漁の様子を見ているところが描かれている。山の中腹などには三カ所に藁葺きの小屋が描かれているが、これは魚見の小屋で、毎年マグロの漁期になると、魚見役の漁師がここに登って魚群の来るのを発見すべく、見張りをおこなった所である。マグロの群れが来るのは海鳥の動きや、海面の色、波の立ち具合いなどで判断したという。絵馬の季節は春、山腹には桜の花が満開。大瀬神社の祭礼も終わるこの時期になると、メジ（メジマグロ・メジカともいう）がやって来た。やがて夏になるとクロマグロ（ホンマグロ）やキハダマグロが来るし、晩秋になるとホンマグロの大きくなったシビ（シビマグロ）がやってきた。こうしたマグロを捕獲する網がこの地の建切網であった（前ページの図）。

建切網は「立切網」とも表記される。また、一般的には「大網」の名で総称されてきた。網の大きさは地域により異なるが、『静岡県水産誌』によると、張置網とよばれる長さ約四三〇尋もある網を水深二五尋もある沖合に張り、魚群の通り道を遮断して、陸地の方向に誘導し、さらに大網・小網・大囲網・口塞網・取網・寄網・しめ網・まき網などの各網で魚群を追いつめて陸に引きあげるという網漁である。

地引網の絵馬

地引網は全国各地の砂浜海岸でごく一般的におこなわれてきた網漁だが、千葉県の九十九里浜などでは大地引網漁がおこなわれていたので、この様子を描いた絵馬が今日でも館山市の安房県立博物館や九十九里町のイワシ博物館に保存・展示されている。

神野氏によれば、沼津市島郷の瓦山神社に、明治二五年奉納の地引網の絵馬があったという。杉の板に直接描かれたもので、右に「大願成就　壱網千五百樽」、左に「桃郷《ママ》西方網組」とあり、奉納した網組が明示されている絵馬である。

旋網の絵馬

旋《まき》網の絵馬は、伊東市川奈の三島宮に二点ある。神野氏によると、そのうちの一点は、二艘の網船に、それぞれ一二人から一三人が乗り組み、網を大きく掛けまわして二艘が同じ場所に戻り、船首を綱でもやって、これから網を曳くというところが描かれているという。あわせて右手前には漁獲した魚を受け取る船らしき二艘のやや小型の船がいて、船上で魚の受け渡し作業でもおこなっているように見えるという。この絵馬には「明治四年　古網」、裏に「小浦町　津元　上原喜右衛門」や世話人の名前が記されているという。

マカセ網の絵馬

前掲の神野氏の報文によると、

沿岸の建切網漁などが明治後半から衰退してくるのと並行してマグロなどの大型魚については、カツオ・マグロ沖アグリ網（通称マカセ網）と呼ばれる網が普及して沖合に出漁し、大量に捕獲

マカセ網の絵馬
（神野氏論文より）

するようになった。これは魚捕り部に袋をもつ大型の旋網を、駿河湾では幕末から使用されていたようだが、明治末から大正初期にかけて漁船に発動機を付ける時期に沼津市静浦の漁師がいちはやくこの漁法を取り入れて大いに成功し、駿河湾ばかりでなく紀州の海にまでマグロの群を求めて出漁した。丁度その最もはなやかな時期に、この漁撈の様子を大型の絵馬にして奉納したものが、沼津市志下の八幡神社に六枚も残されている。志下には、この網の最盛期には六つの網組ができた。その各網組の婦人一同、すなわち漁師のおかみさん連中が奉納した場合が多いという。

最も古いものでも大正四年に奉納されたものだというが、静浦村志下東網婦人一同が奉納したこの絵馬は、二艘の無動力の網船が大きく網をかけまわしている絵が描かれ、それぞれに漁民が一〇人ずつくらい乗っている。マカセ網は沖合で魚群をとりかこむにはマトリと呼ばれる海鳥が目印になるが、この絵馬は当時の漁法を知るうえでも貴重な資料といえる。

また、大正八年に奉納された「マカセ網の絵馬」には秀峰富士が描かれており、この地ならではの臨場感を醸しだしている（図参照）。

定置網の絵馬

伊豆半島の沿岸には今日でも多くの定置網が張られている。筆者が伊豆半島沿岸の漁村調査をしていた昭和三〇年代には、熱海から沼津までの沿岸に、大小あわせて約三五の定置網漁具があった。

定置網は「建網」とよばれたり、ネコソギ網（根こそぎ魚を捕えるのでそう呼ぶ、熱海市伊豆山や神奈川県の真鶴）と呼ばれたり、江戸時代にはネコサイ網などと特別の名称で呼ばれてきたものもある。海岸に近い場所から沖合にかけて、海底から海面まで達する垣網とよばれる網を張り立てて魚道をふさぎ、魚群が網にぶつかることをさけて沖合へ向かったその先に箱状または袋状の網を張り立てておき、その中へ魚群を誘導するという仕組みにできている。したがって、マグロ・カツオ・ブリなどをはじめ、群れで行動する魚種を捕獲の主な対象にしている網である。

神野氏によると、ネコサイ網は江戸時代の後期に熱海市伊豆山に伝えられ、さらに伊豆山から熱海市網代や伊東市宇佐見に、そして明治期になって沼津市の西浦にも導入された。一般に、関東地方で近世以降に使用されはじめた定置網の原型は、現在の富山湾方面で使用されていた台網がもとだといわれている。その後、大謀網や大敷網とよばれる定置網が三陸海岸や富山、高知から伝わり、その形式も次々に改良が加えられた。

定置網の絵馬を見るだけでは、海中の構造まではわからないが、そうした漁具の変化や操業の様相の一端を教えてくれるし、視覚教材としての資料的な価値も高い。

こうした定置網の絵馬は、昭和七年に奉納された大謀網の絵馬が沼津市久料の熊野神社に、伊東市宇佐見中浜区の神明社には大敷網図の絵馬が大正九年に奉納されているほか、熱海市下多賀小山の毘沙門堂には上述した地曳網の絵馬の他に昭和三年に奉納されたボラ漁の定置網の絵馬も奉納されているという。

雨降山大山寺と網漁の絵馬

近世中期以降、江戸の庶民をはじめ、近在近郷の善男善女の参詣で賑わいをみせた相州（神奈川県）の大山寺《だいせんじ》は、庶民の間で大山《おおやま》信仰をはぐくみ、今日に至っている。

その中でも、特に相模湾沿岸の漁民は漁場を決定するにあたり、大山を「山あて」とするなど、漁民とのかかわりがさらに深いこともあって、多くの絵馬類が奉納されている。

大山寺の絵馬については小川直之氏による詳細な調査・研究がある。

小川氏の論考「雨降山大山寺の絵馬」によると、大山寺本堂には八一点の絵馬があり、最も古いものは安政四年（一八五七）で、昭和五十四年（一九七九）のものが調査当時は最も新しいものだったという。また、明治期のものが大半であるが、年代が記されていないものが三〇点あったという。

その中で、網漁に関係のある絵馬をみると、明治二十三年に神奈川県三浦郡北下浦村の長沢符切網《ふきりあみ》

カツオ揚繰網図
(小川氏論文より)

の仲間によって奉納された「地曳網図」や、明治二十八年に神奈川県足柄下郡小田原幸町の魚問屋や船頭が奉納した「揚繰網図」がある。

その他、相模湾沿岸の国府津村、高座郡茅ケ崎町から奉納された「網漁図」もあるが、なかでも注目されるのは、明治四十四年（一九一一）に小田原町揚繰網津元が奉納した「カツオ揚繰網図」である。妙見丸の旗を立てた四艘の船と網揚げ、カツオ、旭、大島が描かれている。

この他にも、上述したように千葉県の夷隅《いすみ》地方の神社や寺院にはイワシの豊漁を祈願して奉納した大絵馬が数多く残っている。その代表的なものが岬町大所神社に奉納されている「地曳網大漁絵馬」であり、大原町熊野神社の「揚繰網大漁絵馬」である。いずれの絵馬も大地曳網の大漁で浜がにぎわっている様子が描かれ、神仏の加護に感謝し、さらに豊漁の永続を願う人々の祈りが絵柄に滲みでている。

漁業のように厳しい自然と直接むかいあって生業《なりわい》をたてている人々にとって、信仰は大きな力であり、ささえであったであろうし、また救いともなっていたのであろう。

さらに年々変化する自然条件や、太平洋側の沿岸漁村では黒潮の消長による海水温の変化等によって回游魚などが大漁の年がある反面、不漁の年が続き、借金ばかりが残ってしまうこともあった。

そうした暮らしの中で、信仰は、希望や願望を大きく育ててきた。大漁の祈願、不漁なおしの祈願（マンナオシ）など、あらゆる機会に神・仏にすがる姿がそこにあった。

その他にも、真鍋篤行氏による「香川県仁尾町のボラ地曳網と絵馬」など、全国各地にすぐれた報文があるし、神奈川県真鶴町の旧「八大竜王神社」のように天井に描かれた奉納「操業図」も知られている。

6 その他の網漁

ヤミ族のソモオ（掬網）

ヤミ族は台湾の南海上、バシー海峡の蘭嶼《ランユー》に住んでいる。日本の統治下にあった昭和二〇年以前は「日本の南端の島」といわれ、紅頭嶼《こうとうしょ》とよばれてきた。蘭嶼とよばれるように野生植物の蘭が多いことでも知られている。

現在では台北から台東へ、そして台東空港から小型機で三〇分ほどで行ける。船では約一日の行程である。

筆者は昭和五〇年三月、蘭嶼に出かけた。その目的は、この島に住む、ヤミ族の裸潜水漁に関する民族学的調査と、網など物質文化全般にかかわる調査をおこなうためであった。

当時、蘭嶼には家数六百数十軒、人口約二九〇〇人のヤミ族が暮らしていた。世帯数のわりに子供たちがたくさんいたような印象をうけた。

島には紅頭（ルモイ）・野銀（イワギヌ）・東清（トウセイ）・朗島（ロート）・椰油（ヤユ）・漁人（イラタイ）の六つの集落があるが、野銀が最も孤立した集落で、海とかかわりをもった古いままの生活を伝えているように思われたので、調査の主力をそこにおいた。

フィールド・ワークで最もだいじなことの一つは、よい話者にめぐりあうこともさることながら、よい案内人（ガイド・通訳）に恵まれることである。

幸い、以前この島が紅頭嶼とよばれていた日本統治時代の、日本人なら誰でも出かけられた時代に、瀬川孝吉、鹿野忠雄、馬淵東一の各氏などの案内役を務めたことのあるシガリワス（独身時代の名前で、当時はセリリスまたはシャブンマヌヌイワンとも呼ぶ）に会うことができ、案内役をひきうけてもらうことができた。シャブンマヌヌイワンは彼に孫ができてからの名前である。

ヤミ族がソモオ（Somoo）とよんでいる網漁はトビウオ漁のことである。このトビウオ網漁が特筆するにあたいするのは、松明を燃して、火にあつまって飛んでくるトビウオをトンボを捕えるように捕獲するという、めずらしい漁法だからである。

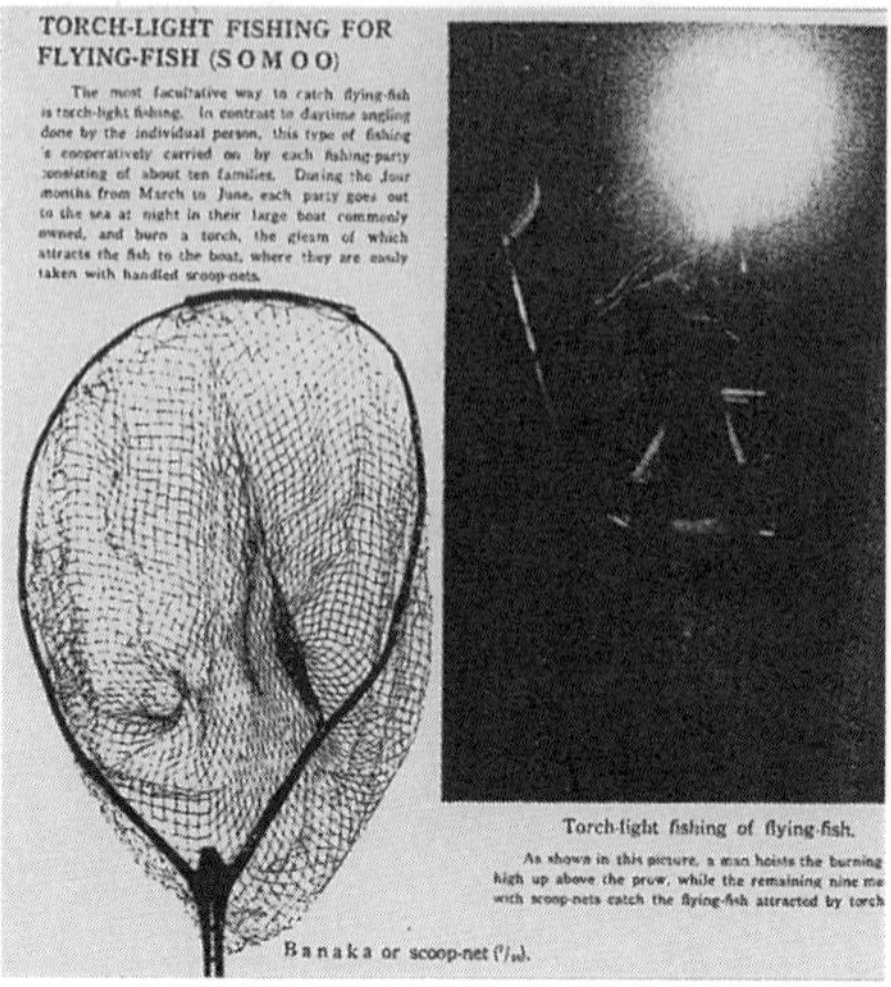

ヤミ族のソモオ
『台湾原住民族（ヤミ族）図録』より

毎年、三月から六月までの四カ月間ほどの漁期中、自分たちが共同で所有しているチヌリクラン（大船）に一〇人ほどが乗り、夜の海上に漕ぎ出していく。

松明は、トキワススキを乾燥させて束にしたもの。長さ約二メートル、太さ直径三〇センチの松明に火をつけて一人が船の軸先で高く持ちあげると、トビウオが火に誘われて船にむかって飛び込んでくる。その時を待って、他の乗組の男たちはそれぞれが手にしたバナカ（Banaka）とよばれる掬網でトビウオを捕獲する。

この漁法は、マタオ（Matao）とよばれるトビウオの一本釣漁法に比較すると実に能率的な漁法である。

捕獲したトビウオはひらいて天日乾燥させ、保存しておく。

城ケ島の掬網

北原白秋の「城ケ島の雨」で名高い神奈川県三浦市の城ケ島では、カワハギのことをゲバチとよび、このゲバチを捕獲する掬網をゲバチブクロという。

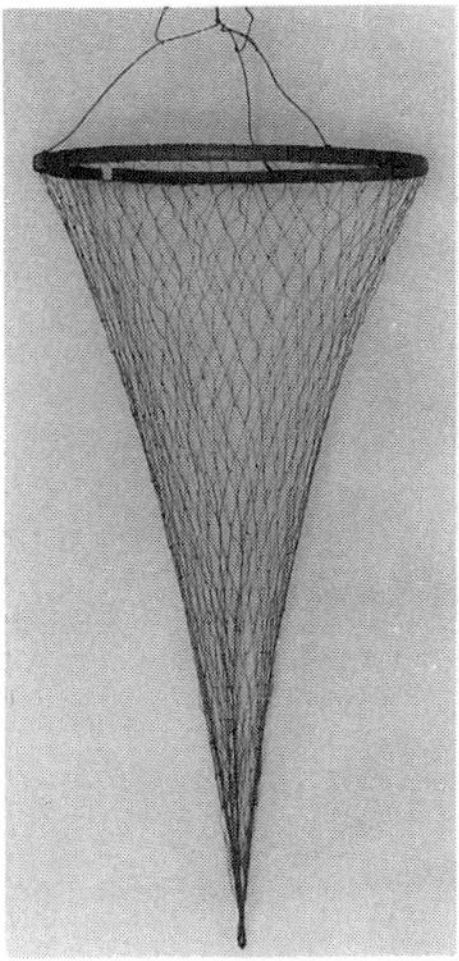

ゲバトリ（横須賀市佐島，横須賀市人文博物館所蔵）

船上から口の開いた網袋を吊し、中心部分に餌をさげておくとゲバチが網の中心部分にあつまるので、時をみはからって、すばやく網袋を引きあげるとゲバチが捕獲できる。

同じ三浦半島の横須賀市佐島ではゲバトリとよんでいる。口径四三センチ、網の深さ五三センチ、網目三センチ。

この漁法は、天保九年（一八三八）に七四歳で他界したという城ケ島の石橋弥市郎の考案によるものだと伝えられている。

第Ⅷ章　網に関するはなし

網元と網子

網の所有者を網元または網主という。網元はたんなる網持ちという意味ではなく、大型の網を所有する漁業経営者で、網子と呼ばれる労働力の提供者を従属的に支配してきたような前近代的な労働契約により成立してきた。

したがって、一般的には大型の網や船を所有しているだけではなく、漁業経営全般をつかさどることが多く、それゆえに村落内や地域における有力者で、親方的存在である場合が多い。

網が大型化すればするほど、それにかかる労働力も必要であり、作業の役割、分担も複雑化するのは当然といえよう。

前近代社会にあっては、網元と網子は村落内において世襲的な関係にあることが多かった。それゆえ、網元は網子の生活全般に強い影響力をもっていたばかりでなく、暮らしそのものを緊縛していることが多かったのである。

たとえば、網元が網子に住居を提供することをはじめ、田や畑まで貸しつけ、地主と小作という関係におよんだり、米、味噌などの食料まで供給するかわりに、漁獲物はすべて網元のものになるなど隷属的な家（イエ）関係によって成り立っていることもあった。

また、こうした親方・子方の関係とは別に、網子契約が年ごとに更新されることもあり、正月二日の船祝いの日に網元の家に招かれ、酒盛りに参加することで、その家（網元）との雇傭関係が成立することもあった。したがって、招かれても酒席に顔を出さなければ網元・網子の関係は成立しなかった。

さらに、網漁業における「代分け」（分配）もさまざまで、網代のとり分は、小さな網漁では一代《ひとしろ》とか二代《ふたしろ》（一割ないし二割）であったが、網が大型化されると、網全体の漁獲高の三代あるいは四代（三割か四割）を天引きして網代とし、残りを網子が代分けするということもあった。

村網（むらあみ）

ムラ（村）や特定の集落の全部（全戸）が共同で漁をするために所有する網を村網という。「地下《じげ》網《あみ》」とか「百姓網」とよばれるのも、ほぼ同じである。ムラの全戸が網株を平等に分け、出資金をもとに漁網の資材を購入し、ムラ全体で管理・運営したり、各戸がそれぞれに同じ量、同じ質の材料を購入し、それで漁網をつくり、共同経営で漁をおこなうこともあった。

このような網（組）では共同労働、平等分配が原則であるから、漁獲物も各戸平等に分配（代分け）されるか、配当されるので、網元と網子が分離する以前の古い村落共同体の残存する形態とみられてきた。

しかし、明治以降も各地に残った網組の内容をこまかく分析すると、必ずしも村落共同体的な性格にささえられているとはいえないことが多い。

また、分配に際しては、都合で漁に参加できない家や、労働力を提供できない家にも漁獲物が平等に分配されるという事例がある反面、逆に厳格な定めをもうけ、人手のない家は、代がえをしてでも労働力を出さなければならないとされることもあった。

桜田勝徳氏は『漁撈の伝統』という著書の中で「村君の残存について」述べ、その中で、漁村の大網漁業には、

伊豆長浜村の津元や宇和島方面の網師あるいは瀬戸内海家島のタイ網の村君のような、漁村を構成する家の中で群を抜いた家がいくつかあって、それが網元として大体世襲したものと、もう一つは網を共有して網組をつくり、また村中の合力とも言ってよい組織でこれを行なうものと二つの型があったことが伺われる

としている。さらに、

群を抜いた家々の存在しない網組の漁業では、船や小道具の方は各自もちよりでも、網は共有するという形が目立っているようである。漁網を造る繊維を得るために、麻や藤や級《しな》の茎皮を剝ぎそれから繊維を抽出して、そして糸を造り、編網せねば漁網を手にすることのできない段階や、麻や苧麻の繊維を産地からとりよせて、それで自ら製糸製網せねば漁網を得られぬ段階のことを思うと、多くの漁家がそれぞれに分担して製糸を行ない、編網を行なわねばならなかった。そして漁期が始まるまでの間に、各自が分担して造った網地をもちより、そのいろいろの網目の網地を組み合わせ、これに綱を通し、浮子や沈子をつけて、一定の形をもった漁具としての一つの大きな漁網を仕立てあげねばならなかった。だからこの漁網仕立ての完了の儀礼がさかんに行なわれたのであると思う。したがってこの共同に材料や労力を出し合って造った漁網を、これからも

長く共同に維持していく責任分担の仲間が網組であり、それにいろいろの性質を付加していろいろの網組が成り立ったのだと思われる。そしてそこには若者組を中心とする年齢階梯の長幼の序列がある外に、網宿の責任を一年交替にしたり、魚見までを当番制にするような、漁村を構成する家の平等な責任分担の組織が特に目立っており、そこには前者の漁村とはもともとちがった性格を伝承した村があったことがうかがわれるように思う

と述べている。

ここで注目すべきは、「村網」を所有している場合などで「網宿」が生まれ、共同体的な結合を強化していく点である。それはまた若者組のような年齢階梯制とも結びつきを強くもっており、海難などにもそなえていたところが、漁村あるいは海つきの村の特徴的な伝統をつくりあげてきたといえる。

地震と網漁

新潟県の粟島《あわしま》は「鯛《たい》の島」ともよばれるほど、タイ網漁のさかんな島である。タイの漁場として恵まれている理由は海底の地形にある。島の周辺は浅いため、深場で常に生息しているタイでも、初夏の、産卵期を迎えると、島の周辺の浅場に集まってくる。このタイを、文字どおり、「一網打尽」に漁獲しようというのが「大謀網」である。

島には内浦・釜谷《かまや》の二つの集落がある。人口約九〇〇人。このうち四分の三は内浦に住んでいるが、タイの大謀網は釜谷集落を中心におこなわれてきた。

昭和三〇年頃は大謀網の最盛期であり、その頃は二一歳から二五歳までの若者が大謀網の漁業に参加していた。約八〇名を数えたという。

この地の大謀網は漁業協同組合が経営にあたってきたため、網元・網子の制度はなく、原則的には戸主と長男だけがこの網組に参加することになっていた。

漁獲はタイだけで五トンにもなったことがあったという。その他、メジ・マグロ・サバなどの魚種も漁獲される。

毎年、五月下旬から六月初旬にかけて、島のあちこちにタニウツギの花が咲く頃がタイの大謀網の季節を知らせる。

大漁の時はタイの群れで海面が桃色に染まったものだ、と古老は昔をなつかしむ。大漁の日は、網をしぼっていく一瞬、また一瞬が興奮の連続であり、こうしたときは、金銭のことなどより、その興奮の快感の方が忘れられないという。

定置網(大謀網)の場合は、網漁が毎日のようにとどこおりなくおこなわれるのではない。風が強かったり、潮流がはやければ網をあげることができないので、操業は漁期中でも制限される。このように、網漁には常に期待と不安がいりまじり、漁場に到着して、網をあげはじめてからは、喜びや興奮が落胆や失望などに変わることも多かった。水揚げされたタイは、船で新潟や山形に出荷された。

ところが、昭和三九年、粟島沖を震源地とする地震で、海底の地形が変化したため、それ以来、さっぱり、大漁に恵まれることはなくなってしまった。こうした例は全国的にみてもまれである。

網にかかった神・仏

神様（御神体）や仏様（御本尊）が網にかかったという伝説は全国各地にある。海中出現の神・仏以外にも、ある時、台風や津波で神社や仏閣、あるいは小さな社や庵が流されたが、後日、そこに祀られていた神様や仏様が漁民の網にかかり、再び祀られたという伝説や由緒書き、縁起などに記されたものもある。

小さな社寺では、その由来や霊験などを縁起として残すほどでもないが、伝説として残ってきたものも各地には多い。

拙著『三浦半島の伝説』に掲載した事例を紹介しよう。

葉山の御用邸に近い上山口《かみ》のバス停留所からすぐ西側の高台に、こんもりと老杉にかこまれた神社がある。小さな佇《たたず》まいだが、屋根は茅葺で、流れるようにゆるやかな曲線を描く美しさは、しっとりしたおちつきをみせている。最近の茅葺は棟がトタンやカワラにかわってしまったものが多いが、この社の棟は昔のままの茅葺である。

この神社は杉山神社という。明治八年まで村人から〈杉の宮〉とよばれ、上山口の鎮守様として親しまれ、信仰されてきた。その縁起をたどると、昔、この村に住む兄弟が海にでて漁をしていると、漁網に何か重いものがかかった。よほどの大魚にちがいないと思って一所懸命にたぐりよせてみると、それはなんと大魚ではなく、ご神体であった。

兄弟は、この海中から出現したご神体を粗末に扱ってはならぬと、途中で漁をきりあげ、さっそく村に持ち帰り、杉の葉や小枝をあつめて、その中にご神体を祀ったので、村人たちから〈杉の宮〉とよばれるようになったのだという。現在、杉山神社は大国主命が祀られている。

また、神様や仏様は海中出現だけではなく、河川で網にかかり、祀られたものもある。東京浅草の浅草寺《せんそうじ》のご本尊である観音様も「いるま川」から網で引きあげられたという由来がある。

この観音様は「一寸八分」と小さいが、霊験あらたかで、御利益は大きいと、江戸庶民の中で広く信仰されてきたのは有名である。

したがって、『浅草観音御伝記』（元禄頃刊）や、後世の『正観音略縁起』（弘化四年）、浅井了意の『江戸名所記』などに、いろいろと書き残されている。しかし内容は統一されているわけではなく、人名などに相違が認められるところが興味深い。さらに、広重による綿絵などもある。

このように、観音様も有名になればなるほど、その「御伝記」も多く、菱川師宣の筆によると伝えられる元禄時代頃の金龍山浅草寺創建の由来を絵入りで語ったものもある（図参照）。

その物語の内容をみると、三兄弟（浜成・竹成・知成）が「いるま川」で漁をしているとき、観音像を網で引き上げ、その仏様を安置するために堂を建立する話など一四話にわたるものもある。源頼朝が参詣したなどとも記されている。

瀬戸内の三津《みつ》に在住していた進藤松司氏が生前に著した『安藝三津漁民手記』（広島県豊田郡安芸津

「浅草金龍山観世音之由来」三代広重（3枚続錦絵，明治23年）

『浅草観音御伝記』菱川師宣画（元禄時代頃）

町三津）の中に「小あみ」の項があり、その説明に、

瀬戸田の漁夫の作吉といふ人が三津内にて小あみといふ漁業に従事し、桜木といふ〈あじろ〉で、小あみを引いている時に薬師如来が網の中にのった。その仏像を三津の松蔭《まつかげ》に小さい祠を立てて祀り、それより三津に住む様になった。それがもとで三津の地元の農家などが漁業に移って我が所に漁業といふものが出来た。即ち小網は三津の漁業の創めであり、一番古い漁業であるといふ事ができます

と記されている。

このように「網にかかった仏様」

は、その縁起だけにとどまらず、村が農業から漁業に移る生産・生業の転換過程にかかわりをもっている地域もあることがわかる。

真網《まあみ》と逆網《さかあみ》

漁師さんの話の中に、「真網」とか「真網船」という言葉がでてくる。揚繰網のように網船二艘で出漁し、魚群をみつけると左右にわかれて魚群を網で囲い込むように、網船が二艘で網を引きまわす際、右方の船に積む網を真網、またその船を真網船、左方の船に積む網を逆網、またその船を逆網船と呼ぶのである。この言葉は方言などではなく、ごく一般的に使われている。

網クリカエ

桜田勝徳氏の調査によると、伊予の日振島の漁民たちのあいだに「網クリカエ」とよばれる儀礼がある。網を染めたり、あるいは縫いかえをして、これを新たに網船に積み込んだ時、船霊（玉）様の前で酒五升または三升を飲んで祝う。これを玉津村では「網のクリヲケ」と称している。クリヲケは網を干し、その清（浄）として祝うものであるという。玉津村では網師の家で乗り組みの者が酒をのむことで、この日には幟を立てた（『伊豫日振島に於ける舊漁業聞書』）。

磯立網の網入れ（三浦市）

網小屋（横須賀市野比）

付録Ⅰ　網に関する小事典

「語彙」に関する書物を著した先学は幸田露伴であるらしく、柳田国男が昭和一三年に刊行した『分類漁村語彙』の「自序」において、「露伴先生の『水上語彙』を見たのは明治三十一年か二年のこと」で、それがもとで、自分も「語彙」に関する書物をつくることを発願したと記している。

『分類漁村語彙』は附録の「内陸漁業」を入れて三四の項目に分類されているが、その中の一つに「網」がある。しかし、その内容は著者が「此集には殊に引用書の推薦すべきものが少ない。それは多くの漁村用語が、印刷した文字からで無く、直接桜田（勝徳）君其他多くの旅行者の手帖から第一次に引継いだ資料であることを意味する」と記しているように、倉田一郎を含めたフィールド・ノートからの直接記載によるものであることを明らかにしていることが注目される。

したがって古文献・資（史）料から語彙を渉猟したものとは異質の貴重な内容であるため、ここに関係の深いものを引用した。なお、同書から引用した語彙に関しては文末に（分）と付して、他の語彙と区別した。また、同書は旧字体や旧かなづかいが用いられているが、現在広く通用している字体や読みに一部を改めたことをおことわりしておく。

アグリ　肥後南部や隠岐あたりで、網の針をアグリという。男がほしい場合の女の子の名をアグリと付けるのとはまったく関係がないと思う。（分）

アグリアミ　豊前の長浜では長さ五〇〇間ばかりの網を輪形にして底の下部をしめる仕組である。ゆえに巾着網ともいう（『豊前』五号）。大型の網船をもってマストから差図をするという上総の富津で冬期用に大網を用いて獲る漁法をアグリというのも同じであろう。アグリはすなわち足繰の意かと思われる。（分）

アジロ　網代の意。漁場を意味したり、アジバといって網漁場をさすこともある。

アタシ　薩摩の下甑《しもこしき》島の瀬々《せせ》ノ浦では、しび網のイワすなわち錘だけをアタシといっている。（分）

アテバリ　夜、浪が高くてフム（ママ・説明なし）こともできぬときなどには、たいてい魚見をせずに網をおく。これを当て張りといい、周防の大島などでは今もおこなわれている（『周防大島海の生活誌』）。（分）

アテヨマ　肥前西部の敷網の夜焚漁で、ヨマ（ママ）を入れて海中の魚群の動静を察するが、そのヨマをアテヨマ、これにつける沈子をアテイシ。キミナゴの掛り網漁法にはアテ竿を使用する（『民俗学』五—六号）。このアテは山アテ・波アテなどのアテ、つまり見当というほどの意であるが、いずれも重要な技術に属する。（分）

アド　佐渡の金丸・八幡などにおいて、白魚を捕る小さな四つ手網を使用する棚をアドまたはアゾという。足跡の義なるべしというが（『佐渡方言集』）、網処の意かと思う。（分）

アド　網の浮標。隠岐の五箇などの海辺でアドという。（分）

アバ　網の上縁部につけた浮木をアバということは全国的である。隠岐ではこれをアンバといい、タイジコギ網のは長さ二尺ばかりの柳で作り、四尺おきに一〇〇〇尋のロープに括りつける。これを沖一浬《かいり》半あたりから曳いてくると、揺れるアンバに怖れた魚が趁《お》われるという仕掛であるが、この多くのアンバの整理には一〇艘もの小船が配置されている。一般にアバは浮く意味をもつと考えられているが、沖縄の糸満人は浮木をオキアバというのに対して下端の沈子をアシアバという（『糸満漁夫聞書』）のをみると、アバには必ずしも浮く意はないのかと思われる。すなわち、オキアバのオキが浮ならんかと考えられる。豊後日田の木屋をはじめ（『郷土研究』七—七号）、九州東部や熊野などの河川に臨んだ山村で、関（堰）流しによって下した材木の流下を防ぐため、大川に張りとめる縄をアバといい、さようなところを木曾川あたりで網場というのをみるに、アバには網の濫《は》りなる沈下、若くは流失を防ぐような意味があったのではあるまいか。（分）

アバギ　相州あたりの漁夫がエビ網に使う浮木、これにアバギの名が付してある。材料は漆の木。時《し》化《け》の日などには、一心にこの木を削る姿が旅人の眼にふれる（『方言』五―一一号）。（分）

アバケズリ　神奈川県三浦市城ケ島でアバを削るのに用いる専用の小刀をいう。三角形の刃先に一尺ほどの柄がつく。（『城ケ島漁撈習俗調査報告書』）

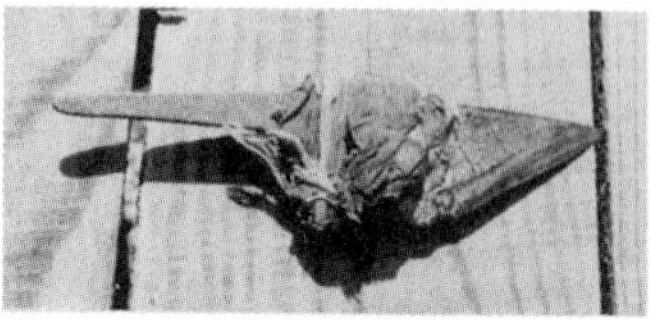

アバケズリ　刃先に古布をまいてある．左側に１尺ほどの柄をさす

アバリ　網針。本文参照。

アバリイレ　竹材が中空なのを利用して、茶筒のように中に網の製作や修繕に用いるアバリやメイタ・ハサミなどの小物を入れるように工夫・加工したもの。表面に彫刻をほどこした美的なものも多い。房総半島から茨城県にかけてのものが千葉県安房郡白浜町の白浜海洋美術館に収集・保管されている。

アパリ　北海道二風谷周辺のアイヌがヤシャ（すくい網）を編むために用いる網針。

アホウマチ　備前邑久郡の四つ手網の称呼（『邑久郡方言』）。（分）

アミアシ　網糸で網目を菱形に編んでいくときの下部にあたる部分。または、漁網の各菱形の四辺にあたる糸あるいは漁網全体の下部の部分をいう。

アミイト　魚類や鳥類をはじめ獣など、網を用いて捕獲する際に、網を作るのに用いる原料・素材としての糸。麻（大麻）・マニラ麻（フィリピン原産の麻で、輸入麻の代名詞にもつかわれる）・青苧・ラミー（カラムシの変種）・木綿・絹・棕櫚のほか、近年ではナイロン（クレモナ）などの化学繊維が多い。

アミイワ　網の中でも特に漁網につけた錘。網石も同じで、石や土器片、貝殻、素焼の中空型の「土錘」から

石を樺の木の皮でまいたアミイワ（スウェーデン・ノルディスカ博物館）

鉛のものまで種類・形態も多い。

アミウチ　投網《とあみ》を打って小魚をとることをいう。また、網を新しく編んだ際、網目がふぞろいで網全体のしなやかさもでないため、網地を床などに打ちつける作業をいうこともある。

アミウド　網で漁をする人・漁師など。一般には網を引く人もさすが、歴史的にみると鎌倉時代頃までは網漁を専門におこなっていた漁民をさしていた。近江国の堅田にいた「堅田網人」などの名もみえる。琵琶湖などでも特権をもっていたとされる。「網人」と表記する。

アミオロシ　漁期になって、はじめて網をおこすこと。また、新しい漁網を使用する際にもいう。大型の漁網を漁期になっておろす際には祝いごとをおこなう地域も多い。網玉《おおだま》（霊）おこしの名もある。

アミガキ　網垣のことで、漁網を干す棚をいう。麻や木綿（綿糸）の網地は乾燥させておかないと、すぐに腐ってしまうため、常に網は天日乾燥させる必要があった。網干しの作業は化学繊維の網糸が使用されるようになって解消した。

アミガキ　隠岐の三度で漁網を干す棚の名。（分）

アミグミ　網漁業をおこなうためにつくる共同経営のための組織をいう。大規模な網には大勢の漁夫（労働力）が必要になるほか、漁網だけでなく漁船などを調達するための資金が必要となるので、組をつくって経営にあたった。特に大型の漁網が発達したことにあわせて発達した。網組の組織には、任意の漁業者が出資して構成されるものと、その成員が村民などの地域住民に限定される場合などがあった。

アミコ　網漁をおこなう際、労力を提供して、網を曳くことで生計の主要な部分をたてる者。「網主・網元」である経営者と雇用契約によっていることが基本だが、網主（網元）は多く村など地域社会の有力者である場合が多いため、血縁関係はもとより、地縁関係や社会的経済的関係により従属的関係におかれていることが多かった。「網子」・「アムコ」（網子の変化した語）・「アミビト」（網人）も同じ。

アミカブ　「網株」のことで「ギョカブ」ともいう。大型の漁網を製作したり設置する場合や経営するには大きな資金（資本）が必要になるので、漁業者や出資者が網組を組織し、出資金を「株主」として分担し、構成員となる。したがって「網株」の構成員は分有する固定した権利義務をもつことになる。構成員の成立により、大きな資金・資材を集めることをはじめ、労働力の確保や提供、利益・損出の分配や補塡などをおこなう。

アミグラ　大切な財産である漁網を保存・管理するための専用倉庫。湿気を防ぐほか、漁網についた魚の臭いは鼠の害にあいやすいので、厳重にしまっておく必要がある。このために壁を二重にする構造のものもある。千葉県九十九里浜のアミナヤ（網納屋・アミナンヤ）も同じ。

アミコリテボ　対馬の阿連へゆくと、網を綴ることをコールといい、これに用いる苧をコールソという。アミコリテボはこのコールソを入れておく小さな籠のことである。（分）

アミサバキ　漁網を上手にととのえておき、すぐに使える状態、または整えた網を使用する様。漁網が乱れないように手で解きわけ、いつでも使用できるようにしておく。

アミシロ　網漁業をおこなう経営で、漁網に対する配分を決め、漁獲高のうちから「代《しろ》」を分けあえること。「網代」。他に「アジロ」は漁場の意味。

アミジ　網をつくるための生地で、アミイト（網糸）と同じ。

アミスキ　網糸を用い、網を編んで作ること。漁網の修繕や、漁網づくりを専門にしている人。漁村では女性の仕事としての役割が大きかった。「網《あみ》結《すき》」の表記もある。

アミスキバリ　「網結針」。新しい網を編んだり、修繕したりする際に使用する針をいう。アミバリ・アバリも同じ。船形をした扁平な型は、わが国全地域で使用されているが、世界的にみると形態はさまざま。材質は竹・木のほか鯨のヒゲやカジキのツノなど。本文「アバリ」参照。

アミスソ　「網裾」。漁網の下部で、沈子の網石をつけるところ。鳥網でも下部をいうが、鳥網におもりをつけることは、ほとんどない。

アミソ　網を編む（キオル）材料としての網苧。あるいは麻糸。

アミゾメ　漁網を染めること。各種の染料や柿渋・豚の血・鮫の油などを用いて網を染め、腐蝕を防ぎ、ながもちさせる。「カシワギブネ」参照。

アミヅナ　「網綱」。網に縛りつけ、網のあげおろしをする網。網と一体となる曳網（地曳網など）につけた網。「アミナワ」（網縄）も同じ。

アミド　「網戸」。網を張った戸。

アミドコ　単にトコともいう。筑前野北では漁網をのせて二人で運ぶ民具。梯子のごとくにして脚がある。潮干が遠きゆえに運搬に入用となるのである。（分）

アミヌシ　網漁業の経営者または漁網（漁船も含むことがある）の所有者。「アミモト」（網元）と同じ意。「船主・船元」を兼ねるのが普通。漁夫である「網子」を使って網漁をおこなう。

アミノテ　「網手」。網の形の模様または網の目の模様をいう。「アミデ」（網手）は網目の模様を染め付けた陶磁器をいい、「アミデチョク」（網手猪口）は地に網目の模様のある小杯（猪口）をいう。

アミノフクロ　魚の集まる、網の袋になった部分で、特に定置網などは垣網に対して袋網の名もある。

アミバ　「網場」。魚や鳥を捕獲するため、網を仕掛けておく場所。漁場の「網代」と同じ。

アミバリ　「アミスキバリ」（網結針）を参照。「網針」（本文参照）。

アミバン　魚類や鳥類、獣などを捕獲するため、あらかじめ網を張り、網の見張りをすること。または、見張りをする人。石川県の能登半島にある穴水湾一帯では、かつて、「ボラ待ちやぐら」を海中にたて、やぐらの上で終日ボラの群がくるのを見張っていた。

アミヒキ　「網引」または「網曳」と表記する。漁網をひいて魚を捕ること。または、それに従事する人。地曳網などのアミヒキ。

アミヒキバ　「網引場」。地曳網をひく特定の砂浜海岸または沖に設けた定置網をひく漁場。

アミヒビ　「網篊」。海苔（アサクサノリなど）を養殖する際、海中に網をはりたてる粗朶《そだ》。「ノリソダ」。

アミブクロ　「網袋」。網材を用いて作った袋状の持ち物をいう。漁師が食事用具や道具類を入れるエーゴ（飯盒）やチゲ（鉤笥）を入れて持ち歩く。三浦市城ケ島では海士が採取したアワビ・サザエなどの採取物を入れるアミブクロを「スカリ」という。また、網を繕う小道具を容れた小さな網の袋を、日向の日置へ行くとこう称えている。（分）

アミブネ　網漁業に従事する漁船の一般的な呼称。網を引く打瀬網船や投網を打つ船を特定していう場合もある。

アミブギョウ　「網奉行」。江戸時代、幕府の職制の一つとしてもうけられた役職。主な仕事の内容は鷹狩りのときの網の管理。

アミホシバ　「網干場」。漁網を干す場所。「網場」も同じ。網地に麻や木綿（綿糸）が用いられていた時代には湿気を含むと腐蝕の原因になったので漁網は常に天日乾燥をする必要があった。

アミボ　三浦半島でいう網の錘。現在のは黒褐色（『民俗学』五―一〇号）。いわゆる石器時代の遺跡からも同形のものが出る。（分）

アミモッコ　小型の漁網を運搬するために用いる。普通は天秤棒を使用して担ぐので二個で一対。四角い形のものは三浦半島ではめずらしい。材質は杉材（『三浦半島の漁撈関係用具』）。同じアミモッコでも竹製のものもある。小型の漁網であるイソタテ網・七目《ななめ》網（ヒラメを主な対象にする）などの運搬に使用するが、天秤棒を使うので前後一対となる。平均直径は約三二センチ（『三浦半島の漁撈関係用具』）。

アミヤク　「網役」。江戸時代に「網」を所有・使用

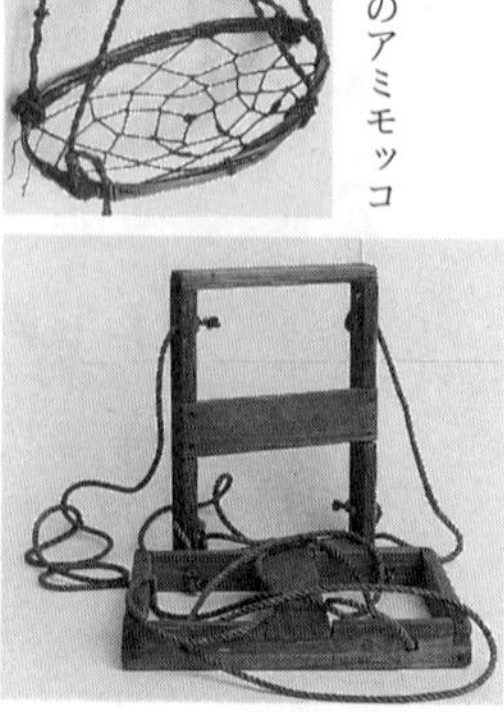

三浦市城ケ島のアミモッコ

している漁業者から徴収した税。「役銭」（永・銀）とも運上・冥加（金）ともいう。船のばあいは「船役」。定められた額を小物成として年々取り立てられた。「永」は永小作にもとづく。

アミロク　「網禄」。江戸時代に加賀藩で漁業制度の一つとされていた。入会《いりあい》漁場の占有利用権にかかわる総百姓たちの持分をいった。

アミヲハル　魚や鳥、獣などを捕獲するために網を張りめぐらすことから、事件をおこした犯人など、ねらう人物（めぼしをつけた人）を逮捕するために準備をととのえて待ちぶせることを意味するようになった。

アラテアミ　または単にアラテ。網の端方の目の粗い部分を薩摩出水郡の諸浦や筑前姫島などの漁師はそういっている。魚は網を避け、これを潜りにげるということはないから、いかに目があらくともこの網に沿うて奥へ入りこむのであって、このアラテの目を細かくすると瀬あたりが強くなり、かえって寄りつかぬがゆえ、わざとこれを粗くするのである。諸浦では引手の掛声がここからかわるといっている。（分）

アンジョ　奥州外南部で、網すき用の麻糸をいう。またアジョロとも発音する者があるようだが、本来はアミソであろう。ソは多くの繊維類の名に用いられている。たとえば縫糸もヌイソ、越中で「からむし」をヤマソ、伊豆の伊東で馬の尾毛をマナソ。（分）

アンバリ　網の製作やつくろいに必要なものにアンバリ（アバリ・網針）がある。アンバリは漁師が自分で作るが、材料には、よく枯れた竹を使った。大きなアンバリの中にはツゲの木を材料にしたものもある。三崎には竹がなく、城ケ島にも孟宗竹はなかったが、東京湾内や千葉県内湾沿岸方面で海苔の養殖をおこなうようになると、ノリヒビの竹が、よく海岸へ流れついたので、そのような竹材を材料にした。アンバリを作るには、デバボウチョウで削った。城ケ島で使用されてきたアンバリは、大きなもので全長一六センチ、幅二・七センチのものから、小さなものは長さ一〇センチ、幅〇・八センチのものまで各種ある（『城ケ島漁撈習俗調査報告書』)。

イオガタ　またオバリとも。肥前小浜の漁民が網をすく時、その目の大きさを決定するもの。木または竹で作るという。(分)

イオコロシ　曳網などの奥の袋になった部分を呼ぶに、肥前の茂木の浦ではこの名をもってしている。(分)

イオダマリ　陸前の阿武隈河口の荒浜では鮭《さけ》地引網の最後の目の細かい部分にこの名がおこなわれている。カキアミ・テアミ・イオダマリの順に網目が密となる。(分)

イオドリ　周防大島でいう語。網の底の袋。二艘をもやって網を積むときは、この部分を二艘の中におくようにする(『周防大島海の生活誌』)。(分)

イカバ　因州東部の海べりで、四つ手網にこの名をいう。(分)

イソタテアミ　サンマイアミを参照。

イチヲタテル　網船がミトへまわってから、イオドリ(ミト)をおとすときには、鬨《とき》の声を上げる。周防大島の漁夫はこれをイチをたてるという。夜網にはこうしなければ、網をおくのがわからぬからである。網をおとしてから竜頭(境目)にきたときには、もう一度「フイエイイエイノエイ」とイチをあげる(『周防大島海の生活誌』)。(分)

イリフネ　鰯網の遠い網代へゆくもの。周防大島でもこれは近頃始まったことと考えられるが、船に籠をすえ、曳きあげた鰯を炒《い》るからの命名だったらしい。これが網船の後についていくので、獲った鰯を遠くから島まで持ち帰る間に、もたなくなるということがなくなったという(『周防大島海の生活誌』)。

イロツケ　大網漁でカワをつけたとき、すなわち網を染めた時に網仲間でおこなう祝いの酒盛り。雲州八束郡の稲積でこれをイロツケという。同郡野波にもイロツケの語がおこなわれ、これは若者たちの祝いとされている。(分)

イワイシ　漁網の周縁の鎮《しず》みに付けるものを、イワといっている区域ははなはだひろく、多くは以前の石が土製品または金属製品に代えられて、肥前小浜などでは前者をヤキモンイワ、後者をナマリイワなどと区別しているが、平戸の志々伎浦などでは、現在はすべて土製品を用いながら、これらもなおイワイシまたはホゲイシと称えている。すなわち岩石の意であって、古くは岩の小破片の穴などがあって結わえ付けやすいものを用いた名残である。ただし土の素焼の中に穴をあけたものを発明したのも新しいことではないとみえて、信州などの石器時代遺跡からも発掘したことがある。周防大島の貝ウタセの網につけるグルイワもこの

スビ貝（宝貝）の錘（糸満にて）

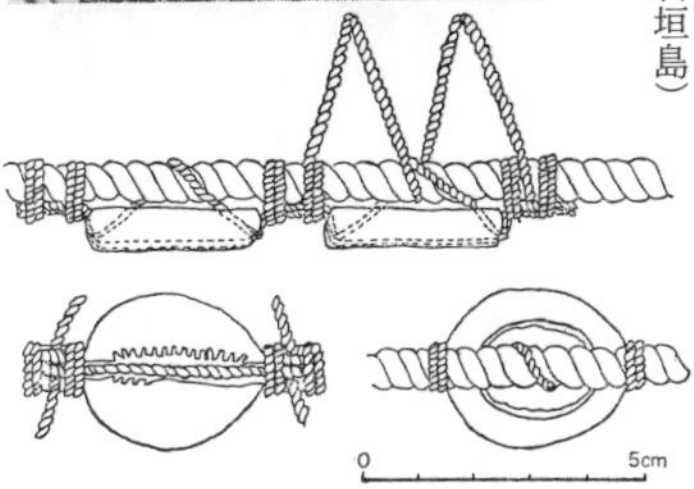

子安貝の錘実測図（石垣島）
（岸上興一郎氏原図）

一種らしい（『周防大島海の生活誌』）。沖縄の糸満人は、もっぱら子安貝の最も大きいのをこれに利用している。（分）

ウカシ　豊後北海部郡の網代では、網のアバ縄の端につける浮標のよび名。多くは樽などを用いており、アバとは別物である。（分）

ウチジキ　魚が網にかかりすぎて破れるおそれのあるとき、網の中へさらに小さい網を入れて獲る。これを肥前小浜などではウチジキという。（分）

ウルシアバ　陸前荒浜では以前用いられていた漆の木で拵《こしら》えたアバをいう。いまはダマと称する中空のガラス球が用いられ、シビ縄や鰯タデ網などに

三浦市三崎のエビアミ

つけられているのをかなりひろく見聞する。（分）

エビアミ　サンマイアミを参照。

エビスアバ　伊予や土佐の室戸岬、隠州などにこの語がおこなわれている。予州日振島の鰯船曳網でいうエビスアバは冠形で、網の中央すなわちミトの浮子となっており、これをオオダマとも称している。その新調や漁期始めにあたっては、和霊神社に担ぎこんで祈禱をしてもらい、氏神祭礼には御旅所にもちこんで神輿と共に一日は安置するとか正月十一日の帖祝いには網主の家の床の間におき、縄を新たにするという風であるが、一方不漁にあえば直ちにこれを取り替えるという習《ならわし》もある（『伊予日振島旧漁業聞書』）。隠岐島前の船越にいくと、地曳網に六つの夷浮子《えびすあば》があって、これは大きな一尺くらいの桐の木製、形に特異の点はないが、漁期始めの袋祝いにはこれに神酒を供えて祀るならわしである（『隠岐島前漁村採訪記』）。伊予の北宇和の一部でも、「桐の木とり」と称して、桐の木でオエビスサマを刻めば大漁があたると信じられているが、これは桐の木を盗んでやらねばならぬために折々問題を起こす由である。（分）

オイアミ　羽後の八郎潟で用いられていた一種の漁法。追網である。今もなおおこなわれているらしい。「夜もすがら引きあるく舟に、胴木というものを横たえ、それを槌して打驚かし魚を追う」（『恩荷能春風』）ものであった。（分）

漁獲物はボラ。漁撈期間は三月下旬から六月中旬までと、十月から十二月まで。由来と変遷についてみると、安永二年の「船越潟廻村々諸猟役銀本図帳」に、芦崎村（現在八竜町）に「追網弐筒三ケ年役」、今戸村（現在井川村）に「秋追網壱筒五ケ年役」の記述があり、同様野石村・払戸村（現在琴浜村）さらには真坂村（現在八郎潟町）と、当時追網漁業が八郎潟沿岸のほぼ全域にわたっておこなわれていたことがわかる。ところが『絹飾』（嘉永五年）中、「湖漁」の項に、追網について「春氷の明くを待、秋氷の張るまで鯔・瀬黒の類を猟する網なり。舟二艘にて一艘へ四人ツ、乗り、帆を掛けて魚を追ひ流の如くに網へ載せとるなり、魚を追ふとき帆を持ち網を引上るとき帆を下し、帆の上げ下し誠に功者也。一日に湖中を巡りて暮に帰る。天王枝郷羽立、塩口の者専ら漁す。張切の近処追ふ事禁す」という記述があり、漁法などがよくうかがわれるが、この頃になるともう追網漁業は天王町の一部、すなわち羽立・塩口地域だけに限られてくるのである。くだって大正五年の『八郎潟湖水面利用調査報告書』によると、追網漁業は天王のみでおこなわれ、従事する漁舟も五隻で、漁獲も一二五〇円となっている。追網漁業は、八郎潟における旋網漁業の一つとして特異なものであろう。ちなみに前掲『絹篩』に「流網」および「小流網」についての記述もみられるが、追網漁業とははなはだしく類似していることを付け添えておきたい。

漁法についてみると、漁場は湖心部に近く水深二〜三メートルのところである。この漁業に従事する漁船は三隻で、それぞれ三名ずつ乗り組む。網具は真網および逆網の二部分にわけて船に積みこみ、魚群を見つけるとすぐ網を投じて包囲する。うち一艘は舷をたたいて威赫しながら魚群を網の中に追い入れていく。ついで他の二艘もともに舷側をたたいて魚を網にかからせ、手ぎわよく網を船に繰り上げて漁獲する（『八郎潟の漁撈習俗』）。

オイコミアミ　「追い込み網」。クスクアミの項を参照。

オオウタセ　周防大島の海ではウタセには大打瀬・貝打瀬とがある。島中心のものは後者の方で、主として鳥貝、十二月から一月にかけては海老も獲っているが、大打瀬の方は主として灘などで魚を曳くのを目的としている。（『周防大島海の生活誌』）。（分）

オオ（ホ）ダマ　一名カンともいい、安芸の三津で鰡網の張口すなわちカクグチにつける鉄製の具。網を海中に沈下させるために用いる。他の網にはおこなわれない。新たに作った時は、これを宮籠りに持参して祈禱をやる。すなわちこのオオ（ホ）ダマがエビス様だと信じられている所以である。北九州の鯨網にもオオ（ホ）ダマエビスというものを附したようである（『広島三津漁村採訪記』）。（分）

オシナ　鳥や魚群による徴候なきも、海水の温度や風向きなどにより網を張ることを、総州九十九里の地曳網でそうよんでいる。これはオキアイ（罟師）の多年の経験によるもので、イロをみて張るイロバリ、鳥の群をみてその方向に張るトリカケなどより遥かに難しいものである（『水産会報』七一号）。（分）

オバリ　網をすくに用いる竹針。日向の日置でいう。南九州で網子をオゥゴとよんでいるところをみると、オバリは網針（アバリ）の意かと思う。（分）

オヒオキ　丹後与謝郡の海でおこなわれる鰮《いわし》刺網漁法の名。すなわち、魚群の集まったところを発見し、流網使用の方法をもってこれを獲ることであるが、また建網の方法で夕方投網し、翌朝曳き上げるのもある。この方はオキタテと呼んでいる（『京都府漁業誌』巻三）。（分）

オビキ　周防大島の鯛《たい》網の部分名。袋をイオドリ、その左右からモドリ・手アミ・スベの順で次がオビキである。長さ通例五反。網の目の長さ五尺、五一目で一反（四二、三間）であるが、昔は五反とも藁オビキ、今は三反までツグ（棕櫚縄）オビキである。一反についてアバに浮樽が三つ付いている。このオビキと網の境界を竜頭といい、この網が五〇〇尋もあるから、とにかく大がかりな網である。そしてこのオビキを曳いてしまうと、音頭をやめてしまう習いである（『周防大島海の生活誌』）。伊予の日振島の漁業でも網の荒手方のことをオビキといい、大引縄にする藁は網師が購入して網子方になわせている（『伊予日振島旧漁業聞書』）。ひとり豊後の網代では、地引網の奥によった部分にオビキの名を付している例があるが、さだかではない。（分）

オリコ　鮪《まぐろ》網の奥部の目の細かいもの。これは肥前の上五島の漁村で。（分）

オリコアミ　対馬で鰤《ぶり》を曳く網をこの名をもってよんでいる。浅い所まで引いてきて、矛《ほこ》で突く漁法である。これをオリコヒキともいう。（分）

オロ　島原半島の諸村で、網の魚を最後に追いつめる部分にこの名がある。網を張っているときはこの部分を「沖の前」といい、縫切網では一番奥の所、これをミソコともいう。巾着網でいうオロは中央五〇尋くらいのあたり、これを「魚どり」ともいい、地曳網ではフクロおよびその付近にこの名がある。オロは南九州では笠と書き、牧の野馬を追い込んで捕える土居の囲いの称である。この二つのオロは明らかに同じ語である。(分)

カエルマタ　漁網の結び方の一種。かなり広くおこなわれている。これは結節が固く弛むことがなく網を張りさえすれば、横目も縦目もなく開くが、ホンメ・ヒラメなどは両目がひらかぬ。刺網やトロールなどの編み方がこれで、刺網の特徴もまたここにある。この他、モジというのは糸の撚の中へ横糸をとおした機械網のことである。(分)

カガタ　この漁法は夜篝火をたいておなこわれるので、タイナ船にその台を設け柄をもってとりつけそれをもカガタと称し、この上でコイ松を焚いた。タイナ船はオモテを風上にむけているので乗組のタイナは常にその風下にいるのである(『隠岐島前漁村採訪記』)。(分)

カカミ　木の二股を輪にして、これに網をつけたもの(『郷土研究』七—五号)。志州島羽の方言。カク網の意ではあるまいか。(分)

カキダシ　長門の向津具半島の大浦などで、海面に突出した竹の乾し棚をいう。少し離れた黄波戸浦ではカケダシ、肥前北松浦の大島でもカケダシだから、掛け出しの意と解せられるが別にガキダナのような例もある。(分)

ガキダナ　肥前五島の嵯峨島でガキダナというのは屋敷の隅に垣に接して、浜に臨んで掛け出された丸竹の棚である。この上で網を干しまた鮑《あわび》なども干す。五島の奈良屋ではこれをガケという。西国一般に浜へ下りる石段を意味するガンギという語と、関係がありそうである。ガンギは北国では軒下の冬の通路をいうが、他ではひろく石段のことで、また石垣をもそういうところがある。崖をガケというのと一つの語らしい。(分)

カクアミ　陸前荒浜あたりでは定置網をこういう。沖合に向かって岸と直角に垣状の手網を張り魚群をカクという長方形に廻した網に誘い、時々カクの一部で魚をあげる装置である。カクにはモドリ

があり、魚の逆行を防ぐ。現在は沿岸三〇〇間ごとにこれを設ける定めである。（分）

カグラサ（ン）　地曳網や漁船をひきあげるために綱を用いて巻きあげる轆轤《ろくろ》をいう。

カグラサンで船の曳き上げ（千葉県金谷港）

カケビキ　周防大島の漁語。しまいまで網を船でひき、浜まで曳いてくることをいう。昼網、特に岬の岩ばかりの沖などでよくおこなわれるが、夜網ではしない（『周防大島海の生活誌』）。（分）

カコアミ　越前敦賀の白木では大謀網の小規模なものをいう。鰯・鯖なども獲る。（分）

カシアミ　磯近くに定置して、雑魚または海老・蟹の類をとる一種の建網をそうよぶ所が多い。カシドリアミ（別項目）もこれと同じものである。壱岐では地と浜の中間のハタクチに、地に沿うて張る（『続方言集』）といい、備前児島湾の例は湾口小串の海面の南北に、長さ五、六間の大きな樫の木を樹《た》ててかける網（『方言集』）と説いている。同じ語は豊後日向の山川にもなおおこなわれていて、やはり簡単な装置の建網である。肥前の茂木浦ではカスを浸すの意と解説している。（分）

カシキアミ　樫木網と表記する。備前児島の八浜、甲浦村字北浦（現岡山市）、小串浦（岡山市）でもっぱらおこなわれた。樫木と呼ばれるのは網を敷設している木杭をこの地方でカシキという説もあり、あるいは、木杭に樫の木を使用したためとの説もある。主な漁獲物はウナギ・エビ・シラウオ・アカウオ・ツナシ・セイゴ・アミなど。児島湾内の適所にナラガシやホンガシの木杭をうちたて、その間にカシアミと呼ぶ一五尋から二〇尋の袋網を干満潮流ごとに裏表の両方を使う。『明治前・日本漁業技術史』にもみえる（『岡山県旧児島湾の漁具と漁法の考察』）。

カシドリアミ　三十番ヤコの糸で編み、カッチンで染めた海老捕り網の名。薩摩の佐潟で。（分）

カシワイクド　網を染めるに用いる大釜をカシワイガマ、これをかける竈《かま》を豊後の網代の浦ではそうよんでいる。海岸に煉瓦などをつんで作ったものを見うける。（分）

カシワギブネ　柏の樹皮を用いて漁網を染める際、網をつけておくためのフネ（舟）をいう。三浦市城ケ島「海の資料館」に保管されている「柏木舟」は全長一六〇センチ・横幅七五センチ・深さ三二センチのもの。三浦半島の野比《のび》では「カシワギデンマ」を「カシャギデンマ」と呼んだ。「伝馬」は小型木造船をいう（『城ケ島漁撈用具コレクション図録』）。（九三ページ写真参照）

カスミアミ　霞網。霞のように目にみえない網の意。細い絹糸の網を用い、二本の竹を立てたあいだに張る。（本文参照）

ガゼ　周防の大島あたりにみられる五～六尋の小網の名。船一艘四人くらいで、トモとミヨシに引きあげてしまう。一網に一〇分間とかからぬものである。芸州の音戸辺が根拠地らしく、一番柄の悪い仲間とせられている（『周防大島海の生活誌』）。（分）

カタデマワシ　伊予の二神島や怒和島などで船一艘だけで網を引くことをカタデマワシという。すなわちモヤイによらぬもので、これに対して二艘で引く場合をモロデと称する。（分）

カツオナガシアミ　鰹流網。三寸目のカツオ漁専用の流網。海面に流す浮刺網で漁期は十月より十二月まで相模湾一帯で用いた。三浦市城ケ島では夏の裸潜水漁が終わってからおこなった（『三浦半島の漁撈関係用具』）。（次ページ図参照）

カテ　伊勢の度会郡で網を張った木。魚をすくうために（『度会郡方言集』）と報告されているが、よく意を汲めぬ。補助網の義か。（分）

三浦半島の一帯では、捕獲した魚類などをすくうために用いるタモ（スクイタマ・オオダモ・タマ）とよばれる掬網に自然のままの木の枠を用いて枝をまげた自製品の網枠をカテという。カヤの木の材がよいとされるが、三浦半島にはカヤの木

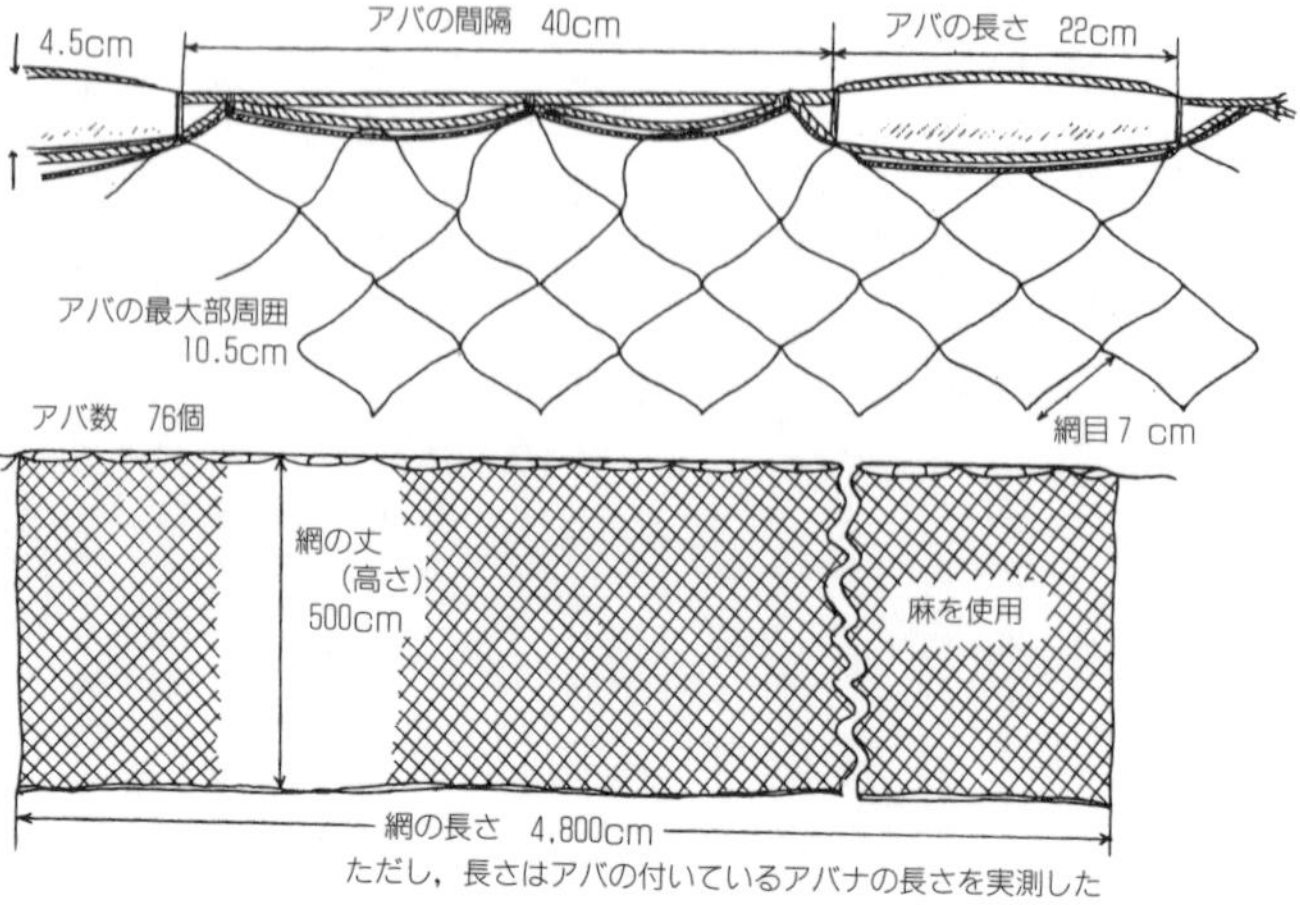

鰹流網（横須賀市人文博物館所蔵）

がすくないので、三浦市南下の金田や上《かみ》宮田では対岸の房総半島から入手していた（『東京外湾漁撈習俗調査報告書』）。また松材や杉材を使用することもあったが、いずれも生木《なまき》のときに枝を成形して左右をまるめておいてから枯らす（『三浦半島の漁撈関係用具』）。

一本の木の枝を利用したカテ
三重県神島・昭和46年撮影

カニアミ　ワタリガニを捕獲するために用いる専用の底刺網。砂場に張りたてる。三浦半島の佐島や南下浦上宮田で使用（『三浦半島の漁撈関係用具』）。

ガバ　筑前の姫島で大敷網のアバすなわち浮木のこ

と。これだけは孟宗竹をもって製する。(分)

カブセアミ　掩網。(本文参照)

カマスアミ　カマスを捕獲するための底刺網。四間ごとに石をつけて網をオラス(沈める)ように工夫してある。網のモバレ(底部)は海藻がついて網がいたまないように大きな網目にしてある(『三浦半島の漁撈関係用具』)。

カミアミ　陸前阿武隈河口の漁村では地曳網の最も目の粗い部分をいう。(分)

カリコミアミ　隠岐の浦郷の海辺で、近年入りこんだ沖縄の糸満人がやっているイサキアミにこの名がつけられている。磯魚を駆《か》りこむからの命名であるというが、新語かも知れぬ。(分)

カリサシアミ　八丈島でおこなわれていたタタキアミよりはるかに大規模であるが、やはり古い刺網漁の一種である。「網目は一寸から二寸ほど、幅三間で、長さ六間のものが一反、これを十反くらいつないで用いる。ナムラ(魚群)を発見すると網の一端を岸辺の岩に結びつけ、船に網を積み、ぐるりと半円形に網を投げこみ、他の一端をも岸辺へもってくる。それから四人がその囲いの中に飛びこみ、竹に樹の枝を結びつけたオドシと称するもので魚を追いながら網の目に魚の頭をつっこませる。こうして一端から順に網をたぐりあげて魚を捕るのであるが、主として飛魚を捕っている。カリサシ網は海中のオドシ役四人、船には船頭、アバ(網)方、イワ(岩)方が一人あていて、計七人によって行なわれる。したがって、この漁に乗りこむ者は船主との契約によっている。正月二日にはフナイワイと称する祝いがあり、船主の家で酒盛りが行われるが、船主は船方になってくれそうな人々を招いて承諾をとるわけである。乗るつもりのない者は行かないし、行く者はオカガミ餅を一つ持参することになっている。大賀郷とか三根あたりが専業漁業者の多いところである。このように契約はまったく選択的で船方の意志によって決定されるため、三、四日ごとに船方が変わるということも珍しくなく、船主も報酬は漁獲量による歩合制をとっている」。冬期におこなわれる網漁(『八丈島』角川文庫)。

ガワテンマ　紀州北牟婁郡の浜では、大謀網のガワマワリをする船にこの名がある。多くはベカまたはヒラザともいう船を用いる。これは平たい間のない荷船である。網のガワの損傷の有無をみまわるためである。ガワは筑前で大敷網の浮木といっているのがそれであろう。ガワアバの略で、ガワは周囲の意かと思われる。（分）

ガワフネ　隠岐大久などでみる夜焚きの四つ張網漁である。船は七艘、二〇人をもって一組とする。その編成部署は、四人乗網船一艘は後部に在り、タイナ一人あるいは二人乗り込みのタイナ船二艘が前部に来り、三人乗ガワ船四艘をこれに配する。ガワ船のうち前の二艘をアサキ（網先）といい、後の二艘をシンデンという。シンデンは後手の義であろう。各々手綱にて網をひいて漁に従う。（分）

キアミ　新しい網。上総鵜原でいう。九州東岸の漁村などでも耳にしている。が、もっとひろくおこなわれている語であろう。これをカッチで染めることをカワダシといい、耐久力をつよめ、また擬色とする。それゆえ褐色化した古網をもカワダシする。（分）

キオリカゴ　漁網の製作や修繕をおこなう際の道具であるアバリ・ヘラ（メイタ）・ハサミ・小刀などの他に網糸などを入れて持ち運ぶために使用したカゴ。三浦市南下浦などで使用（『三浦半島の漁撈関係用具』）。（二〇四ページ写真参照）

キスアミ　キスを捕獲するために砂場に張りたてる底刺網。砂場に張るために網地を褐色に染めることはない（『三浦半島の漁撈関係用具』）。

ギッチョ　漁師が網を繕《よ》る道具を、奥羽の野辺地の海辺でこういう。二〇～三〇間も離れて双方で綯《な》う（『方言集』）。

ギバ　陸前十五浜あたりでいう漆の木で作った網の浮子。これは水にぬれると重く《ママ》なる性質がある。亘理郡のウルシアバのことである。九州のガバと同語かも知れぬ。（分）

クスクアミ　沖縄県島尻郡座間味《ざまみ》村慶留間などで使用されてきた。この地域ではシャコ貝を一般にアジケーというが、座間味ではハクヤーといい、その殻に一つの孔をあけ、網の錘にする。網は単にアミとかアミジケアミ（張網）などと呼ぶが、獲る魚の名称を冠してクスク網・イラブチ網と呼ぶことがある。ハクヤーの貝錘ではないが、ザコウ網・サレーラ網・グルクン網・スク網などと魚の種類に応じて呼ぶことが多い。網の長さは一〇メートル前後で、高さ二メートル前後である。その裾に約三〇センチおきくらいに錘をつける。浮子には細長い板をつけ、ウキアバイという縄で結びつける。下部の錘をつけるところをアシという。これはパンタタカーという追い込み漁で用いるもので、七人から八人の組でやることが多い。内海の水深二〜三メートルのところで使う。サンゴ礁の割れ目を利用し、網を張っておき、溝になったところを数名で潜って魚を追い込むのである。最後の二人が網の両端にいて、魚がかかったところをさっと網を巻いてしまう。それを水面へ引きあげ、魚を舟に移す。クスクもイラブチもだいたい同じ方法で獲るが、イラブチは敏捷なので、網を守る人はクスクより早目に潜って待っていなければならない。パンタタカーは糸満漁夫の得意とする漁法で、今では他の漁村でもやっている。水中で石を打ち、「ウー」と声を発して追う。場所も好きな所を決め、随意に仲間を募ってやり、獲物は平等に分配する。この網は魚がかかるとガラガラ音を発し、魚をますます混乱させる利点があるという。貝に孔をあけるのは、先の尖った道具で一気に打ちこむ。図示したように①の人が最初に魚を追う。これを受けて②③の人が追う。それらを④の人が直ちに網へ魚を追い込む。最後の⑤⑥の人が網を巻く。（『沖縄の民具』）。

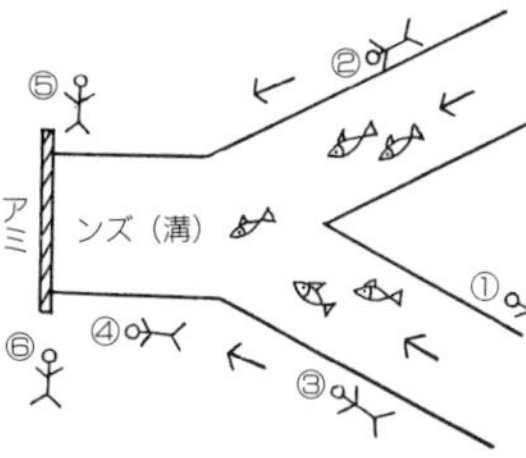

クスクアミを用いての追い込み方法（『沖縄の民具』より）

クチブネ　肥前江ノ島などで、漁船の配役の一つ。たとえば鰯の「ぬいきり網」で、火船の合図に応じて網船を導き、網を入れる地位に就かしめるの

が口船である。三組に分かれて二艘ずついるという。(分)

ゲジキ　アジゴアミ・モビキアミの別名もある。チン・ボラなどを獲る小さな木綿の地引網を周防大島へいくとそう呼んでいる。曳手は全部オーゴであるが、岡曳きはない。二重のアバをしめる仕掛になっており、船一艘に網を積み、綱を浜にあげておき、沖でまわす(『周防大島海の生活誌』)。(分)

ゲタナガシ　ゲタアミまたの名ゲタコキアミを流して「うしの舌」(ウシノシタ科の魚名)を捕る漁撈技術を、備前の児島湾ではそう称する(『方言集』)。(分)

ゲバチブクロ　カワハギを漁獲するための掬網。船上から口のひらいた網袋を海中に吊し、網の上部に餌をつけておくとカワハギが網袋の上部から中にあつまるので、時間をみはからって網袋を引きあげる。ゲバチは方言。餌には魚の頭などが用いられた。この漁法は、城ケ島の石橋弥市郎(天保九年七四歳で死去)により考案されたという(『城ケ島漁撈習俗調査報告書』)。(本文参照)

コオリシタアミ　氷下網。以前、八郎潟でワカサギ・ゴリ・フナ・シラウオなどを漁獲した曳網。冬期に操業されるのでフユ(冬)網ともよばれた。

コザラシアミ　小晒網。(本文参照)

コシ　麻縄製の鮪《まぐろ》網。九州上五島でいう。(分)

コシヒモ　腰曳縄ともいう。地曳網を砂地に曳きあげる時、手でひくとともに、腰の力をも利用してひきあげるよう、網綱にからげ、他方を腰にまわして用いる(『三浦半島の漁撈関係用具』)。

ゴトアミ　マスアミともよんだ。昭和一七・八年頃より城ケ島で使用されはじめた。三浦市城ケ島では大橋がかかった昭和三五年までおこなっていた。漁獲物はスズキ・コノシロ・ヤリイカなどが主なものであった。網は木綿。水深一〇尋から一五尋に張り立てる。普通九月より翌年四月いっぱいまで。漁場は灯台下、その他城ケ島の周辺。規模が小さいので一軒で二カ所ないし三カ所に張り立てた家もあった。個人所有。他の者に迷惑にならぬ範囲で磯ぎわでおこなう。網の大きさは、カケダシ二五間、ソデ一五間、袋網の長さは七間から一〇間ほど。ゴトアミはマスアミとも「シテンバリ」ともよばれ、この網は同じ三浦市の初声三戸《はっせみと》から伝えられたといわれる。本来はイカを漁獲することを主としたが、アジ・カマスなども漁獲できた（『三浦半島の漁撈関係用具』・『城ケ島漁撈習俗調査報告書』）。

コトリブネ　駿河の安倍郡用宗あたりの海上で、地引網を見廻る小船にこの名がある。（分）。

ゴネアミ　河や浅海などでおこなう五人網の漁法を岡山地方でゴネアミという。二人は矩形の大網をもち、一人は陸に在り、二人は船で魚を追うもの（『岡山方言』）。すなわち、五人網の義かと推測される。（分）

コネヅキ　タカリすなわち魚群に鳥のつく魚候を発見して、早いもの勝ちに順序なくタモをさす習慣を、佐渡の真更川ではコネヅキという。これに対して、到着した船の順に獲ることをバンヅキという。（分）

コマシブクロ　ボゥケ船（棒受網船）に使うコマシ（コマセ）という小魚を捕る一種の網を、房州の平館の浦ではコマシブクロと称し、その作業をコマシヒキと呼ぶ。（分）

コマシ(セ)ブクロ　小型のものは釣用の天秤(ビシ)につけるので三浦半島ではビシブクロという（横須賀市人文博物館所蔵）

コマセギネ　ボゥケ網船で、コマセを荒ごなしにする棒を、豆州新島ではコマセギネという。先に鉄輪がさされ、刃になっている。網の竹を繰り入れるとともに、少年の役としてコマセ桶の中で魚を搗《っ》く。これを俎上にのせ、細かく叩き刻むのは老人の役で、これにはコマセ庖丁とコマセ板とを用いている（『新島採訪録』）。（分）

コミ　縮結、すなわち網をちぢめることを、肥前小浜などでそういう。コミを入れることで、磯割コムなどともいい、命令形はコメ・カメという発声

である。（分）

サエラブネ　熊野下里のサエラブネは、秋から翌春にかけて出る四艘一組の漁法で、オブネとサカミ各一艘、サッパ二艘からなる。オブネは網船である。これが帰港するとき川口の両岸から子供が「なーげよ・投げよ…」というと、船から魚を投げてやる習いがある（『民族』一―四号）。（分）

サキアミ・アトアミ　若狭山東村丹生の浦では八月十日までの漁をサキアミといい、このあと十月のかかりまでをアトアミという。サキアミがすむとカコの雇い替えがおこなわれる。（分）

ササセアミ　他でいうサシアミに同じ。これは薩摩内海側の例であるが、魚の進むのと反対に船をやり、網の目に魚の頭を刺させる漁法である。魚はその習性として、潮流を逆行するものであるから、網にぶつかっても後戻りはしない点を利用した漁法である。（分）

サシアミ　刺網。（本文参照）

サシブクロ　伊豆新島のボゥケ網で、コマセを海中にまく麻の網袋をサシブクロと称する。周一尺五寸に深さ八寸くらい、これを五尋ほどのサシ竿のさきに結わえて水中に突き入れ、振りまわしてコマセを撒く。魚が水面に近づけばまた別に手にコマセを摑んでまく。このサシブクロは船頭の役である（『新島採訪録』）。内房州北部の棒受網では、この嚢《ふくろ》を単にサシと呼んでいる（『内房北部の漁業と漁村経済』）。（分）

サデ　古語。普通は『倭名鈔』などの解説のごとく箕形の網と理解されているらしいが、沖縄や土佐の奈波利地方には大小二種のサデがおこなわれ、前者は地引網の袋のごとく、沖縄でこれをサディといい、大きさ三間に及ぶものがあり、後者はサディグゥといい、小形のものをさしている。サデルという語は松の落葉を掻く意であるが、サデにもまたその操作法にこの種の特徴があったのではあるまいか。上総一ノ宮辺でみるサデは底が横になりタマのように下窄《すぼ》まりになっていない。この柄の長いもので、海以外の水辺で用いるものをここではシッタビとよんでいる（『方言誌』一六輯）が、要するにサデの底の形は土地ごとに一定して

いるようで、必ずしも国語辞書の説くごとく簡単ではない。（分）

サディ　沖縄県島尻郡仲里村真謝でサディは叉手網のことをいう。伊平屋ではティーサリと呼んでいる。二本の竹に網を張って袋状にしたもので、伝来についてははっきりしない。干瀬の水溜りやイノー（内海）で用いるのに向いている。二本の竹の間は、やや逆台形状に先の方を広げ、手前はせばめている。その先の方には一列にスビ貝（宝貝）の錘をつけて、水中に入れても浮上しないようになっている。竹の長さ約八〇センチ、貝錘をつけた前方が約七〇センチ、袋になった網の全長（深さ）が約一メートル五〇センチ。袋の底は筒抜けになっていて、すくった獲物はそこから籠へ移す。二本の竹を持って前へ進みながら小魚をすくう。スクやヌルルのような稚魚をとるのに用いる。伊平屋ではこの網は男性用だという（『沖縄の民具』）。

サディ（『沖縄の民具』より）

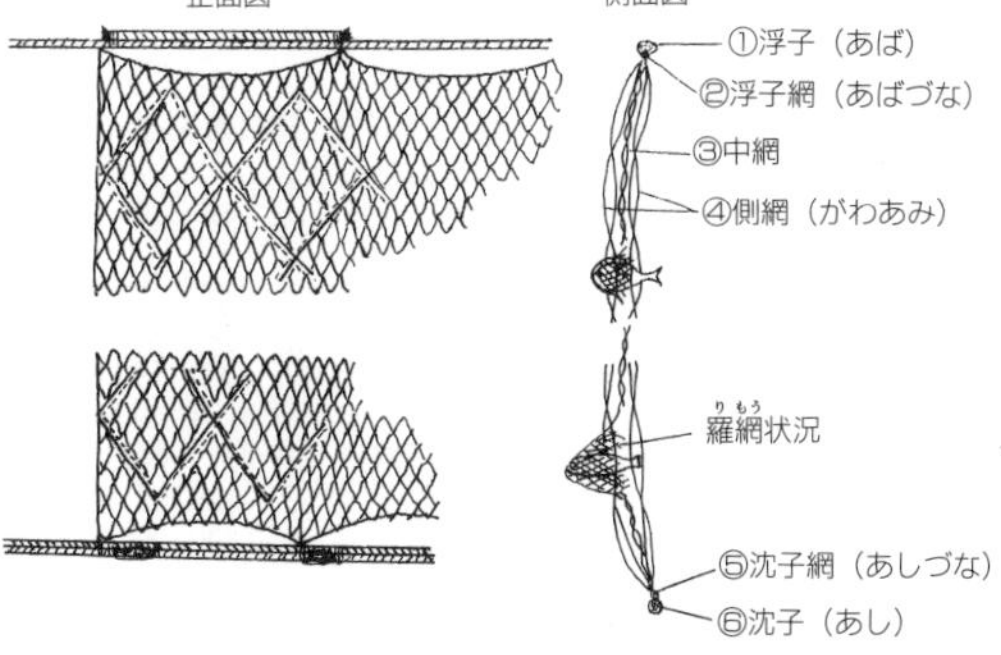

サンマイアミ（『東京外湾漁撈習俗調査報告書』より）

サンマイアミ　「三枚網」と表記するとおり、一枚の中網と、その両側に中網より目合の大きい外網を一枚ずつと合計三枚の網地を重ねてつくる。磯建（立）網を改良した刺網。古今東西、なんらかの理由でその使用が禁じられた網は多い。この網も昭和三〇年代に登場したが魚がかかりすぎ、幼魚まで捕獲してしまうため、資源保護のために初期には中網二寸以上、外網二枚は五寸以上という制限をおこなっていたが、その後、全面禁止となった。この網の特徴は、中網の目合が外網に比べて小さく、中網は外網より背丈がかなり高いので中網がたるんだかっこうにできている。それゆえ中網の目にあった魚はこれに刺さり、また、それより大きい魚は、中網が外網の外側に突き出して袋のようになった中に入って捕獲される。三浦半島の金田では、昭和三七年頃、横須賀市内の東京湾側の漁業者がおこなっているのを導入したという。主に十月から三月の寒季が漁期。クロダイや磯魚のほかイセエビやサザエもかかる。漁法は、夕方、船に積んで漁場に至り、潮だるみを見計らって、船の左舷より、潮上より潮下へ投網し、夜間張網しておく。大潮時には、潮の流れのゆるい場所に投網する。また網をあげる時は、潮だるみの時刻を見計らって、船の左舷より揚げ、浮子方、沈子方を別に広げて手繰る。夕方投網し、翌早朝に揚網する。（前ページ図参照）

ジアイ　これは周防の大島などで耳にする語。日の出少し前に、魚見をせずに網を曳くことの称呼であるが、鰆《さわら》は通例、ジアイでひくことが多い（『周防大島海の生活誌』）。（分）

シイガワコヤ　紀伊北牟婁の須賀利の浜では網を染める椎《しい》皮は大正以来つかわぬが、それでもなお網を煮つける小屋をシイガワ小屋という。以前は椎皮がないとナルゴハという木の皮を用いた。楢皮の意かも知れぬ。（分）

シオケ　手繰網の目標となる浮樽を、丹後与謝郡の入海沿いの村でこういう（『京都府漁業誌』巻三）。（分）

シオボ　別にミヅホの名もある。瀬戸内の小豆島の一部で。帆切れを用いた網の称呼。帆をまくよう

に水中へ入れ、帆を張って蝦《えび》を扱《こ》ぐのである（『近畿民俗』一―一号）。シオボは潮帆、その用途からの命名。（分）

シキアミ　敷網。（本文参照）

シナダアミ　羽後の仙北郡で、シナの木の皮を剝ぎこれを糸にしてすいた網。またシナ網ともいう。紡績網よりは水きれもよく、現在では相当の値がある。シナすなわち級の木はこの地方で普通マダの木というが、一部にはシナの語もおこなわれている。昔はこの糸で蚊帳《かや》も作り、また馬の腹掛にも用いた。（分）

シバリアミ　豊後の北海部郡の網代で聞く語。昼間鰯や小鰯などをとる旋《まき》網。瀬の如何を問わず、二艘の船で魚群を寄せまわし、網の下縁のワイヤを引き、巾着のように縛る。すなわち巾着網と同じ類型に属するものがある。マアミ・サカアミの語はこの場合にも用いられている。（分）

ジビキアミ　地曳網。地引網。（本文参照）

シブイリ　鰭《しいら》網を染めること。隠岐島前の船越あたりで。また網染の祝いをもそう呼んでおり、この折の祝酒は三升ときまっている（『隠岐島前漁村採訪記』）。（分）

シラ　豊後北海部郡の網代あたりでは、いまだ染めぬ新調をシラと呼びならわしている。シラアミの略なのであろう。これをカッチと共に釜で煮ることをニコミ、水洗い後干して使用する。（分）

シラタキ　紀伊北牟婁郡の須賀利で、染料を加えずに新しい網を煮ること。油をぬくためであるという。（分）

シリガケ　網の袋が一杯でなお魚の入りきらぬ時には、東伯耆の中北条の漁夫は、シリガケと称してもう一度その後に網をうつことがある由（『因伯民談』二―一号）。（分）

シリゴマ　安芸倉橋島などで網の沈子《いわ》をそういう。瀬戸内海でもひろくイワ・イワグリ。尾道付近ではこの重いものをセンガンという由。（分）

シロタン　まだ染めぬ新しい網を、佐渡の片辺などでこういう。（分）

シンガエ　上総の富津地方でいう。地曳網のあとに目の細かい網をもう一度曳いて、小さいこぼれ魚を捕る仕事のことである。農家の家族下人などの余得を、近畿から北国へかけて、シンカイというのと同じ語であろう。新開で自由耕作の意と考えられる。（分）

スイタ　瀬戸内海の小豆島などの漁夫の手操網は主に夜これをおこなう。網を大体コの字型に海へ入れ、船でスイタを叩いて雑魚を網にかりこむのであるが、夜の海に魚が八方に散るこの美しさを称してハナニナルという。（分）

スカリ　アミブクロ「網袋」の項を参照。

スクイアミ　掬網。（本文参照）

スクイチ　伯耆東伯郡の中北条では、網曳に時としてスクイチの立つことありといい、この時は誰でもタモをもって飛び込んですくい放題である（『因伯民談』二―一号）と報じられているが、実状は不明。魚の多く入ることをいうとみえる。（分）

ズコアミ　東京湾口の浦賀に近い走水や鴨居でアイナメ科のクジメを捕獲するために用いた専用の底刺網。三浦半島では最も小型の刺網であるばかりでなく、わが国全国各地をみわたしてもこれだけ小型の網はみたことがない。アバナの全長一八メートル六〇センチ・丈二五センチ・網目二センチ。実物は横須賀市人文博物館に収蔵され、国指定の重要有形民俗文化財の一件になっている（『三浦半島の漁撈関係用具』）。

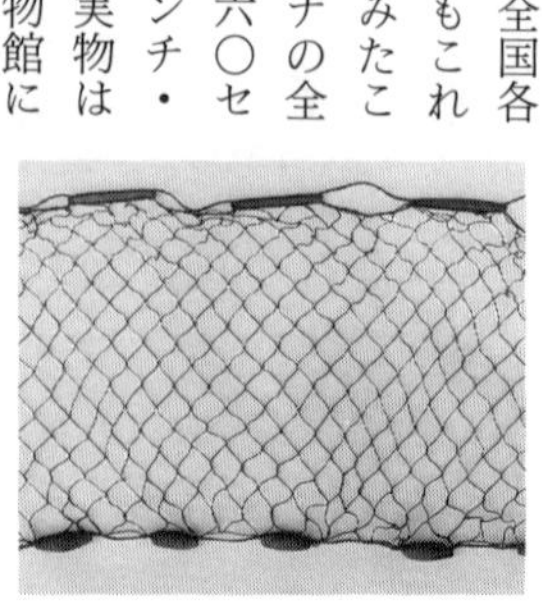

ズコアミ

スデ　日向の日置は掬網、いわゆるタモ網にこの名が付せられている。タブともいう。スデはサデと同語であろう。（分）

スド　陸前あたりの沿海でいう漁語。地引網あるいは大謀網などの最奥の魚溜りもしくは一種の袋網もこういう。網地島あたりにはシトと発音している浦もある。スドにつけてある浮標の樽をスドダルという（『島』一―三号）。このスドと手網だけを船の後にとりつけてこれを引き廻して魚をとる方法がある。トロールに進む先行形式である。

（分）

スヒキアミ　ハツダ（八駄）の項を参照。

スベ　鰤《ぶり》網の両手網に続く部分の名を、周防の大島でそういう。オビキよりも先方で、目がより細かい。この部分は棕櫚縄製で三〇尋ばかりの長さである（『周防大島海の生活誌』）。（分）鰤《ぶり》網の奥部の細かいもの。これは肥前の上五島の漁村で。（分）

スマビキアミ　鰈《かれい》や笹鰈をとるために、岸近くを和船でひく網を、陸前荒浜でスマビキ網またはキシャピキアミという。網を潮にまかせて流しながらかからせる。一種の船曳網である。（分）

セドリ　岸近くでおこなう漁を、陸前十五浜でそういう。オキドリの対語。（分）

セモウチ　壱岐でおこなわれる一つの漁法。網で囲み曳くと同時に、船から石を投げ入れて追い込む方法（『方言集』）。セモは瀬物の略、鮫《さめ》類の総称である。（分）

ソコナワ　備前児島湾で、羽をつけた網を海底で引き、魚を追う漁法にこの名がある。ガワアミ・五人網の一部として用いられる（『方言集』）。（分）

ダイコク　陸前十五浜では地引網などの最奥の魚溜りをスドとも、またダイコクともいう。丸い桐のタマをつけておいたからダイコクというと説いている。地引のダイコクはけっしてはずさぬものという信仰がおこなわれている。（分）

タイナブネ　側船と共に夜焚き網に用いる船を隠岐ではタイナ船、出雲ではタイラ船という。隠岐の例はこのタイナ船四艘にそれぞれ一人ずつのタイナとよぶ大工がのりこみ、この夜焚き網漁撈の指揮にあたるとともに、網の修繕その他にも従事する。それゆえにそのわけ前も一人前の外に七分五厘宛の余得があり、この七分五厘には船の（わけ）前と網修繕の（わけ）前とが包含されていた（『隠岐島前漁村採訪記』）。タイナは古文書には焼名の字があてられており、黒焼の神事を掌り、直会までの間この役の者のみしか魚に触れることができなかったようである。（分）

タカリダモ　越後の西頸城郡の海ばたの村では、タモの一種にこの名がある。すなわち、タカリやアカミのナムラのきたとき、これで魚をすくうためである。長さ二間くらい、大きさ一間、目は五分角、一すくいに一〇〇貫も得ることがある。この他にハカリダモともスキダモともいう魚を量る経《（ママ）》一尺二寸ばかりの手網、ナカダモと称するやや長く三尺以上に及ぶ網がある。ナカダモはこれに魚を入れて家に帰るもので、たいていの家にある。タカリダモのみは柄も椽《（ママ）》の木であるが、他の二者は椽《（ママ）》を山竹で作るという（『西頸城郡郷土誌稿』）。（分）

タキイレ　灯火の光を利用する夜の沖網作業を、豊後の海岸でも焚入れという。明治の終わり頃、肥前の方から学んだといっている。（分）

タタキアミ　八丈島でタタキダシ網ともいう刺網。「海が岩の間に狭く奥深く入りこんだなかへ、夜になって海藻を食べにはいってくるササウオなどを捕る網で、暗い夜に限って行なわれる。ひそかにその入口に網を張りわたし、さかんに水中へ石を投げこみ、網に刺さる魚を捕るが、これは現在魚族の繁殖をさまたげるという理由で禁じられている」。ちなみに、「現在」というのは昭和四一年頃のことである。昔はさかんにおこなわれていた古い網漁法であるという（『八丈島』角川文庫）。

ダテ　北部内房州の岩井で聞く語。普通浜で網を保存する法は古船板やトタンで囲むが、この地のみは地上の土台に網を積み重ねて蓆《むしろ》でかこい、さらにその上に藁束をのせ古網で押さえをする。ダテはその蓆に賦《ふ》せられた名である（『内房北部の漁業と漁村経済』）。（分）

タテアミ　八丈島でタテキリ網ともいう。これは沖に降ろす網で、七月から十月にかけてムロ（アジ）を捕るのに用いる。セリ（魚群）を発見すると、アミオバから降ろしてテンマで囲む。アミオバの所には二、三人が泳ぎながら魚の逃れ出るのを防ぐ役目をする。網の輪が小さくなると、スクリ網を底に入れて魚を捕るのである。この漁法は三根では明治三〇年代に始まったという。アミオバはアミアバのことか、スクリ網はスクイ網のことか確認していない（『八丈島』角川文庫）。

タデセン　陸前十五浜で、船をモヤイで借りて出漁することをタデセンという。主に鮫網などに用い各自の獲った魚のハナを咬んで印をつけておき、その中から舟代をいくらか出しあう風がある。（分）

タボ　筑前姫島で、アオソという海草を採るときに手に持つ三角形の網。タマまたはタモというも一つの語かと思われる。タブも起こりは同じで、手網（テアミ）の変化したものらしい。（分）

チチョウアミ　沖縄で投網をいう。チチョウの語源ははっきりしない。与那城村伊計島ではそう呼ぶが先島地方では「打ち網」の意でフッチャン・ウチャーンという。与那城村伊計のものは、円錘状に立てた時の周囲が約五メートル、高さが二メートルで、網目の大きさは七ミリ。錘は鉛で、重さは約三キロである。鉛になる前は宝貝であった。満潮に寄ってくる小魚を獲るのに内海の浅瀬でつかう。網を右肩にのせ、投げたとたんに最大限に開くようにするには技術を要する（『沖縄の民具』）。

チバリ　ボッケ網（棒受網）の手縄につける補助縄を、伊豆新島ではチバリという。四つある手縄の左右二つに一尋《やぶけ》半すなわち七尺五寸あがったところにつける。長さは九尋、魚が水面に近よると手縄と共に手繰りあげる（『新島採訪録』）。（分）

ツバサ　魚や蝦などをすくう網を、土佐高岡郡の海岸でこういう。（分）

ツボサデ　中国地方の江川《ごうがわ》（江の川）でアユをすくう掬網の一種（『水の生活誌』）。

テオイ　津軽の十三地方で、網を曳く者の用いる手袋をいう。木綿製で指先が無く、手首を紐で締める。手覆いであろう。秋田の男鹿でもこれを用いていた。（分）

テグリ　一種の船曳網。備前児島半島の海岸に棲み漁業を専らとする地区をテグリと呼んでいる。地区の数は四つ五つあり、広島地方から移ってきたという（『岡山文化資料』二―四号）。伊予大三島のノゥヂの集落はこれをテグリとはよばないようであるが、……大三島のノゥヂは昔から主として藻ウタセ、すなわち、テグリ網を生業とした。これは夫婦船で、とった小魚は女房が魚桶に入れ、頭上にのせて島内を売り歩いた（『伊予大三島漁村採訪記』）。駿河の清水港の漁師にはテグリ・アグリ・ロクニンの三種があり、このテグリが家族的な労働の仕方のいい（『方言誌』第一〇輯）で、駿豆地方でいわゆるテグリモンと称する小魚をとっていると報じられている（『郷土研究』四―三号）のもこの瀬戸内の例とよく似ている。すなわちもとはこの種の徒がよくこの網を用いたために集落をもそう呼ぶ例が生じたものと思われる。（分）

テブネ　周防大島その他でムラグミの乗っている船にこの名がある。山見の合図をうけて網船に種々の指図をし、ミトにまわらせて網をおろさせるので巧者な者が乗っている。近年これに発動機をつけはじめたようである（『近畿民俗』一―五号）。（分）

トウゴアミ　八丈島でトウゴというのは鰯によく似た小魚でナミノコとかハナダレともいう。「網の目は細かくて、幅三間に長さ十二間が一反で、それを十五反結んで使う。ナムラ（魚群）を発見すると、沖の方へ船で網を降ろし、その両端を一人ずつ持って泳ぎながら岸に近づいて一人が岸にあがる。他の一人は岸に着かないで泳いでいる。数名がオドシを手にしてナムラをしだいに網の奥の方へ追いこむ。こうして泳いでいた一人も岸にあがり網をせまくする。このときオドシ方の者は網が海底の岩にからみつくのをはずすのに忙しい。これは六月から九月にかけて行なう漁法で、カリサシ網と違って冬期ではないが、岩の多い荒海での作業だから危険が伴う」（『八丈島』角川文庫）。

ドウブネ　能登の七浦では大敷網の網船は四艘で、網の口をしめるクチブネというのは三人乗りで船頭がのりくみ、ドゥブネというのは六人乗りでこれにイソブネとナカブネとがあって、ナカブネには下船頭がのりこみ、のこりの一艘にはオキブネの名があった（『水産界』六六四号）。（分）

トジナワ　九州でいうアテヨマを隠岐などではトジナワという。夜焚きの四つ張網のタイナすなわち指揮者がこれを水に垂れて、魚群のさわりをうかがう縄である。（分）

トビアミ　海面近くに流してトビウオを捕獲する流刺網。漁期は六月から七月。ダツが捕獲できることもある（『三浦半島漁撈関係用具』）。

トリハ　奥羽の野辺地で魚網につける浮木の方言。木を十字に組んだもの（『方言集』）。（分）

ナカイカリ　夜の網を沖におき、網がとどかぬとき沖で碇《いかり》を入れてしばらく曳いてから浜にくることがある。このときの曳き方を、周防大島で中碇と称する（『周防大島海の生活誌』）。（分）

ナゲイシ　丹後の宮津の浜などで、荒手網の両方に付ける沈子の石を投石といい、それに付ける藁縄をアシという。沈子は多くの地方ではイワ、それに付ける縄はイワトオシというのだが、これは特別のものであるかもしれない。（分）

ナダナ　壱岐で漁家の周辺に設けられた掛出しの竹棚を魚棚または網棚、あるいは単に棚ともいっている。天草下島でもナダナまたはナダラという。周防大島あたりで見るナダラは簀がなく、他地方の魚棚とは変わっているが、名の起こりは一つであろう。イヲドリという木綿の網はモジというのが普通であるが、一網ごとに海水で洗う。これをアミヲウツといい、高ドマの上に乾かしては隅々までは乾かぬゆえに、時々はこのナダナの上に乾しひろげ、そのついでをもって破れのつくろいをもするのである（『周防大島海の生活誌』）。（分）

ナナメ　鮃《ひらめ》をとるに用いる網を安房の平館でそう呼ぶ。目が荒い。最近これはあまり用いられないという。（分）

七目網・ヒラメアミ。神奈川県三浦市城ケ島でヒラメをとる刺網をいう。七目は一尋に七つ目があるためにその名がある。ヒラメは砂地にいるので麻糸を渋で濃く染めてしまうとかかりがわるい（『城ケ島漁撈習俗調査報告書』）。

ナブクロ　筑前姫島では大敷網のオトシにつける部分。網を上げるうちに、これへ魚が溜まるのである。すなわち魚袋の義。（分）

ヌイキリアミ　肥前彼杵方面で、今の巾着網の以前に流行した網。ハナド網という鰯漁などに用いられた。巾着網に似ているが、底を締めることがない。これも六艘の漁船を要する。二艘は火船、そ

の他にクチ船、網船各二艘、ベンザシは火船に乗っており、前に立って合図をする。（分）

ノドアミ　またマチアミとも。西三河などでいう流網の名（『碧海郡誌』）。（分）

パイアミ　沖縄県国頭郡国頭村奥でパイアミというのは張網の意で、スクというアイゴの稚魚をとるための網である。長さ約七メートルほどの杉棒の根元の方に、正面に一つ、横に二つで計三個の孔をあけ、そこへ細木を差しこむ。細木の長さは約一メートル二〇センチ。網は四角錘状で、まず三方の細木にそれぞれの角を結び、それから頂点にあたるところの糸を柄木の根に結び、最後に残りの一木を柄木に結ぶと、大きな杓子状になる。これを持って舟の上や岸の上から群をなして寄って来るスクをすくいあげる。スクの寄る時期は夏で、それが毎月何日であるかを海辺の村々では知っている。たとえば久米島仲里村真謝では、陰暦五月一日、六月一日、七月一日、八月一日の前後に寄るといい、それぞれ名称があって、「ウエクのイユ」・「タモトのイユ」・「盆のイユ」・「柴のイユ」といっている。そして寄るのが少ない年は、昔はスク寄せの祈願をノロを中心におこなった。スクはスクガラスといって甕に塩漬けにして貯蔵され、イカガラス・ワタガラス（塩辛）と共によく食用に供せられる。朔日《さくじつ》（毎月の一日）前後にスクが寄るのはそのころ高潮になるからであろうという。

パイアミ（『沖縄の民具』より）

　スクが沖から黒々と群をなして押し寄せてくると、笊《ざる》や網を持って海へ出る。網はパイアミばかりでなく、スク網という目の細かいタチアミやサディ・ヤンダー（別項参照）のような叉手網を用いることもある。ふつう木綿糸の網は豚の血染めにするが、絹糸は鶏卵の白味で染める。そのままだと切れるおそれがあるので、水に浸して柔らげてからやる。パイアミはスクばかりでなく、ヒキウという餌にする小魚をすくうのにも用いた（『沖縄の民具』）。

ハゲヒキ　周防大島あたりでおこなう一漁法の名。すなわちカワハギを海月《くらげ》の餌で集め、これを金網で引きあげるのである（『河と海』三―六号）。（分）

ハサミ　鋏。網の製作、つくろいにハサミはかかせない。

ハダテアミ　網は刺網で陸地の近くに張り立てる。漁獲物はソウダガツオ・イナダ・カマス・コノシロ・ムツ・コイウオ（ソウダガツオの小さいもの）、その他ヒラメ・タコの類に至るまで。時期は秋から春。十月より十二月までと、一月より四月まで。網の長さは三五間から四〇間。網目はカマスの時に一寸五分目。ソウダガツオが主な時は一寸五分から三寸目。イナダが主な時は二寸五分目のものを使った。丈は大きいもので七間から八間、小さいもので五間から六間あった（『城ケ島漁撈習俗調査報告書』）。

ハチダ　「八田」または「八太」・「八駄」などと表記する鰯巻網。『高知県史』（民俗編）によると、「約二百年前、岡田八太という紀州の人が四国巡礼のため土佐に来国し、安芸の浜辺で鷗の群れの飛んでいる状況をみて魚場と認め、後日、安芸に移住して考案したのが八太網という伝承があるが他の資料にも安芸市の酢屋の岡田氏の先祖である岡田八田が紀州より巡礼に来たり、漁師を連れて帰国の途中、鴨の居るのをみて以来、土佐九十九浦の筆頭漁場として安芸市伊尾木松田島の名が知られるようになったというが、近世初期からあったとされる」とみえる。

ハッツァカ　四つ手網またはその小屋のことを、相馬でハッツァカという。（分）

ハツダ　秋の頃、海上に篝《かがり》を焚《た》き、網を入れて魚を捕るのを、九州では広くハツダといっている。天草では島原辺のスヒキアミもこれであるといっている。大隅では八駄の薪を焚くからハツダというのだと説明する由。（分）

ハナド網　鰯網の一種で巻網。肥前彼杵地方で用いられた。「ヌイキリアミ」を参照。

ハネアミ　予州の二神島ではタキヨセ網のことをそういう。近い頃まで夜分イカナゴをとるに用いたという。（分）

ハラカワ　鳥取市伏野で裸潜水漁をする海士が魚突きをする際、岩礁周辺に網を巻くように張り、囲ってからおこなった。このとき使用する網をハラカワと呼ぶが、岩礁の周囲に網を張るときは一人でカツギ（潜ぎ）によった。アバは「カルキ」とよばれる桐材、イワは土製のもので、昭和三〇年代まで使用したというが、魚突きも以前はおこなっていなかったというので古くからの漁法ではないらしい。網の長さは五〇尋、丈は四尺ほど。魚種はメバルやクロダイが多かった（『日本蜑人伝統の研究』）。

ハラミザオ　熊野の尾鷲の海辺で、網を中に張った二本棹の漁具。これを手に持って魚をすくう（『方言誌』一五輯）。（分）

ハリダマ　周防大島におこなわれるタマの一種。袋網の中に竹の輪を入れたもの。鯵・鯖・鯛などを生かすに用いる。すなわちイケスの代用である（『周防大島海の生活誌』）。（分）

パンタタカー　「追い追み網」。クスクアミの項を参照。

ヒウチ　壱岐の漁語。網の外側であるという（『続方言集』）。（分）

ヒサゴアミ　隠岐の浦郷あたりで大敷網にこの名がある。新の初秋から翌春四月まで、もっぱら鰯と烏賊との漁撈に用いる。六人のりの小規模のものでツボアミに近い。（分）

ヒブネ　火船。肥前西彼杵地方の鰯ヌイキリ網には六艘のうち二艘がヒブネで、これにベンザシすなわち親仁《おやじ》が乗って網代の指揮をする。火はその船のミヨシで焚く。火船の船頭はベンザシの候補者で、この船はなるたけ揺れぬように漕ぐので手練を要する。薩摩伊唐島の地引網にも火船が二艘付いて夜焚きをする。ベンザシがこれに乗り込むことは彼杵と同じである。ただしこちらは網船が一艘で八人乗り、それに伝馬が三艘添い、これにアバワリ（網場割）が乗っている。（分）

ヒラメ　カエルマタの項を参照。

ヒルバル　アカミ・カジなどを見て漁することを、肥前小浜などではヒルバルという。主として、巾着網。タキイレの対語。夜間も火を用いずにシキを見て漁をおこなうものをシキバルという。（分）

フコヲキル　下甑島瀬々野浦などで鮪網では三艘の船の一つに、フコの役というものが二人乗っていた。魚見張りのツゥメが、小屋の中から合図をするとすぐに網の口をしめた。この合図のことをフコを切るというのである。今日の大敷網でも昔の鮪網の習わしをうけついで合図にフコゥとどなることにしている。（分）

ブチ　讃州小豆島大谷の手繰網の一装置にこの名がある。イワの所にそれと直角に一尺くらいの木片のついたものをブチといい、これは藻のある所を曳くときに、イワが藻にからまぬためにつけるのだという（『近畿民俗』一―一号）。房州白浜あたりでもこの語を耳にしたことがある。（分）

ブッタイ　竹で編んだ簾（簀垂れ）状のものを半円状にまるめた網。川岸の草叢などでアユ・イダ・ゴリなどをすくい獲るもので、タモアミをこれに代えることもある。

フユアミ　冬網のことで別名をコオリシタ（氷下）網という。

フリアミ　伊予の日振島では、振木のついた一種の底曳網のいい。二艘の船に分乗して曳くともいう（『伊予日振島旧漁業聞書』）。（分）

ブッタイ（平塚市博物館所蔵）

ヘラ　網目の大きさを一定にきめるためのヘラは網の種類により竹材、樫の木材でつくった。（『城ケ島漁撈習俗調査報告書』）。ヘラをメイタともいう。

ボウケダケ　伊豆新島でいう語。棒受網漁で、船のオモテと艫《とも》のカンヌキから、各長さ七尋ばかりの竹竿を左舷につき出す。これをそういう。すなわちこの先に棒受網の一辺を取り付けるのである。これにケタ竹（向う竹・横桁とも）の長さ六尋のものをつけ、これから網をさげる。網の裾の沈子を手縄石といい、これをひき揚げる網を手縄とい

う（『新島採訪録』）。棒受網の名は、このボゥケダケを装備した特徴からでているのである。（分）

ホウダイ　夜焚きの四つ張網の外周の部分、シブすなわち稲のシビ縄で作った荒目網のことを、隠岐大久あたりでそういう。これに対して真中の部分をオアミという。（分）

ボケアミ・ボウケアミ　棒受網を薩摩や日向でそういう。これは四角形の一種の抄《すくい》網で、手前の一個に沈子代わりの手石とこれを引き揚げるための網を四カ所ばかりに結びつけ、その反対の縁辺に長い竿を浮子代わりにつけ、舷側からその両端を二本の張竹で支えたもの。まずカブスを少し撒いて魚の在否を知り、いるとわかればすぐにこれを舷側から卸して、魚がその上にのるや引きあげるという漁法である。薩摩南部でこれを船の舳に設けるというものも同じ種類であろう。房州辺ではボゥケアミを鰯や鰺《あじ》に用いているのをみうけるが、これを謀計網と書く土地もあるが宛字にすぎない。（分）

ボ（ゥ）ケアミ（『最新漁撈学』より）

ボゲイシ　網のへりに付ける沈子を、肥前平戸でそういう。すなわち他の地方のイワである。現今はどこでも土焼の中ふくれのした筒を使うが、以前は岩または穴のほげた小石を結び付けていたのでその名称が今に保存されたのである。（分）

ボラオヤアミ　鯔親網。ボラを捕獲するための囲い網。親網でボラの魚群を囲いこんでおいてから、中へワリコ（ボラワリコ）とよばれる刺網を入れてボラを捕獲する。三浦市南下浦にて使用（『三浦半島の漁撈関係用具』）。

ボラワリコ　ボラを捕獲するための刺網。親網で魚群を囲いこんだのちにワリコを入れて捕獲する刺網（『三浦半島の漁撈関係用具』）。

ホンメ　カエルマタの項を参照。

マアミ・サカアミ　網船二艘にて網を引き廻したり

する場合、その右の船をマアミ、他をサカアミということはひろくおこなわれる。周防大島では、マアミが親船となり、サカアミのオモカジにトモロがあり、一方から他を互いにカタアミという。船大工がオタマシを入れるのもマアミからで、二艘ならんだ船の中央、マアミのトリカジから乗りオモカジに下り、次にサカアミの方も左から右へすなわち中からおりる（『周防大島海の生活誌』）。マアミ・サカアミの語は地方によってまったく異なった意味で用いられる例もある。肥前の茂木浦では右舷から網をおろすことをマアミ、左舷から網をおろすことをサカアミという。また、陸前の荒浜では、網の仕方から両者を区別し、鮪巻網・鮭地引網などをマアミといい、鮃・鰈などをすなどる刺網をサカアミと呼ぶ。が、かような例はきわめて少ないようにみえる。（分）（本文参照）

マイテイシ　伊豆新島のボゥケ網の底の四カ所につけた、重さ一貫二〇〇匁くらいの石をそういう。一名をテナワイシともよび、手縄の結び目に垂れている（『新島採訪録』）。一種の沈子。（分）

マエソ　網を打ちまたは曳く時に着ける前垂。またマエアテともいい、瀬戸内海にひろくおこなわれている。藁・萱・棕櫚などで作る。（分）

マエハギ　網に出る漁夫が藁でこしらえて前掛としている。浦島太郎の絵にもあれば芝居にもでてくる。古語に草裳とあるものがこれであろう。肥前の星鹿浦などではこれをマエハギとよんでいる。鯛網に限るというがどうであろうか。この語の起こりはあるいはムカバキなどと一つで、もとは山人の獣の皮を用いた名ではなかろうか。筑後の矢部の奥でも、狩人はヘラの樹の皮を細く裂いて前掛にしめ、クロウチを腰にさす習いであった。ただしそれをマエハギというか否かを知らぬ。（分）

マエマキブネ　ワキマキブネの対語。すなわちマアミ・サカアミと同じである。鮪巻網に網をナムラの前方（左舷）へ引きまわる船のこと。これは南陸前あたりでいう語。（分）

マエミノ　薩摩の西海岸では、海人も他の漁村も共にこれをマエミノゥといっている。前蓑というのは標準語でも同じかも知れぬ。（分）

マグロナガシアミ　鮪流網。海面に流してキハダマグロを捕獲する浮刺網。漁期は三月より五月。「入梅マグロ」ともよばれた。漁場は主に相模湾で三浦市の城ケ島でおこなっていた。網の材質は麻。三浦半島の流網としては最も網目が大きく一五センチある。横須賀市人文博物館に収蔵されている（『三浦半島漁撈関係用具』）。

マタギ　網干台。日向の日置ではこれを組み立てる樫《かし》製の棒を、網の運搬にも用いている。（分）

マテアミ　出羽八郎湖口の船越天王浦では、旧九月には白魚を捕るためにこの網を掛けた。この月の中の丑の日、始めて大杙《くい》の長さ二丈ばかりなるを打ち込み、それに張る網の高さは五尺、横わたりは三丈、戻布一八尋から二〇尋、これから魚を船にすくい込むことが、雪の降る頃まで続いた。春はまた別に持網という網で捕った。これは四つ手網のごときものである。（『牡鹿の寒風』）。また、陸奥上北郡の尾鮫江では冬の半頃からたくさんの鯡《にしん》が入ってくるのをとるために、水の中に鹿火屋めく小屋をいくつも作りならべ、これをマテヤと称した。夜もすがら蛛網（ママ）というものに中網というものを張り、これに細網をひいたものをマテヤの前に差しおろして、鯡がこの網に入り中網にあたるのを引網でさっと引きあげて獲った（『尾鮫の牧』）。今もおこなわれるかと思うが、このマテヤのマテはやはり網の名からきたのであろう。（分）

ミコテ　地曳網の網と袋との間の部分を、駿州安倍郡でこういう（『静岡県方言集』）。（分）

ミソコ　四つ張網の嚢《ふくろ》の部分を、隠岐の島でミソコといい、その外を側網とよぶ。ミソコは網口の一辺の長さ二〇尋はある由（『隠岐島前漁村採訪記』）。肥前の島原半島でも縫切網の最も奥の部分にミソコの名がある。網の種類は異なっても、魚溜りであることは共通している。（分）

ミチアミ　大敷のタテアミに魚群を知らず知らずのうちに誘導するため、これにT字型に直角に張る網を道網という。どこにおこなわれる語かよくわからぬが、かような構造は建網の一般的な特徴であって、水産関係者はこれを垣網とよんでいるようである。（分）

ミトアミ　曳網の網袋の部分を、ミトという語もひろくおこなわれている。肥前西部は捕鯨網の真中のものをミト網といい、壱岐では田植の横縄の中心のところをさしミトといった（『旅と伝説』五―一号）。周防大島でいうミトは、イオドリを海におとす位置をそういい、網はミトが太陽に向かっているのがよいとされる。すると鰯はミトの方へ泳いでゆき、網の曳き寄らぬうちにイオドリに入ってしまうから都合がよいという（『周防大島海の生活誌』）。このミトと太陽との関係は、おそらく袋の底が太陽のある方角にあるのがよいという意味かと解せられる。（分）

ムラアミ　村網。（本文参照）

メケラ　漁師用の前垂、すなわち水を防ぐための蓑を、陸奥の野辺地でメケラ（『方言集』）。おそらく前ケラの意と思われるが、藻で作るというから海藻を意味するメであろうかも知れぬ。（分）

モキリ　漁網の縁網と、壱岐では説いている。鰮《いわし》網などの上下の縁に、太糸にて荒く編んだ部分を少しつけた部分であるという（『続方言集』）。（分）

モジ　カエルマタの項を参照。

モチアバ　網の袋すなわちミトにつけた三尺くらいのアバを、日向の日置ではモチアバといい、いたくこれを大切にして、火がかりの者、産の穢《けがれ》のあるもの、あるいは女などのこれを跨《また》ぐことをいましめている。やはりオオダマやエビスアバの類というべく、一種の網霊である。モチアバも元アバの訛かも知れない。（分）

モチアミ　羽後の岩館で、磯の岩から「ハタハタ」を獲る網をモチアミという。手網で、柄が四尋五尋とあり、網袋の垂れが五尺余りあるもの（『雪の道奥』）。一種の抄《すくい》網である。（分）

モハライ　地引網の翼網。目の粗い部分を日向の日置でもハライ、これから網目の精しくなるにしたがってアラメ・ニノイチ・フタツザシ・トホシ・フクロと名目がかわる。モハライとは藻払いの義であろう。（分）

ヤ　地曳網の下端の錘を、常陸の海岸ではヤといい駿河湾や陸前あたりの漁村ではイヤという。浮子のアバに対する語（『風俗画報』四五三号）。他では広くイワというから、このヤもまたイワのつまった語である。諏訪湖の冬期の漁法に、魚よせに石を水中に積むものをヤツカという。石塚の意であろうが、このヤもまた同語である。（分）

ヤカタ　網の錘石。陸前荒浜あたりでそういう。ヤは石を意味する。（分）

ヤシャ　北海道の二風谷周辺でアイヌが鮭をとるための抄《すくい》網をいう。九月頃になると、船二隻の間にハの字に網を広げ、川下に向けて流す。鮭を網にみちびきすくいあげる。網材にはツルウメモドキの皮を用いた。（本文参照）

ヤダナ　網を干す棚を、対馬ではヤダナという。浜辺や海中にのり出して作るという。（分）

ヤナワ　周防大島のマアミ・サカアミの二艘を舳のところで繋ぐ網にこの名がある。艫のモヤイよりは短い（『周防大島海の生活誌』）。（分）

ヤブシ　豊後の南海部の海ぞいで地引網の最初に揚がる部分にこの名がある。網目の大きさに依る称呼で、部位からいえば日向の日置でいうモハライと同じものである。（分）

ヤンダー・ヤンザー　沖縄県国頭郡国頭村奥で小魚をすくう網をいう。ヤンザーともいっている。約二メートルの二本の細い木に、縦横約一メートル五〇センチの網を張ったもの。網は前部を広げ、後部は多少しぼってある。網目は六ミリでこまかい。これはスクが寄った時に主に用いるがサンゴ礁の割れ目などで追い出した小魚をすくうのにも用いた。スクのばあい、ササ（毒物）を入れてとる例が多かった。ササにはイシュの木の皮がよく用いられた。イシュの木の皮を臼でついて用いる（『沖縄の民具』）。

ヨツバリ　薩摩揖宿郡喜入村などの漁法。四つ手の種類だがこれは四艘の船が用いられる。網を積むのが親船、横がヒラ船、中央にいて魚群を見る船を中船という。四つ張りまた昼張ともいう。これで捕るのはたいていムイノイヲすなわちムロアジで、ときには七、八百も取れることがある。（分）

ヨマ　釣糸をヤマ・ヨマということは広いが、大隅では小さな網をもヨマというらしい。ヨマは細い

麻糸のことであるから、これはまたヨマ網の下略と認められる。(分)

ヨリアマ　伊予北宇和の下波では、昔はカグラサはなく、ヨリアマという棒に網の綱をまいて引っ張った。カグラサは網を捲きよせるからくりの名。(分)

ロクロ　轆轤をいう。カグラサンの項を参照。

高田屋轆轤(羽原又吉『日本近代漁業経済史』より)

ワリジケアミ　沖縄県の島尻郡伊平屋村島尻あたりで雑魚を獲る「追い込み網」にこの名がある。網の錘に鉛を用いるようになるまではスビ貝(宝貝)をつけることが多かった。スビ貝の「スビ」とは「チビ」すなわち尻のことであるが、本来は女陰の意であったといわれる。伊平屋ではモーラといい、貝の背部分を割って縄に結びつける。網の長さは五〜六メートルほど。高さは二メートルほどである。以前は伊平屋でもシャコ貝を用いていたが、これは山のようにギザギザになったところが網の目にかかることから使われなくなったという。このワリジケアミもクスクアミと同様、追い込み網である。ワリは割れ目のことで、サンゴ礁の割れ目で使う網の意である。内海の水深二〜三メートルの所で使う。サバニ(船)一〜二艘に四〜五名で一組をつくってやる。雑魚とりであるが、チヌマン・シチュのような一尾で二〜三斤もする魚をとることもある。しかしこの場合は、もっと長い網を持たねばならない。ちょうど満潮時に沖からやって来るチヌマンやシチュはサンゴ礁の上で海藻を食うので、そこを網で三方を囲み、その後で他の一方もさっとすばやくふさいで逃げられないようにする(『沖縄の民具』)。(八六・二五三ページ参照)

付録II　網のある博物館・資料館

平成一三年一二月現在、文化庁による国指定の重要有形民俗文化財の件数は一九六件である。このうちコレクション指定は一三七件、個体指定五九件であるが、以下に掲げる漁撈用具中に「網漁具」が含まれている指定件数は一七件で全体の約八％ほどである。

以下、国の指定を主に、わが国における博物館や資料館のうち、主に網漁具を収集・保管・展示している歴史民俗資料館等を掲げ、この方面の調査・研究はもとより、今後、網漁具等に興味や関心をもたれ、実物（博物館資料）を直接参考にされる方々のために若干の情報を提供する。

北海道

・留萌市「留萌のニシン漁撈（旧佐賀家漁場）用具」　国指定重要有形民俗文化財　三七四五点
・小樽市博物館　鰊漁場関係民俗資料
・余市水産博物館　鰊漁場関係民俗資料
・浦河町立郷土博物館　漁業資料

青森県

・八戸市博物館「八戸及び周辺地域の漁撈用具と浜小屋」　国指定重要有形民俗文化財　一三八三点・一棟
・青森県立郷土館　漁業資料
・小川原湖民俗博物館　漁撈用具

岩手県

・宮古水産高等学校水産博物館　漁船漁具
・大船渡市立博物館　漁撈用具
・北上市立博物館　生産生業・船運
・陸前高田市立博物館　漁撈用具
・岩手県立広田水産高等学校付属博物館　漁船・漁具

秋田県

・南秋田郡昭和町「八郎潟漁撈用具」　国指定重要有形民俗文化財　七八点・一隻

山形県

・鶴岡市家中新町・財団法人致道博物館「庄内浜及び飛島の漁撈用具」 国指定重要有形民俗文化財 一九三七点

・同「最上川水系の漁撈用具」 国指定重要有形民俗文化財 八一〇点

宮城県

・塩釜神社博物館 漁業関係

茨城県

・茨城県歴史館 霞ケ浦関係漁業資料

・日立市郷土博物館 漁撈用具

群馬県

・群馬県立博物館 淡水漁撈用具

埼玉県

・秩父市上町一—一〇—三・小林茂「荒川水系の漁撈用具」 皆野町 国指定重要有形民俗文化財 二五二点

・埼玉県立博物館 淡水漁撈用具

千葉県

・千葉県立安房博物館「房総半島の漁撈用具」 国指定重要有形民俗文化財 二一四四点

・九十九里町立九十九里いわし博物館 千葉県山武郡九十九里町片貝二九一五 イワシ漁撈用具

東京都

・大田区立郷土博物館「大森及び周辺地域の海苔生産用具」 国指定重要有形民俗文化財 八七九点

・八丈島歴史民俗資料館 漁撈関係資料

神奈川県

・横須賀市人文博物館「三浦半島の漁撈用具」 国指定重要有形民俗文化財 二六〇三点

・平塚市博物館 相模川関係漁撈用具 相模湾漁撈用具・漁船

・茅ヶ崎市文化資料館　漁撈関係
・三浦市文化財収蔵庫　漁撈関係
・三浦市城ヶ島海の資料館　県指定漁撈関係

新潟県

・佐渡郡小木町・小木民俗博物館「南佐渡の漁撈用具」国指定重要有形民俗文化財　一二九三点
・両津市・両津市郷土博物館「北佐渡（海府・両津湾・加茂湖）の漁撈用具」国指定重要有形民俗文化財　二一六二点

富山県

・魚津市立歴史民俗資料館　定置網漁具関係
・氷見市・大境ビジターセンター　定置網漁具関係

石川県

・石川県立郷土資料館　河北潟周辺の漁撈用具
・加賀市歴史民俗資料館　柴山潟関係の内水面漁撈用具・捕鴨関係の坂網狩猟用具
・能都町歴史民俗資料館　漁撈用具

静岡県

・沼津市歴史民俗資料館　漁撈関係用具

愛知県

知多市歴史民俗資料館「知多半島の漁撈用具・附漁撈関係帳面類」国指定重要有形民俗文化財　一〇四五点・二八点　打瀬船他

三重県

鳥羽市・財団法人東海水産科学協会・海の博物館「伊勢湾・志摩半島・熊野灘の漁撈用具」国指定重要有形民俗文化財　六八七九点

和歌山県

・太地町立くじら博物館　捕鯨関係用具

京都府

・伊根町水産資料館　漁撈用具

島根県

・隠岐郡五箇村・隠岐郷土館「隠岐島後《どうご》の生産用具」　国指定重要有形民俗文化財　六七四点

・島根町歴史民俗資料館　漁撈用具

広島県

・福山市田尻民俗資料館　漁撈関係用具

・広島県立歴史民俗資料館「江の川流域の漁撈用具」　国指定重要有形民俗文化財　一二二六点・附二七点

山口県

・東和町立瀬戸内民俗館「周防大島東部の生産用具」　国指定重要有形民俗文化財　三四六五点

香川県

・瀬戸内海歴史民俗資料館「瀬戸内海及び周辺地域の漁撈用具」　国指定重要有形民俗文化財　二八四三点

佐賀県

・佐賀県立博物館「有明海漁撈用具」　国指定重要有形民俗文化財　二九三点

大分県

・南海部郡蒲江町「蒲江《かまえ》の漁撈用具」　国指定重要有形民俗文化財　一九八七点

長崎県

・壱岐郷土館　捕鯨関係用具

沖縄県

・沖縄県立博物館　民俗資料　サバニ（くり舟）他

引用文献・参考文献

アイブル＝アイベスフェルト『ガラパゴス』八杉龍一・八杉貞雄訳　思索社　一九七二年　（原書『ガラパゴス』ドイツ　一九六〇年）
『青森県漁具誌』岩瀬文庫蔵
伊佐沢村郷土史編集委員会編集『伊佐沢の郷土誌』伊佐沢村郷土史編集委員会　一九六一年
石川県立歴史博物館「真脇遺跡と縄文文化」図録　一九九五年
伊藤勘作『日本の漁網』網勘製網㈱　四日市　非売品　一九四三年
伊藤助作『漁業誌料　全』（『長崎県漁業誌料図解』）長崎県立美術館蔵　一八八二年
伊吹群作・川崎毅一『新版　漁網集覧』図譜付　一九六〇年
伊吹群作・小池『漁師必携漁網集覧』一九二三年
今井敬潤「カキをたどる」（衣食住の文化誌）新しい時代のカキ・シンポジュウム「近大農学部サマリー」一九九九年
今井敬潤「柿渋の伝統的製造法について」『民具研究』第一二五号　日本民具学会　二〇〇二年
岩井宏實他「絵馬にみる日本常民生活史の研究」国立歴史民俗博物館民俗研究部　一九八四年
印南敏秀『水の生活誌』八坂書房　二〇〇二年
上江洲均『沖縄の民具』考古民俗叢書一二　慶友社　一九七三年
大間知篤三他編『民俗の事典』岩崎美術社　一九七二年
岡林正十郎『高知県定置網漁業史』西村謄写堂（高知市）一九九三年
小川直之「雨降山大山寺の絵馬」『自然と文化』第一一号　平塚市博物館　一九八八年
小野武夫編『宇和島藩・吉田藩・漁村経済史料』アチック・ミューゼアム彙報　第二六　アチック・ミューゼアム刊　一九三八年
織本泰『富津漁業史』富津文庫編纂所　一九一一年
鹿野忠雄・瀬川孝吉『台湾原住民族（ヤミ族）図録』（英文）生活社　一九四五年
『神奈川県管下　漁具図説』東京国立博物館蔵
神奈川県教育委員会『東京外湾漁撈習俗調査報告

書』 神奈川県教育委員会 一九六九年
神奈川県三浦市教育委員会編『城ケ島漁撈習俗調査報告書』 三浦市教育委員会 一九七二年
金子裕之「特殊な木漆器・愛媛県船ケ谷遺跡の場合」『月刊文化財』二一八号 一九八一年
金田禎之『日本漁具・漁法図説』㈱成山堂書店 一九七七年
神野善治「四ツ手網考・伊場遺跡出土の十字形木製品をめぐって」『物質文化』第四一号 立教大学 一九八三年
神野善治「琵琶湖の四ツ手網」 日本民俗文化大系十三 『技術と民俗』上・海と山の生活技術誌 小学館 一九八五年
川合角也『漁網論』 一九二八年
河岡武春「手賀沼の鴨猟」 日本民俗学大系十三 『技術と民俗』上・海と山の生活技術誌 小学館 一九八五年
川名登・堀江俊次・田辺悟「相模湾沿岸漁村の史的構造」(I) 『横須賀市博物館研究報告』〈人文科学14〉 横須賀市博物館 一九七〇年
蒲原稔治『原色日本魚類図鑑』 保育社 一九五五年
『紀州漁業絵巻』 和歌山県立図書館蔵
喜多川守貞『守貞謾稿』 朝倉治彦・柏川修一校訂編集 東京堂出版 一九九二年
木村孔恭『日本山海名産図会』 宝暦十三年(一七六三) 寛政十一年(一七九九)刊
『京都府与謝郡 漁具図解』 京都府立海洋センター蔵
『漁業図解』(兵庫県) 国文学研究資料館史料館蔵
桐島像一『品川湾の投網』 交通道徳会 一九二五年
楠本政助「大洞BC式に伴った角製網針ついて」『石器時代』(7) 東京 一九六五年
楠本政助「仙台湾における先史狩漁文化」『矢本町史』第一巻 先史 別刷 一九七三年
久保禎子「漁網錘の製作技術と漁網復原への一試論——漁師とイワヤが作る漁網錘」『民具研究』第一一六号 日本民具学会 一九九七年
久保禎子「木曾川の大網」『博物館だより』二一号

一宮市博物館　一九九六年
高知県『高知県史』(民俗編)　高知県　一九七八年
高知県教育委員会『日本の清流　四万十川民俗文化財調査報告書』　文化財保護室　高知県　一九九八年
国分直一『日本文化の古層——列島の地理的位相と民族文化』　一九九二年　第一書房
小林憲次『愛媛旋網漁業史』　愛媛県まき網漁業協議会　一九八二年
斎藤市郎監修『漁網図鑑』　二巻　一九五九・一九六一年
坂本太郎・家永三郎・井上光貞・大野晋校注『日本書紀』(下)　日本古典文学大系六八　岩波書店　一九六五年
桜田勝徳『伊豫日振島に於ける舊漁業聞書』アチック・ミューゼアム　一九三六年
桜田勝徳『漁撈の伝統』　民俗民芸双書二五　岩崎美術社　一九六八年
桜田勝徳『土佐四万十川の漁業と川舟・土佐漁村民俗雑記』　アチック・ミューゼアム　一九三六年
桜田勝徳『漁撈技術と船・網の伝承』(桜田勝徳著作集(3)　名著出版　一九八〇年
桜田勝徳・山口和雄『隠岐島前漁村採訪記』　アチック・ミューゼアム　一九三五年
『滋賀県下　漁具図』　東京国立博物館蔵
静岡県漁業組合取締所編『静岡県水産誌』　静岡県漁業組合取締所発行　一八九四年
渋沢敬三編『豆州内浦漁民史料』　四巻　アチック・ミューゼアム
小学館『日本国語大辞典』
進藤松司『安藝三津漁民手記』　角川書店　一九六〇年
水産研究会『舊幕封建期に於ける　江戸湾漁業と維新後の発展及びその史料』(財)水産研究会　一九五一年
末広恭雄『さかな通』北辰堂版　一九五七年
鈴木克美『鯛』　ものと人間の文化史69　法政大学出版局　一九九二年
『摂津国漁法図解』　大阪府立中之島図書館蔵
全国まき網漁業協会『全国まき網漁業協会拾年史』

（まき網漁業概史・制度の変遷他）一九八〇年
『第二水産博覧会出品図画』（兵庫県淡路島）国文学研究資料館史料館蔵
大日本水産会兵庫支会『兵庫県漁具図解』関西学院大学図書館蔵　一八九七年
高瀬増男『網漁具　資材一般』海文堂　一九六七年
田辺悟『相州の海士（三浦半島を中心に）』神奈川県民俗シリーズ6　神奈川県教育委員会　一九六九年
田辺悟『三浦半島の漁撈関係用具』〔I〕—〔V〕横須賀市博物館研究報告（人文科学）20—24号　横須賀市博物館　一九七七—一九八〇年
田辺悟『日本蜑人伝統の研究』法政大学出版局　一九九〇年
田辺悟『三浦半島の歴史』（新訂版）三浦半島シリーズ第一集　横須賀書籍出版　一九七九年
田辺悟『三浦半島の伝説』横須賀書籍出版　一九七一年
田辺悟「諸産業と商品流通——漁業」『神奈川県史』通史編(3)・近世(2)　神奈川県　一九八三年
田辺悟「相州の鯛漁と習俗」（前後編）『横須賀市人文博物館研究報告書』第二八号・二九号　横須賀市人文博物館　一九八四—一九八五年
田辺悟「相州の鰯漁と習俗」（前）『横須賀市人文博物館研究報告書』第三七号　横須賀市人文博物館　一九九二年
田辺悟「同」（中）第三八号　一九九三年
田辺悟「同」（後）第三九号　一九九四年
田辺悟・田辺弥栄子『潮騒の島　神島民俗誌』光書房（松阪市）一九七七年
『千葉県漁業図解　淡水編』国文学研究資料館史料館蔵
千葉徳爾註解説『日本山海名産・名物図会』社会思想社　一九七〇年
簗田貴司「加賀・鴨池の坂網猟」『アニマ』平凡社　一九八六年
テ・ランギ・ヒロア「漁撈と網針」『ハワイの芸術と工芸』七　ハワイ・ビショップ博物館　一九六七年（英文）

『鳥取県下　漁具図説』　東京国立博物館蔵
『鳥取県漁具図解』　東京水産大学図書館蔵
直良信夫『古代日本の漁猟生活――考古学及び化石動物植物学上より見たる日本原始漁猟生活の研究』　葦牙書房（諏訪）　一九四六年
中井昭『鮭鱒流網漁業史』　全国鮭鱒流網漁業組合　一九七三年
長崎県漁業史研究会『五島列島漁業図解』　立平進編著　長崎出版文化協会　一九九二年
長棟暉友『最新漁撈学』　厚生閣　一九四八年
日本学士院編『明治前　日本漁業技術史』　日本学術振興会　一九五九年
日本聖書協会『新約聖書』マタイ伝・ヨハネ伝　国際ギデオン協会
布目順郎『倭人の絹――弥生時代の織物文化』　小学館　一九九五年
農商務省水産局『日本水産捕採誌』　水産書院　一九一二年
能都町史編集専門委員会『能都町史・第二巻・漁業編』　石川県能都町役場　一九八一年
野本政宏「捕鯨地小川島とハザシ佐野屋吉之助」『壱岐』七・八合併号　一九七一年
羽原又吉『日本古代漁業経済史』　改造社　一九四九年
羽原又吉『日本近代漁業経済史』下巻　岩波書店　一九五七年
羽原又吉『日本漁業経済史』（中巻二）　岩波書店　一九五四年
浜松市教育委員会『伊場遺跡編』(1)　浜松市　一九七八年
原暉三『東京内湾漁業史料』　横浜市水産会　一九四〇年
『兵庫県漁具図解』　関西学院大学図書館蔵
平瀬徹斎『日本山海名物図会』巻之五・宝暦四年（一七五四）・寛政九年（一七九七）刊　著者所蔵本
平塚市博物館編『相模川の魚と漁』相模川流域漁撈習俗調査報告　平塚市博物館資料(11)　一九七八年
ヒラリー・スチュワート『アメリカ原住民の漁撈』（初期北西海岸の方法を中心に）　ワシントン大学

出版局　一九七七年（英文）
文化庁文化財保護部編『八郎潟の漁撈習俗』民俗資料叢書一四　平凡社　一九七一年
文化庁文化財保護部編『有明海の漁撈習俗』無形の民俗資料記録一六　平凡社　一九七二年
平凡社『新版大百科事典』「大網」日本史巻㈠
『房総水産図説』岩瀬文庫　一八八二年
『北海道漁業図絵』函館市立函館図書館蔵
本堂寿一「北上川のサケ漁」日本民俗文化大系一三『技術と民俗』上・海と山の生活技術誌　小学館　一九八五年
松田睦彦「離島生活の比較研究」成城大学
真鍋篤行「瀬戸内地方の網漁業技術史の諸問題」『瀬戸内海歴史民俗資料館紀要』第九号　瀬戸内海歴史民俗資料館　一九九六年
真鍋篤行「同（続）」第十号　一九九七年
真鍋篤行「地曳網漁業技術の史的考察」『瀬戸内海歴史民俗資料館紀要』第一一号　瀬戸内海歴史民俗資料館　一九九八年
真鍋篤行「網漁技術史に関する若干の問題――伊予日振島の船曳網漁業」『瀬戸内海歴史民俗資料館紀要』第一二号　瀬戸内海歴史民俗資料館　一九九九年
真鍋篤行「香川県仁尾町のボラ地曳網と絵馬」『瀬戸内海歴史民俗資料館紀要』第一三号　瀬戸内海歴史民俗資料館　二〇〇〇年
三浦市教育委員会・田辺悟『城ケ島漁撈習俗調査報告書』三浦市　一九七二年
三浦市教育委員会・田辺悟『海辺の暮らし――城ケ島民俗誌』三浦市民俗シリーズ(II)　一九八六年
三浦市教育委員会・田辺悟・田中勉『城ケ島漁撈用具コレクション図録』三浦の文化財　第一四集　三浦市　一九八七年
三重県漁業協会『三重県定置漁業誌』追補共　一九五五年
『三重県水産図解』復刻版　明治一六年　光出版印刷（原本は三重県庁所蔵）一九八五年
『三重県水産図説』復刻版　明治一四年　光出版印刷（原本は三重県庁所蔵）一九八五年
『宮城県漁具図解』東京水産大学図書館蔵

宮本常一『周防大島を中心としたる海の生活誌』アチック・ミューゼアム　一九三六年
宮本秀明『漁具漁法学』（網漁具編）金原出版　一九五六年
宮本秀明『定置網漁論——水産科学』河出書房　一九四四年
柳田国男・倉田一郎共著『分類漁村語彙』民間伝承の会版　一九三八年
山口和雄『九十九里舊地曳網漁業』アチック・ミューゼアム　一九三七年
山口和雄『近世越中灘浦台網漁業史』アチック・ミューゼアム　一九三九年
山口和雄『日本漁業史』東京大学出版会　一九五七年
山崎　武《たける》『四万十　川漁師ものがたり』（原題『大河のほとりにて』）同時代社（東京）一九九三年
山下彌三左衛門『定置漁場・人工魚礁——その選び方と考え方』東京書房　一九六六年
山本秀夫「瀬戸内の鯛網漁の歴史的考察」『瀬戸内海歴史民俗資料館紀要』第一〇号　瀬戸内海歴史民俗資料館　一九九七年
湯浅照弘『岡山県児島湾の漁具と漁法の考察』自費出版　一九七〇年
渡辺誠『縄文時代の漁業』考古学選書七　雄山閣　一九七三年
渡辺誠「東北地方における縄文時代の網漁法について」『古代文化』(財)古代学協会　平安博物館　一九六八年
渡辺誠「網針の出土資料について」『郵政考古紀要』第一八集　一九九二年

あとがき

人間がこれまでにつくり出してきた道具の中で、網ほど戦略的な道具は少ないだろう。

人間はみずからの欲望を充足させるために網を考案したが、それは、たんに獲物を手づかみで獲ったり釣糸を垂らしたり罠を仕掛けたりするよりもはるかに効率よく獲物を獲得することができるからである。

網を実際に仕掛け、獲物がかかるのを待つという行為は、一見すると呑気で消極的な行為に見えるが、じつは豊かな想像力と知恵のはたらきによる行為なのである。

網による捕獲は、狩猟のように捕獲対象物と直接対決することがないため、危険性がすくない。また、一度に大量の獲物が捕獲できるため、生活が安定し、日々の暮らしを余裕をもって営むことができる。その結果、「余暇」を有効に利用して、より豊かな文化をつくり出すことができるようになったともいえよう。

わが国ほど各種の網の発達をとげた国は世界中をみても他に類例がないと思われる。したがって、わが国の網について考えることは、人間の文化史に思いをめぐらす上で大いに役立つとともに、日本の文化の特性を考える上でもきわめて重要なテーマではないかと思い、本書をまとめることにした。

「網」に興味や関心をいだくようになったのは、三〇数年も前にさかのぼる。当時、横須賀市の博物館で民俗部門の学芸員の職にあった筆者は、三浦半島の漁撈用具を体系的に収集して国指定の重要民俗資料（現在の重要有形民俗文化財）の指定を受ける準備をしていた。昭和四五年に三浦市の中学校から博物館に移籍して三年後のことである。

三崎中学校の教壇に立っていた頃は、学区のなかでとくに網漁業のさかんな城ケ島の方々をはじめ三浦半島の海付きの集落の方々から漁網に関する話を伺い、ある程度は網に関する知識を持っていた。

その中で気づいたことは、三浦は小さな半島にすぎないが、海岸線は複雑で、砂浜海岸、磯浜海岸、干潟、おぼれ谷の湾港と、海辺（渚）の地形が変化に富み、わが国における海岸地形の典型が見られる地域なのだということであった。

そして、この典型的な半島で使用されてきた漁網を調べてみると、砂浜海岸で使用する漁網は嚢の付いたものが多く、磯浜海岸で使用しているものは嚢のない刺網などが多いことがわかってきた。

そこで考えたことは、この半島で伝統的に使用されてきた漁網を収集すれば、日本の網漁具の典型あるいは縮図として、系統的なコレクションになるのではないか、ということであった。

その時代、わが国は高度経済成長期を迎えていた。それまで、京浜急行電鉄は都心から久里浜駅までだったのが、三浦市の三浦海岸駅・三崎口駅へと延長された。その結果、夏になると都心から海水浴客が三浦の浜辺に押し寄せるようになり、古い網小屋は解体され、そのあとに新しい民宿用の建物が並んだ。昭和四三年頃から四八年頃のことである。

こうした時代の潮流のなかで、それまでたいした漁獲もないが、いつかは魚群がやってきて大漁になることを期待して大切に保管されてきた財産としての漁網は、焼却されるか捨てられるのを待つばかりの運命にあったのである。

そのような状況に注目した筆者は、「この貴重な民俗資料をいま収集し、保管しておかなければ、わが国の、とりわけ海とかかわりをもって暮らしてきた人々の文化の所産は永久に失われてしまうであろう」と思った。その結果が、網漁具を中心に据えた民俗資料の収集であり、文化財指定にむけての準備作業だったのである。

当時は古い漁網（麻材や木綿材）や大型漁網でも無償で寄贈していただくことができた。しかし、長さが三〇〇メートル以上の漁網もあり、博物館としても収蔵面積にかぎりがあるため、収集作業も多くの難題があった。そこで、処理していかなければならない問題を解決するため、漁網を体系的に収集し、分類・整理して保管することにつとめ、歴史的変遷や時代的特色・地域的特色を示すコレクションをめざし、しかも、わが国の漁網具の典型的な収蔵資料にまとめあげることを目標とした。そして、国指定の重要民俗資料（重要有形民俗文化財）の指定基準を満たし、指定を受けられるように資料化した。

こうした努力の甲斐あって、昭和四九年二月、「三浦半島の漁撈用具」として国の指定が実現したのである。

国の指定を受ければ、保存・管理のために文化庁より補助金を得ることができる。「文化財収蔵庫」を建設して、そこへ網漁具などを収納すれば、かなりの数量の大型漁網も収集が可能と考えていたことが実現したのである。昭和五一年六月、収蔵庫の落成式がおこなわれた。

この間、漁業関係者の方々から漁網の実際の扱い方についてご教示をうけ、また網の整理もなんとかできるようになり、網に対する親しみの気持ちも増して、その扱いに関する技術的理解もいちだんと深めることができた。

本書は、網についての基本的なことがらを述べるとともに、読者が網に関して何かを調べる際に便利なようにと、たいへん欲張った編み方をした。網に関することならばおおかたのことは知ることができるようにと、付録に「網に関する小辞典」と「網のある博物館・資料館一覧」を付した。

それというのも、この方面・分野の書物は、これまで専門的な水産関係者向けの書物や学生を対象とした教科書にかぎられ、一般的な類書が見当たらなかったことによる。

本書においては、魚名をはじめ動植物名は基本的にはカタカナ表記にしたが、引用文中や参考文献などの表記は原文にしたがった。また、魚名などでも、ごく一般的に用いられている鯛や鰯などは慣用にしたがって漢字表記とした。あわせて、網に関する固有名詞についても、「地曳網」と「地引網」や「四ツ手網」・「四つ手網」・「四手網」など、引用文献は原文にしたがったので、表記を統一することはできなかった。「鰮」・「鰯」や、「漁網」・「魚網」についても同じである。網に関しては方言や専門用語が多いので「小辞典」が役立つと思う。

私事にわたって恐縮だが、本書執筆にあたり、三〇年来の友人である編集部の松永辰郎氏と内容について何回となくディスカッションをおこなった。

松永氏は、これまでの政治や経済が中心の歴史ではなく、個々の「もの」をとおして人間の生き方を捉えなおしながら、生活の具体的な歴史を描き出すという本シリーズの企図を強調された。また、日本語の「もの」はきわめて幅が広く奥深い言葉なので、たんに唯物的な「もの」だけにとらわれず精神的な領域をふくめて、自然と人間との接点としての「目に見えないもの」をも取り上げるべきだとの思いを語った。

これらの点については筆者もまったく同感であった。しかし、本書でそれがどれだけ成就しているかについては読者諸氏の評価を待たなければならない。

これまで筆者は「民具論」の中で「鎖状連結」という研究上の方法論を提唱してきた経過がある。これは、「もの」は孤立して存在するものではなく、他の「もの」と鎖のようにつながっており、かならず「存在の連鎖」、いいかえれば他の「もの」とのかかわりによって存在しているということである。したがって本書の主題である「網」もそれだけで独自に存在するものでないことはいうまでもない。網漁のことだけでなく、網をつくり、それを使ってきた伝統的な技術、さらに伝播の経路や捕獲した獲物にも言及し、あらゆるかかわりからみつめていかなければならないということである。そこには、捕獲対象物とその処理・流通の問題や、それにかかわった人々のことをも述べなければならないのであるが、紙幅の関係で積み残してしまったテーマや果たせなかった調査・研究が多いことを自省している。

本書を上梓するにあたり、編集部の松永辰郎氏はじめ、海辺に暮らす多くの方々にお世話になった。心からお礼を申し上げたい。

平成一四年一月三日

田辺　悟

著者略歴

田辺　悟（たなべ　さとる）

1936年神奈川県横須賀市生まれ．法政大学社会学部卒業．海村民俗学，民具学専攻．横須賀市自然博物館・人文博物館両館長を経て，現在，千葉経済大学教授．文学博士．日本民具学会会長，文化庁文化審議会専門委員など．
著書：『日本蜑人（あま）伝統の研究』（法政大学出版局・第29回柳田国男賞受賞），『海女』（ものと人間の文化史・法政大学出版局），『観音崎物語』（暁印書館），『近世日本蜑人伝統の研究』『伊豆相模の民具』（慶友社），『潮騒の島——神島民俗誌』（光書房），『母系の島々』（太平洋学会），『現代博物館論』（暁印書館），『相州の海士』（神奈川県教育委員会）ほか．

ものと人間の文化史　106・網（あみ）

2002年7月15日　初版第1刷発行

著　者　田　辺　　悟

発行所　財団法人　法政大学出版局

〒102-0073　東京都千代田区九段北3-2-7
電話03(5214)5540／振替00160-6-95814
印刷／平文社　製本／鈴木製本所

Printed in Japan

ISBN4-588-21061-0　C0320

ものと人間の文化史

★第9回梓会出版文化賞受賞

文化の基礎をなすと同時に人間のつくり上げたもっとも具体的な「かたち」である個々の「もの」について、その根源から問い直し、「もの」とのかかわりにおいて営々と築かれてきたくらしの具体相を通じて歴史を捉え直す

1 須藤利一編
船
海国日本では古来、漁業・水運・交易はもとより、大陸文化も船によって運ばれた。本書は造船技術、航海の模様の推移を中心に、漂流、船霊信仰、伝説の数々を語る。四六判368頁・'68

2 直良信夫
狩猟
人類の歴史は狩猟から始まった。本書は、わが国の遺跡に出土する獣骨、猟具の実証的考察をおこないながら、狩猟をつうじて発展した人間の知恵と生活の軌跡を辿る。四六判272頁・'68

3 立川昭二
からくり
〈からくり〉は自動機械であり、驚嘆すべき庶民の技術的創意がこめられている。本書は、日本と西洋のからくりを発掘・復元・遍歴し、埋もれた技術の水脈をさぐる。四六判410頁・'69

4 久下司
化粧
美を求める人間の心が生みだした化粧—その手法と道具に語らせた人間の欲望と本性、そして社会関係。歴史を遡り、全国を踏査して書かれた比類ない美と醜の文化史。四六判368頁・'70

5 大河直躬
番匠
番匠はわが国中世の建築工匠。地方・在地を舞台に開花した彼らの造型・装飾・工法等の諸技術、さらに信仰と生活等、職人以前の独自で多彩な工匠的世界を描き出す。四六判288頁・'71

6 額田巌
結び
〈結び〉の発達は人間の叡知の結晶である。本書はその諸形態および技法を作業・装飾・象徴の三つの系譜に辿り、〈結び〉のすべてを民俗学的・人類学的に考察する。四六判264頁・'72

7 平島裕正
塩
人類史に貴重な役割を果たしてきた塩をめぐって、発見から伝承・製造技術の発展過程にいたる総体を歴史的に描き出すとともに、その多彩な効用と味覚の秘密を解く。四六判272頁・'73

8 潮田鉄雄
はきもの
田下駄・かんじき・わらじなど、日本人の生活の礎となってきた伝統的はきものの成り立ちと変遷を、二〇年余の実地調査と細密な観察・描写によって辿る庶民生活史 四六判280頁・'73

9 井上宗和
城
古代城塞・城柵から近世代名の居城として集大成されるまでの日本の城の変遷を辿り、文化の各領野で果たしてきたその役割を再検討。あわせて世界城郭史に位置づける。四六判310頁・'73

10 室井綽
竹
食生活、建築、民芸、造園、信仰等々にわたって、竹と人間との交流史は驚くほど深く永い。その多岐にわたる発展の過程を個々に辿り、竹の特異な性格を浮彫にする。四六判324頁・'73

11 宮下章
海藻
古来日本人にとって生活必需品とされてきた海藻をめぐって、その採取・加工法の変遷、商品としての流通史および神事・祭事での役割に至るまでを歴史的に考証する。四六判330頁・'74

12 岩井宏實
絵馬
古くは祭礼における神への献馬にはじまり、民間信仰と絵画のみごとな結晶として民衆の手で描かれ祀り伝えられてきた各地の絵馬を豊富な写真と史料によってたどる。四六判302頁・'74

13 吉田光邦
機械
畜力・水力・風力などの自然のエネルギーを利用し、幾多の改良を経て形成された初期の機械の歩みを検証し、日本文化の形成における科学・技術の役割を再検討する。四六判242頁・'74

14 千葉徳爾
狩猟伝承
狩猟には古来、感謝と慰霊の祭祀がともない、人獣交渉の豊かで意味深い歴史があった。狩猟用具、巻物、儀式具、またけものたちの生態を通して語る狩猟文化の世界。四六判346頁・'75

15 田淵実夫
石垣
採石から運搬、加工、石積みに至るまで、石垣の造成をめぐって積み重ねられてきた石工たちの苦闘の足跡を掘り起こし、その独自な技術の形成過程と伝承を集成する。四六判224頁・'75

16 高嶋雄三郎
松
日本人の精神史に深く根をおろした松の伝承に光を当て、食用、薬用等の実用の松、祭祀・観賞用の松、さらに文学・芸能・美術に表現された松のシンボリズムを説く。四六判342頁・'75

17 直良信夫
釣針
人と魚との出会いから現在に至るまで、釣針がたどった一万有余年の変遷を、世界各地の遺跡出土物を通して実証しつつ、漁撈によって生きた人々の生活と文化を探る。四六判278頁・'76

18 吉川金次
鋸
鋸鍛冶の家に生まれ、鋸の研究を生涯の課題とする著者が、出土遺品や文献・絵画により各時代の鋸を復元・実験し、庶民の手仕事にみられる驚くべき合理性を実証する。四六判360頁・'76

19 飯沼二郎／堀尾尚志
農具
鍬と犂の交代・進化の歩みとして発達したわが国農耕文化の発展経過を世界史的視野において再検討しつつ、無名の農具たちによる驚くべき創意のかずかずを記録する。四六判220頁・'76

20 額田巌
包み
結びとともに文化の起源にかかわる〈包み〉の系譜を人類史的視野において捉え、衣・食・住をはじめ社会・経済史、信仰、祭事などにおけるその実際と役割とを描く。四六判354頁・'77

21 阪本祐二
蓮
仏教における蓮の象徴的位置の成立と深化、美術・文芸等に見る人間とのかかわりを歴史的に考察。また大賀蓮はじめ多様な品種とその来歴を紹介しつつその美を語る。四六判306頁・'77

22 小泉袈裟勝
ものさし
ものをつくる人間にとって最も基本的な道具であり、数千年にわたって社会生活を律してきたその変遷を実証的に追求し、歴史の中で果たしてきた役割を浮彫りにする。四六判314頁・'77

23-Ⅰ 増川宏一
将棋Ⅰ
その起源を古代インドに、我国への伝播の道すじを海のシルクロードに探り、また伝来後一千年におよぶ日本将棋の変化と発展を盤、駒、ルール等にわたって跡づける。四六判280頁・'77

23-Ⅱ 増川宏一
将棋Ⅱ
わが国伝来後の普及と変遷を貴族や武家・豪商の日記等に博捜し、遊戯者の歴史をあとづけると共に、中国伝来説の誤りを正し、将棋宗家の位置と役割を明らかにする。四六判346頁・'85

24 金井典美
湿原祭祀 第2版
古代日本の自然環境に着目し、各地の湿原聖地を稲作社会との関連において捉え直して古代国家成立の背景を浮彫にしつつ、水と植物にまつわる日本人の宇宙観を探る。四六判410頁・'77

25 三輪茂雄
臼
臼が人類の生活文化の中で果たしてきた役割を、各地に遺る貴重な民俗資料・伝承と実地調査にもとづいて解明。失われゆく道具のなかに、未来の生活文化の姿を探る。四六判412頁・'78

26 盛田嘉徳
河原巻物
中世末期以来の被差別部落民が生きる権利を守るために偽作し護り伝えてきた河原巻物を全国にわたって踏査し、そこに秘められた最底辺の人びとの叫びに耳を傾ける。四六判226頁・'78

27 山田憲太郎
香料 日本のにおい
焼香供養の香から趣味としての薫物へ、さらに沈香木を焚く香道へと変遷した日本の「匂い」の歴史を豊富な史料に基づいて辿り、我国風俗史の知られざる側面を描く。四六判370頁・'78

28 景山春樹
神像 神々の心と形
神仏習合によって変貌しつつも、常にその原型＝自然を保持してきた日本の神々の造型を図像学的方法によって捉え直し、その多彩な形象に日本人の精神構造をさぐる。四六判342頁・'78

29 増川宏一
盤上遊戯
祭具・占具としての発生を『死者の書』をはじめとする古代の文献にさぐり、形状・遊戯法を分類しつつその〈進化〉の過程を考察。〈遊戯者たちの歴史〉をも跡づける。四六判326頁 '78

30 田淵実夫
筆
筆の里・熊野に筆づくりの現場を訪ねて、筆匠たちの境涯と製筆の由来を克明に記録しつつ、筆の発生と変遷、種類、製筆法、さらには筆塚、筆供養にまで説きおよぶ。四六判204頁 '78

31 橋本鉄男
ろくろ
日本の山野を漂移しつづけ、高度の技術文化と幾多の伝説とをもたらした特異な旅職集団＝木地屋の生態を、その呼称、地名、伝承、文書等をもとに生き生きと描く。四六判460頁 '79

32 吉野裕子
蛇
日本古代信仰の根幹をなす蛇巫をめぐって、祭事におけるさまざまな蛇の「もどき」や各種の蛇の造型・伝承に鋭い考証を加え、忘れられたその呪性を大胆に暴き出す。四六判250頁 '79

33 岡本誠之
鋏（はさみ）
梃子の原理の発見から鋏の誕生に至る過程を推理し、日本鋏の特異な歴史的位置を明らかにするとともに、刀鍛冶等から転進した鋏職人たちの創意と苦闘の跡をたどる。四六判396頁 '79

34 廣瀬鎮
猿
嫌悪と愛玩、軽蔑と畏敬の交錯する日本人とサルとの関わりあいの歴史を、狩猟伝承や祭祀・風習、美術・工芸や芸能のなかに探り、日本人の動物観を浮彫りにする。四六判292頁 '79

35 矢野憲一
鮫
神話の時代から今日まで、津々浦々につたわるサメの伝承とサメをめぐる海の民俗を集成し、神饌、食用、薬用等に活用されてきたサメと人間のかかわりの変遷を描く。四六判292頁 '79

36 小泉袈裟勝
枡
米の経済の枢要をなす器として千年余にわたり日本人の生活の中に生きてきた枡の変遷をたどり、記録・伝承をもとにこの独特な計量器が果たした役割を再検討する。四六判322頁 '80

37 田中信清
経木
食品の包装材料として近年まで身近に存在した経木の起源を、こけら経や塔婆、木簡、屋根板等に遡って明らかにし、その製造・流通に携った人々の労苦の足跡を辿る。四六判288頁 '80

38 前田雨城
色 染と色彩
わが国古代の染色技術の復元と文献解読をもとに日本色彩史を体系づけ、赤・白・青・黒等におけるわが国独自の色彩感覚を探りつつ日本文化における色の構造を解明。四六判320頁 '80

39 吉野裕子

狐 陰陽五行と稲荷信仰

その伝承と文献を渉猟しつつ、中国古代哲学＝陰陽五行の原理の応用という独自の視点から、謎とされてきた稲荷信仰と狐との密接な結びつきを明快に解き明かす。 四六判232頁・'80

40-Ⅰ 増川宏一

賭博Ⅰ

時代、地域、階層を超えて連綿と行なわれてきた賭博。――その起源を古代の神判、スポーツ、遊戯等の中に探り、抑圧と許容の歴史を物語る。全Ⅲ分冊の〈総説篇〉。 四六判298頁・'80

40-Ⅱ 増川宏一

賭博Ⅱ

古代インド文学の世界からラスベガスまで、賭博の形態・用具・方法の時代的特質を明らかにし、夥しい禁令に賭博の不滅のエネルギーを見る。全Ⅲ分冊の〈外国篇〉。 四六判456頁・'82

40-Ⅲ 増川宏一

賭博Ⅲ

聞香、闘茶、笠附等、わが国独特の賭博を中心にその具体例を網羅し、方法の変遷に賭博の時代性を探りつつ禁令の改廃に時代の賭博観を追う。全Ⅲ分冊の〈日本篇〉。 四六判388頁・'83

41-Ⅰ むしゃこうじ・みのる

地方仏Ⅰ

古代から中世にかけて全国各地で作られた無銘の仏像を訪ね、素朴で多様なノミの跡に民衆の祈りと地域の願望を探る。宗教の伝播、文化の創造を考える異色の紀行。 四六判256頁・'80

41-Ⅱ むしゃこうじ・みのる

地方仏Ⅱ

紀州や飛騨を中心に草の根の仏たちを訪ねて、その相好と像容の魅力を探り、技法を比較考証して仏像彫刻史に位置づけつつ、中世地域社会の形成と信仰の実態に迫る。 四六判260頁・'97

42 岡田芳朗

南部絵暦

田山・盛岡地方で「盲暦」として古くから親しまれてきた独得の絵解き暦を詳しく紹介しつつその全体像を復元する。その無類の生活暦は、南部農民の哀歓をつたえる。 四六判288頁・'80

43 青葉高

野菜 在来品種の系譜

蕪、大根、茄子等の日本在来野菜をめぐって、その渡来・伝播経路、品種分布と栽培のいきさつを各地の伝承や古記録をもとに辿り、畑作文化の源流とその風土を描く。 四六判368頁・'81

44 中沢厚

つぶて

弥生投弾、古代・中世の石戦と印地の様相、投石具の発達を展望しつつ、願かけの小石、正月つぶて、石こづみ等の習俗を辿り、石塊に託した民衆の願いや怒りを探る。 四六判338頁・'81

45 山田幸一

壁

弥生時代から明治期に至るわが国の壁の変遷を壁塗＝左官工事の側面から辿り直し、その技術的復元・考証を通じて建築史・文化史における壁の役割を浮き彫りにする。 四六判296頁・'81

46 小泉和子

箪笥（たんす）

★第II回江馬賞受賞

近世における箪笥の出現＝箱から抽斗への転換に着目し、以降近現代に至るその変遷を社会・経済・技術の側面からあとづける。著者自身による箪笥製作の記録を付す。四六判378頁・'82

47 松山利夫

木の実

山村の重要な食糧資源であった木の実をめぐる各地の記録・伝承を集成し、その採集・加工における幾多の試みを実地に検証しつつ、稲作農耕以前の食生活文化を復元。四六判384頁・'82

48 小泉袈裟勝

秤（はかり）

秤の起源を東西に探るとともに、わが国律令制下における中国制度の導入、近世商品経済の発展に伴う秤座の出現、明治期近代化政策による洋式秤受容等の経緯を描く。四六判326頁・'82

49 山口健児

鶏（にわとり）

神話・伝説をはじめ遠い歴史の中の鶏を古今東西の伝承・文献に探り、特に我国の信仰・絵画・文学等に遺された鶏の足跡を追って、鶏をめぐる民俗の記憶を蘇らせる。四六判346頁・'83

50 深津正

燈用植物

人類が燈火を得るために用いてきた多種多様な植物との出会いと個個の植物の来歴、特性及びはたらきを詳しく検証しつつ「あかり」の原点を問いなおす異色の植物誌。四六判442頁・'83

51 吉川金次

斧・鑿・鉋（おの・のみ・かんな）

古墳出土品や文献・絵画をもとに、古代から現代までの斧・鑿・鉋を復元・実験し、労働体験によって生まれた民衆の知恵と道具の変遷を蘇らせる異色の日本木工具史。四六判304頁・'84

52 額田巌

垣根

大和・山辺の道に神々と垣との関わりを探り、各地に垣の伝承を訪ねて、寺院の垣、民家の垣、露地の垣など、風土と生活に培われた生垣の独特のはたらきと美を描く。四六判234頁・'84

53-I 四手井綱英

森林I

森林生態学の立場から、森林のなりたちとその生活史を辿りつつ、産業の発展と消費社会の拡大により刻々と変貌する森林の現状を語り、未来への再生のみちをさぐる。四六判306頁・'85

53-II 四手井綱英

森林II

森林と人間との多様なかかわりを包括的に語り、人と自然が共生するための森や里山をいかにして創出するか、森林再生への具体的な方策を提示する21世紀への提言。四六判308頁・'98

53-III 四手井綱英

森林III

地球規模で進行しつつある森林破壊の現状を実地に踏査し、森と人が共存する日本人の伝統的自然観を未来へ伝えるために、いま何が必要なのかを具体的に提言する。四六判304頁・'00

54 酒向昇
海老（えび）
人類との出会いからエビの科学、漁法、さらには調理法を語り、めでたい姿態と色彩にまつわる多彩なエビの民俗を、地名や人名、詩歌・文学、絵画や芸能の中に探る。四六判428頁・'85

55-I 宮崎清
藁（わら）I
稲作農耕とともに二千年余の歴史をもち、日本人の全生活領域に生きてきた藁の文化を日本文化の原型として捉え、風土に根ざしたそのゆたかな遺産を詳細に検討する。四六判400頁・'85

55-II 宮崎清
藁（わら）II
床・畳から壁・屋根にいたる住居における藁の製作・使用のメカニズムを明らかにし、日本人の生活空間における藁の役割を見なおすとともに、藁の文化の復権を説く。四六判400頁・'85

56 松井魁
鮎
清楚な姿態と独特な味覚によって、日本人の目と舌を魅了しつづけてきたアユ——その形態と分布、生態、漁法等を詳述し、古今のアユ料理や文芸にみるアユにおよぶ。四六判296頁・'86

57 額田巌
ひも
物と物、人と物とを結びつける不思議な力を秘めた「ひも」の謎を追って、民俗学的視点から多角的なアプローチを試みる。『結び』、『包み』につづく三部作の完結篇。四六判250頁・'86

58 北垣聰一郎
石垣普請
近世石垣の技術者集団「穴太」の足跡を辿り、各地城郭の石垣遺構の実地調査と資料・文献をもとに石垣普請の歴史的系譜を復元しつつ石工たちの技術伝承を集成する。四六判438頁・'87

59 増川宏一
碁
その起源を古代の盤上遊戯に探ると共に、定着以来二千年の歴史を時代の状況や遊び手の社会環境との関わりにおいて跡づける。逸話や伝説を排して綴る初の囲碁全史。四六判366頁・'87

60 南波松太郎
日和山（ひよりやま）
千石船の時代、航海の安全のために観天望気した日和山——多くは忘れられ、あるいは失われた船舶・航海史の貴重な遺跡を追って、全国津々浦々におよんだ調査紀行。四六判382頁・'88

61 三輪茂雄
篩（ふるい）
臼とともに人類の生産活動に不可欠な道具であった篩、箕(み)、笊(ざる)の多彩な変遷を豊富な図解入りでたどり、現代技術の先端に再生するまでの歩みをえがく。四六判334頁・'89

62 矢野憲一
鮑（あわび）
縄文時代以来、貝肉の美味と貝殻の美しさによって日本人を魅了し続けてきたアワビ——その生態と養殖、神饌としての歴史、漁法、螺鈿の技法からアワビ料理に及ぶ。四六判344頁・'89

63 むしゃこうじ・みのる

絵師

日本古代の渡来画工から江戸前期の菱川師宣まで、時代の代表的絵師の列伝で辿る絵画制作の文化史。前近代社会における絵画の意味や芸術創造の社会的条件を考える。四六判230頁・'90

64 碓井益雄

蛙（かえる）

動物学の立場からその特異な生態を描き出すとともに、和漢洋の文献資料を駆使して故事・習俗・神事・民話・文芸・美術工芸にわたる蛙の多彩な活躍ぶりを活写する。四六判382頁・'89

65-I 竹内淳子

藍（あい）I 風土が生んだ色

全国各地の〈藍の里〉を訪ねて、藍栽培から染色・加工のすべてにわたり、藍とともに生きた人々の伝承を克明に描き、風土と人間が生んだ〈日本の色〉の秘密を探る。四六判416頁・'91

65-II 竹内淳子

藍（あい）II 暮らしが育てた色

日本の風土に生まれ、伝統に育てられた藍が、今なお暮らしの中で生き生きと活躍しているさまを、手わざに生きる人々との出会いを通じて描く。藍の里紀行の続篇。四六判406頁・'99

66 小山田了三

橋

丸木橋・舟橋・吊橋から板橋・アーチ型石橋まで、人々に親しまれてきた各地の橋を訪ねて、その来歴と築橋の技術伝承を辿り、土木文化の伝播・交流の足跡をえがく。四六判312頁・'91

67 宮内悊

箱

★平成三年度日本技術史学会賞受賞

日本の伝統的な箱（櫃）と西欧のチェストを比較文化史の視点から考察し、居住・収納・運搬・装飾の各分野における箱の重要な役割とその多彩な文化を浮彫りにする。四六判390頁・'91

68-I 伊藤智夫

絹I

養蚕の起源を神話や説話に探り、伝来の時期とルートを跡づけ、記紀・万葉の時代から近世に至るまで、それぞれの時代・社会・階層が生み出した絹の文化を描き出す。四六判304頁・'92

68-II 伊藤智夫

絹II

生糸と絹織物の生産と輸出が、わが国の近代化にはたした役割を描くと共に、養蚕の道具、信仰や庶民生活にわたる養蚕と絹の民俗、さらには蚕の種類と生態におよぶ。四六判294頁・'92

69 鈴木克美

鯛（たい）

古来「魚の王」とされてきた鯛をめぐって、その生態・味覚から漁法、祭り、工芸、文芸にわたる多彩な伝承文化を語りつつ、鯛と日本人とのかかわりの原点をさぐる。四六判418頁・'92

70 増川宏一

さいころ

古代神話の世界から近現代の博徒の動向まで、さいころの役割を各時代・社会に位置づけ、木の実や貝殻のさいころから投げ棒型や立方体のさいころへの変遷をたどる。四六判374頁・'92

71 樋口清之

木炭

炭の起源から炭焼、流通、経済、文化にわたる木炭の歩みを歴史・考古・民俗の知見を総合して描き出し、独自で多彩な文化を育んできた木炭の尽きせぬ魅力を語る。 四六判296頁・'93

72 朝岡康二

鍋・釜（なべ・かま）

日本をはじめ韓国、中国、インドネシアなど東アジアの各地を歩きながら鍋・釜の製作と使用の現場に立ち会い、調理をめぐる庶民生活の変遷とその交流の足跡を探る。 四六判326頁・'93

73 田辺悟

海女（あま）

その漁の実際と社会組織、風習、信仰、民具などを克明に描くとともに海女の起源・分布・交流を探り、わが国漁撈文化の古層としての海女の生活と文化をあとづける。 四六判294頁・'93

74 刀禰勇太郎

蛸（たこ）

蛸をめぐる信仰や多彩な民間伝承を紹介するとともに、その生態・分布・捕獲法・繁殖と保護・調理法などを集成し、日本人と蛸との知られざるかかわりの歴史を探る。 四六判370頁・'94

75 岩井宏實

曲物（まげもの）

桶・樽出現以前から伝承され、古来最も簡便・重宝な木製容器として愛用された曲物の加工技術と機能・利用形態の変遷をさぐり、手づくりの「木の文化」を見なおす。 四六判318頁・'94

76-I 石井謙治

和船I

★第49回毎日出版文化賞受賞

江戸時代の海運を担った千石船（弁才船）について、その構造と技術、帆走性能を綿密に調査し、通説の誤りを正すとともに、海難と信仰、船絵馬等の考察にもおよぶ。 四六判436頁・'95

76-II 石井謙治

和船II

★第49回毎日出版文化賞受賞

造船史から見た著名な船を紹介し、遣唐使船や遣欧使節船、幕末の洋式船における外国技術の導入について論じつつ、船の名称と船型を海船・川船にわたって解説する。 四六判316頁・'95

77-I 金子功

反射炉I

日本初の佐賀鍋島藩の反射炉と精練方＝理化学研究所、島津藩の反射炉と集成館＝近代工場群を軸に、日本の産業革命の時代における人と技術を現地に訪ねて発掘する。 四六判244頁・'95

77-II 金子功

反射炉II

伊豆韮山の反射炉をはじめ、全国各地の反射炉建設にかかわった有名無名の人々の足跡をたどり、開国か攘夷かに揺れる幕末の政治と社会の悲喜劇をも生き生きと描く。 四六判226頁・'95

78-I 竹内淳子

草木布（そうもくふ）I

風土に育まれた布を求めて全国各地を歩き、木綿普及以前に山野の草木を利用して豊かな衣生活文化を築き上げてきた庶民の知られざる知恵のかずかずを実地にさぐる。 四六判282頁・'95

78-II 竹内淳子

草木布（そうもくふ）II

アサ、クズ、シナ、コウゾ、カラムシ、フジなどの草木の繊維から、どのようにして糸を採り、布を織っていたのか——聞書きをもとに忘れられた技術と文化を発掘する。四六判２８２頁 '95

79-I 増川宏一

すごろくI

古代エジプトのセネト、ヨーロッパのバクギャモン、中近東のナルド、中国の双陸などの系譜に日本の盤雙六を位置づけ、遊戯・賭博としてのその数奇なる運命を辿る。四六判３１２頁 '95

79-II 増川宏一

すごろくII

ヨーロッパの鵞鳥のゲームから日本中世の浄土双六、近世の華麗な絵双六、さらには近現代の少年誌の附録まで、絵双六の変遷を追って時代の社会・文化を読みとる。四六判３９０頁 '95

80 安達巖

パン

古代オリエントに起ったパン食文化が中国・朝鮮を経て弥生時代の日本に伝えられたことを史料と伝承をもとに解明し、わが国パン食文化二〇〇〇年の足跡を描き出す。四六判２６０頁 '96

81 矢野憲一

枕（まくら）

神さまの枕・大嘗祭の枕から枕絵の世界まで、人生の三分の一を共に過す枕をめぐって、その材質の変遷を辿り、伝説と怪談、俗信と民俗、エピソードを興味深く語る。四六判２５２頁 '96

82-I 石村真一

桶・樽（おけ・たる）I

日本、中国、朝鮮、ヨーロッパにわたる厖大な資料を集成してその豊かな文化の系譜を探り、東西の木工技術史を比較しつつ世界史的視野から桶・樽の文化を描き出す。四六判３８８頁 '97

82-II 石村真一

桶・樽（おけ・たる）II

多数の調査資料と絵画・民俗資料をもとにその製作技術を復元し、東西の木工技術を比較考証しつつ、技術文化史の視点から桶・樽製作の実態とその変遷を跡づける。四六判３７２頁 '97

82-III 石村真一

桶・樽（おけ・たる）III

樹木と人間とのかかわり、製作者と消費者とのかかわりを通じて桶樽と生活文化の変遷を考察し、木材資源の有効利用という視点から桶樽の文化史的役割を浮彫にする。四六判３５２頁 '97

83-I 白井祥平

貝I

世界各地の現地調査と文献資料を駆使して、古来至高の財宝とされてきた宝貝のルーツとその変遷を探り、貝と人間とのかかわりの歴史を「貝貨」の文化史として描く。四六判３８６頁 '97

83-II 白井祥平

貝II

サザエ、アワビ、イモガイなど古来人類とかかわりの深い貝をめぐって、その生態・分布・地方名、装身具や貝貨としての利用法などを豊富なエピソードを交えて語る。四六判３２８頁 '97

83-Ⅲ　白井祥平
貝Ⅲ
シンジュガイ、ハマグリ、アカガイ、シャコガイなどをめぐって世界各地の民族誌を渉猟し、それらが人類文化に残した足跡を辿る。参考文献一覧／総索引を付す。　四六判392頁・'97

84　有岡利幸
松茸（まつたけ）
秋の味覚として古来珍重されてきた松茸の由来を求めて、稲作文化と里山（松林）の生態系から説きおこし、日本人の伝統的生活文化の中に松茸流行の秘密をさぐる。　四六判296頁・'97

85　朝岡康二
野鍛冶（のかじ）
鉄製農具の製作・修理・再生を担ってきた農鍛冶の歴史的役割を探り、近代化の大波の中で変貌する職人技術の実態をアジア各地のフィールドワークを通して描き出す。　四六判280頁・'98

86　菅　洋
稲　品種改良の系譜
作物としての稲の誕生、稲の渡来と伝播の経緯から説きおこし、明治以降主として庄内地方の民間育種家の手によって飛躍的発展をとげたわが国品種改良の歩みを描く。　四六判332頁・'98

87　吉武利文
橘（たちばな）
永遠のかぐわしい果実として日本の神話・伝説に特別の位置を占めて語り継がれてきた橘をめぐって、その育まれた風土とかずかずの伝承の中に日本文化の特質を探る。　四六判286頁・'98

88　矢野憲一
杖（つえ）
神の依代としての杖や仏教の錫杖に杖と信仰とのかかわりを探り、人類が突きつつ歩んだその歴史と民俗を興味ぶかく語る。多彩な材質と用途を網羅した杖の博物誌。　四六判314頁・'98

89　渡部忠世／深澤小百合
もち（糯・餅）
モチイネの栽培・育種から食品加工、民俗、儀礼にわたってそのルーツと伝承の足跡をたどり、アジア稲作文化という広範な視野からこの特異な食文化の謎を解明する。　四六判330頁・'98

90　坂井健吉
さつまいも
その栽培の起源と伝播経路を跡づけるとともに、わが国伝来後四百年の経緯を詳細にたどり、世界に冠たる育種と栽培・利用法を築いた人々の知られざる足跡をえがく。　四六判328頁・'99

91　鈴木克美
珊瑚（さんご）
海岸の自然保護に重要な役割を果たす岩石サンゴから宝飾品として知られる宝石サンゴまで、人間生活と深くかかわってきたサンゴの多彩な姿を人類文化史として描く。　四六判370頁・'99

92-Ⅰ　有岡利幸
梅Ⅰ
万葉集、源氏物語、五山文学などの古典や天神信仰に表れた梅の足跡を克明に辿りつつ日本人の精神史に刻印された梅を浮彫にし、梅と日本人の二〇〇〇年史を描く。　四六判274頁・'99

92-II 有岡利幸
梅II
その植生と栽培、伝承、梅の名所や鑑賞法の変遷から戦前の国定教科書に表れた梅まで、梅と日本人との多彩なかかわりを探り、桜との対比において梅の文化史を描く。 四六判338頁・'99

93 福井貞子
木綿口伝（もめんくでん） 第2版
老女たちからの聞書を経糸とし、厖大な遺品・資料を緯糸として、母から娘へと幾代にも伝えられた手づくりの木綿文化を掘り起し、近代の木綿の盛衰を描く。増補版 四六判336頁・'00

94 増川宏一
合せもの
「合せる」には古来、一致させるの他に、競う、闘う、比べる等の意味があった。貝合せや絵合せ等の遊戯・賭博を中心に、広範な人間の営みを「合せる」行為に辿る。 四六判300頁・'00

95 福井貞子
野良着（のらぎ）
明治初期から昭和四〇年までの野良着を収集・分類・整理し、それらの用途と年代、形態、材質、重量、呼称などを精査して、働く庶民の創意にみちた生活史を描く。 四六判292頁・'00

96 山内昶
食具（しょくぐ）
東西の食文化に関する資料を渉猟し、食法の違いを人間の自然に対するかかわり方の違いとして捉えつつ、食具を人間と自然をつなぐ基本的な媒介物として位置づける。 四六判290頁・'00

97 宮下章
鰹節（かつおぶし）
黒潮からの贈り物・カツオの漁法から鰹節の製法や食法、商品としての流通までを歴史的に展望するとともに、沖縄やモルジブ諸島の調査をもとにそのルーツを探る。 四六判382頁・'00

98 出口晶子
丸木舟（まるきぶね）
先史時代から現代の高度文明社会まで、もっとも長期にわたり使われてきた刳り舟に焦点を当て、その技術伝承を辿りつつ、森や水辺の文化の広がりと動態をえがく。 四六判324頁・'01

99 有岡利幸
梅干（うめぼし）
日本人の食生活に不可欠の自然食品・梅干をつくりだした先人たちの知恵に学ぶとともに、健康増進に驚くべき薬効を発揮する、その知られざるパワーの秘密を探る。 四六判300頁・'01

100 森郁夫
瓦（かわら）
仏教文化と共に中国・朝鮮から伝来し、一四〇〇年にわたり日本の建築を飾ってきた瓦をめぐって、発掘資料をもとにその製造技術、形態、文様などの変遷をたどる。 四六判320頁・'01

101 長澤武
植物民俗
衣食住から子供の遊びまで、幾世代にも伝承された植物をめぐる暮らしの知恵を克明に記録し、高度経済成長期以前の農山村の豊かな生活文化を愛惜をこめて描き出す。 四六判348頁・'01

102 向井由紀子／橋本慶子
箸（はし）
そのルーツを中国、朝鮮半島に探るとともに、日本人の食生活に不可欠の食具となり、日本文化のシンボルとされるまでに洗練された箸の文化の変遷を総合的に描く。　四六判334頁・'01

103 赤羽正春
採集　ブナ林の恵み
縄文時代から今日に至る採集・狩猟民の暮らしを復元し、動物の生態系と採集生活の関連を明らかにしつつ、民俗学と考古学の両面から山に生かされた人々の姿を描く。　四六判298頁・'01

104 秋田裕毅
下駄　神のはきもの
古墳や井戸等から出土する下駄に着目し、下駄が地上と地下の他界を結ぶ聖なるはきものであったという大胆な仮説を提出、日本の神々の忘れられた側面を浮彫にする。　四六判304頁・'02

105 福井貞子
絣（かすり）
膨大な絣遺品を収集・分類し、絣産地を実地に調査して絣の技法と文様の変遷を地域別・時代別に跡づけ、明治・大正・昭和の手づくりの染織文化の盛衰を描き出す。　四六判310頁・'02